虚拟化与云计算项目实践

主　编◎罗　宁　董文华
副主编◎郝连涛　单　强　马　骏
陈　灿　李海亮　田敬波

中国人民大学出版社
·北京·

图书在版编目（CIP）数据

虚拟化与云计算项目实践 / 罗宁，董文华主编．
北京：中国人民大学出版社，2025．3．--（新编 21 世纪
高等职业教育精品教材）．--ISBN 978-7-300-33431-8

Ⅰ．TP338；TP393．027

中国国家版本馆 CIP 数据核字第 2024FZ9745 号

新编 21 世纪高等职业教育精品教材·电子与信息类

虚拟化与云计算项目实践

主　编　罗　宁　董文华

副主编　郝连涛　单　强　马　骏　陈　灿　李海亮　田敬波

Xunihua yu Yunjisuan Xiangmu Shijian

出版发行	中国人民大学出版社		
社　　址	北京中关村大街 31 号	**邮政编码**	100080
电　　话	010－62511242（总编室）		010－62511770（质管部）
	010－82501766（邮购部）		010－62514148（门市部）
	010－62515195（发行公司）		010－62515275（盗版举报）
网　　址	http://www.crup.com.cn		
经　　销	新华书店		
印　　刷	鑫艺佳利（天津）印刷有限公司		
开　　本	787 mm×1092 mm　1/16	**版　　次**	2025 年 3 月第 1 版
印　　张	18.25	**印　　次**	2025 年 3 月第 1 次印刷
字　　数	430 000	**定　　价**	49.00 元

前言

Preface

在信息化浪潮席卷全球、数字化转型日益深入的今天，虚拟化与云计算技术已成为推动社会进步和经济发展的重要力量。它们不仅引领着科技发展的方向，更深刻影响着我们的生产生活方式。作为新时代的 IT 从业者，我们肩负着推动技术革新、服务社会发展的重任，更应积极响应党的号召，将个人职业发展与国家繁荣、民族复兴紧密结合。

党的二十大报告明确指出，要加快建设网络强国、数字中国，推动信息化更好造福社会、造福人民。这为虚拟化与云计算技术的发展指明了方向，也对 IT 从业者提出了新的要求。我们要深入学习贯彻习近平新时代中国特色社会主义思想，特别是关于科技创新和信息化建设的重要论述，将其转化为推动工作的强大动力和实际行动。

虚拟化技术通过将物理硬件资源转化为可灵活调配的虚拟资源，打破了传统硬件资源的限制，使企业能够按需获取和使用资源。而云计算则进一步将虚拟化资源以服务的形式提供给用户，实现了资源的共享和动态扩展，为企业提供了更加高效、便捷的 IT 服务环境。在这个过程中，我们不仅要掌握相关的技术技能，更要深刻理解技术背后的社会价值和意义。

在企业级应用中，虚拟化服务平台不仅能够整合和管理各种虚拟化资源，还能够提供丰富的功能和服务，满足企业复杂的业务需求。在这个过程中，我们需要具备高度的责任感和使命感，确保平台的稳定运行和数据的安全可靠。

CentOS 作为一款稳定、可靠的开源操作系统，在企业级虚拟化平台的部署中得到了广泛应用。通过 CentOS，企业可以构建高效、安全的虚拟化环境，为业务提供强大的支撑。

OpenStack 作为开源云计算平台的代表，以其开放、可扩展的特点，深受企业用户的青睐。OpenStack 的部署与运维不仅涉及多个组件的集成和配置，还需要对云计算系统的性能、安全、可靠性等方面进行深入的管理和优化。同时，我们也要注重开源文化的传承和发扬，积极参与开源社区的建设，为技术的发展贡献自己的力量。

近年来，容器技术以其轻量级、可移植的特点，在企业级应用中迅速崛起。通过容器技术，企业可以更加高效地部署、管理和扩展应用，实现业务的快速迭代和创新。在这个过程中，我们需要注重容器技术的安全性和稳定性，确保应用的正常运行和数据的安全可靠。

本书旨在全面介绍虚拟化与云计算的相关概念，介绍虚拟化技术如何将物理硬件资源抽象化，实现资源的隔离和复用，云计算则在此基础上提供了更加灵活的服务交付模式；重点关注企业级虚拟化服务平台的部署与运维，它通过将物理服务器划分为多个虚拟服务器实例，为企业提供更强大的计算能力、更高的可用性和更灵活的资源调配能力；CentOS 部署企业级虚拟化平台，详述了如何在 CentOS 系统上部署和配置 KVM；OpenStack 云计算平台的部署与运维，详细介绍了最受欢迎的开源云计算平台 OpenStack，以及如何在企业中部署和运维一个 OpenStack 云；企业级容器技术的部署与运维，讲解了容器技术，特别是 Docker，如何改变企业的应用部署和运维模式，以及如何在企业级环境中安全、高效地部署和管理容器。总结来说，虚拟化服务提供了底层的虚拟化能力，使上层应用能够创建和管理虚拟机或容器。

通过本书的学习，读者将能够深入理解虚拟化与云计算的核心技术，掌握相关的部署和运维技能，为企业信息化建设提供有力的支持。

此外，我们还关注职业素养等主题教育内容的融入。通过本书的学习，读者能够深刻理解职业素养的重要性和内涵，掌握提升职业素养的方法和途径。

本书由山东信息职业技术学院的罗宁、董文华担任主编，由山东化工职业学院的郝连涛与马骏、山东科技职业学院的单强、山东畜牧兽医职业学院的陈灿、深信服科技股份有限公司的李海亮、万声信息产业有限公司的田敬波担任副主编。

由于编者水平有限，书中难免存在不妥之处，敬请广大读者批评指正。

编者

图书总码

目录

Contents

项目1 虚拟化与云计算概论

虚拟化与云计算是现代信息技术领域的两个重要概念，它们各自拥有独特的特性和应用场景，同时也存在着紧密的联系。

虚拟化是一种具体的技术，主要作用是将计算机的资源（如存储设备、CPU、内存、网络等）不断抽象化。这种技术可以实现IT资源的动态分配、灵活调度、跨域共享，提高IT资源利用率。

云计算则是一种分布式计算的方式，通过网络“云”将巨大的数据计算处理程序分解成无数个小程序，然后通过多台服务器组成的系统处理和分析这些小程序，得到结果并返回给用户。

虚拟化技术为云计算提供了重要的支撑，使云计算能够更有效地利用和管理资源。例如，服务器虚拟化是云计算的重要基础之一，通过将服务器资源划分为多个虚拟机，每个虚拟机拥有独立的操作系统和应用程序，可以实现资源的利用最大化和降低运营成本。

项目目标

知识目标 1

- 了解虚拟化的概念。
- 了解云计算的概念。

技能目标 2

- 掌握部署CentOS服务。

素养目标 3

- 了解国产操作系统。
- 激发创新创业意识，为我国的信息技术发展做出贡献。

项目情境

某学校基础设施老化，经常出现问题，现有设施已不能满足正常工作的需求，严重影响工作效率，需要更新学校的系统服务器。学校将这项任务委托给了机房管理老师。在经过一番市场调研后，机房管理老师发现需要增加服务器以支持新应用。然而，这可能会导致许多现有服务器无法得到有效利用，从而增加网络管理成本，并可能降低系统的灵活性和可靠性。考虑到虚拟化可以减少服务器的增加数量，简化服务器管理，同时明显提高服务器利用率、网络灵活性和可靠性，将多种应用整合到少量企业级服务器上即可实现这一目标。机房管理老师决定采用虚拟化的方式搭建新的服务。

为了提出详细的改建方案和实施步骤，我们需要了解虚拟化与云计算的基础概念，以及服务平台的相关知识。

任务 1.1 认识虚拟化

牛津大学计算机教授克里斯托弗·斯特雷奇（Christopher Strachey）在国际信息处理大会上发表的论文《大型高速计算机中的时间共享》中提到了“虚拟化”，这也是最早提及虚拟化技术的论文。

“虚拟化”是软件部署和 IT 领域中常见的术语，它使 IT 基础设施的配置变得极为迅速且可靠，有助于降低碳排放，有助于可持续发展。

1.1.1 虚拟化的概念

在计算机科学中，虚拟化是组合或分区现有计算机资源，让资源展现为一个或多个操作环境，把物理资源转变为逻辑管理资源，打破物理结构间的壁垒。

虚拟化是创建计算资源、网络系统和存储系统等的软件模拟。它可以简单理解为创建虚拟机（VM），在主机中可创建多个 VM，每个 VM 分配主机的一部分计算资源（如 CPU、内核、RAM 和存储等）。

虚拟化不仅是 VM，也可以虚拟化数据中心、网络和存储系统等。

1. 虚拟化的定义

虚拟化是指通过虚拟化技术将一台计算机虚拟为多台逻辑计算机。在一台计算机上同时运行多台逻辑计算机，每台逻辑计算机可运行不同的操作系统，并且应用程序都可以在相互独立的空间内运行而互不影响，从而显著提高计算机的工作效率。

虚拟化使用软件的方法重新定义划分 IT 资源，实现 IT 资源的动态分配、灵活调度、跨域共享，提高 IT 资源利用率，使 IT 资源能够真正成为社会基础设施，为各行各业提供灵活多变的应用需求服务。

虚拟化是一个广义的术语，是指计算元件在虚拟而不是真实的环境中运行，是一个为了简化管理、优化资源的解决方案。

在计算机运算中，虚拟化通常扮演硬件平台、操作系统（OS）、存储设备或网络资源等角色。

（1）虚拟化前：一台主机对应一个操作系统。后台多个应用程序会对特定的资源进行争抢，存在相互冲突的风险。

（2）虚拟化后：一台主机可以虚拟出多个操作系统。独立的操作系统和应用拥有独立的 CPU、内存和 I/O 资源，相互隔离。业务系统独立于硬件，可以在不同的主机之间迁移。虚拟化前与虚拟化后结构图如图 1－1 所示。

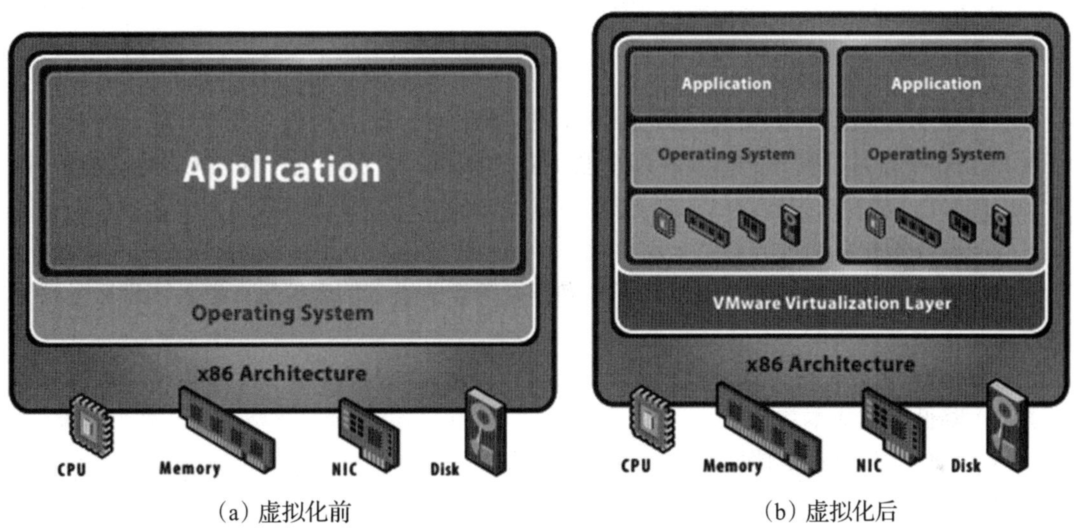

（a）虚拟化前　　（b）虚拟化后

图 1－1　虚拟化前与虚拟化后结构图

2. 虚拟机的特性

虚拟机具有以下特性：

（1）分区：在一台物理机中运行多个操作系统，虚拟机之间分配系统资源。

（2）隔离：对硬件进行故障和安全隔离，利用高级资源控制功能保持它的性能。

（3）封装：将虚拟机完整状态保存在文件中。移动和复制虚拟机，像移动和复制文件一样方便。

（4）独立于硬件：可以将任意虚拟机置备或迁移到任意物理服务器上。

3. 虚拟化和云计算

虚拟化是通过虚拟化技术将一台计算机虚拟为多台逻辑计算机。云计算是通过 Internet 按需交付共享的计算资源（软件 / 数据）服务。企业可以先对自己的服务器进行虚拟化，然后将其部署到云计算环境中，从而获得更高的操作敏捷性和更强的自助服务能力。实现虚拟化的技术有软件虚拟化技术和硬件虚拟化技术。

（1）软件虚拟化技术：在硬件层安装被称为主机操作系统的系统，部署虚拟机软件，虚拟机软件可以将物理计算机虚拟出多个分区，每一个分区称为一个虚拟机。虚拟机具有完整的计算机应用环境，包括硬件层、驱动接口层、操作系统及应用层。

（2）硬件虚拟化技术：是英特尔公司公布的 Vanderpool 虚拟技术，即 VT 技术，该技术对于服务器系统，包括处理器 VT 技术和 I/O 虚拟分配技术进行了规范。

1.1.2 虚拟化技术

虚拟化环境需要多种技术配合，有服务器和操作系统虚拟化、网络虚拟化、存储虚拟化，以及系统管理、资源管理和软件配合等。

虚拟化技术是需要 CPU、主板芯片组、BIOS 和软件支持的解决方案，如 VMM（Virtual Machine Monitor，虚拟机监视器）。

1. 服务器虚拟化

服务器虚拟化是将服务器物理资源抽象成逻辑资源，把一台服务器虚拟成几台甚至上百台相互隔离的虚拟服务器，或将多台服务器虚拟成一台服务器，使得 CPU、内存、磁盘、I/O 等硬件成为动态管理的“资源池”。

服务器虚拟化有两种方式：全虚拟化和半虚拟化。

借助服务器虚拟化，企业可以让多个操作系统作为高效的虚拟机在单台物理服务器上运行。服务器虚拟化的主要优势包括：

（1）提升 IT 效率。

（2）降低运维成本。

（3）加快工作负载部署速度。

（4）提高应用性能。

（5）提高服务器可用性。

（6）消除服务器数量剧增情况和复杂性。

2. 网络虚拟化

网络虚拟化完全复制物理网络，能支持应用在虚拟网络上运行，为连接的工作负载提供逻辑网络连接设备和服务，包括逻辑端口、交换机、路由器、防火墙、负载均衡器、VPN 等。

网络虚拟化是在物理网络上虚拟出多个逻辑网络，还提供可编程的接口（API）和网络功能。

由于服务器被虚拟化，网络虚拟化延伸到 Hypervisor 内部，网络通信从服务器进化成运行在服务器中的虚拟机，数据包从虚拟机的虚拟网卡流出，通过 Hypervisor 内部的虚拟交换机，再经过服务器的物理网卡流出到上联交换机。

3. 桌面虚拟化

将桌面部署为代管服务，能快速响应工作场所的需求和变化；还可以将虚拟化桌面与应用交付给分支机构及其他人员。

桌面虚拟化的主要功能是将分散的桌面环境集中保存并进行管理，包括桌面环境的集中下发、集中更新、集中管理。桌面虚拟化使个人拥有多个桌面环境，也把桌面环境供多人使用。桌面虚拟化依托于服务器虚拟化。

4. 存储虚拟化

存储虚拟化是将可用的物理存储资源整合到虚拟存储资源池中的技术。存储虚拟化可以通过光纤通道、iSCSI 和 SAN 交付的块访问存储系统实现，也可以通过 NFS 和 SMB 协议交付的文件访问存储系统实现。

存储虚拟化是贯穿于整个 IT 环境，用于简化相对复杂的底层基础架构的技术。存储虚拟化的思想是将资源的逻辑映像与物理存储分开，为系统和管理员提供简化资源虚拟视图。

对于用户来说，虚拟化存储资源像“存储池”，用户不会看到具体的磁盘，也不用在意数据由哪条路径通往哪个存储设备。

从管理层次来看，虚拟存储池采取的是集中化管理，并根据需求将存储资源动态地分配给各个应用。

1.1.3 虚拟化工具与软件

1. 虚拟化工具

（1）Libguestfs。

Libguestfs 用于访问和修改虚拟机磁盘镜像，查看和编辑 hosts 内部的文件。除此之外，Libguestfs 还提供以下功能：更改虚拟机脚本，监控磁盘已用和可用信息，创建客户机，克隆虚拟机，建立虚拟机，格式化磁盘，调整磁盘大小等。

（2）QEMU。

QEMU 是一款通用的开源机器仿真器和虚拟器。用作仿真器时，它可以在另一台机器上运行操作系统和程序；用作虚拟器时，它通过使用 KVM，直接在主机 CPU 上执行客户代码。QEMU 支持多种操作系统，安装过程相对简单。

（3）Libvirt。

Libvirt 是一个开源的 API、守护程序（Daemon）和工具集，旨在提供对虚拟化主机的统一接口。它支持多种虚拟机管理程序，包括 KVM、Xen、VirtualBox、QEMU、VMWare ESXi、LXC、OpenVZ 等。Libvirt 的核心组件包括后台守护程序 libvirtd、API 库以及命令行工具 virsh。

libvirtd 是 Libvirt 的服务程序，负责接收和处理来自客户端的 API 请求，实现对虚拟化资源的统一管理。

API 库提供丰富的编程接口，使开发者能够基于 Libvirt 开发高级管理工具，如 virt-manager 这样的图形化 KVM 管理工具。

virsh 是 Libvirt 提供的命令行工具，用户可以通过它执行各种虚拟化的相关操作，是 KVM 等虚拟化技术中经常使用的工具。

Libvirt 通过其库、守护程序和命令行工具，为虚拟化环境提供全面的管理功能，支持多种虚拟机管理程序，为用户和开发者提供了极大的便利。

（4）KVM。

KVM（Kernel-based Virtual Machine）是 Linux 系统下 x86 硬件平台上的全功能虚拟化解决方案，包含可加载的内核模块 kvm.ko，该模块提供虚拟化核心架构以及处理器规范模块。

作为 Hypervisor，KVM 只负责虚拟机调度和内存管理。I/O 外设的任务交给 Linux 内核和 Qemu。

（5）Virt-manager。

Virt-manager 是一个用于通过 libvirt 管理虚拟机的桌面用户界面工具。它主要用于管理 KVM 虚拟机，同时也支持管理 Xen 和 LXC（Linux Containers）。此外，Virt-manager 还包括一个命令行配置工具 virt-install，用于创建和配置新的虚拟机和容器。使用 Virt-manager，用户可以在 Linux 主机上运行 Windows 环境，以及其他类型的操作系统虚拟机。

2. 虚拟机软件

（1）VMware。

VMware 是虚拟 PC 的软件，在原有操作系统上虚拟出新的硬件环境，类似虚拟出新的 PC，实现在一台机器上同时运行多个独立操作系统的功能。

VMware Workstation 由 VMware 公司（威睿）开发，Workstation 的含义为“工作站”，中文名称为“威睿工作站”。VMware 具有良好的兼容性，且其工具套件 VMware Tools 非常实用，提供了快照功能，利用这个功能，用户可以在虚拟机的任意运行时刻创建系统快照，并在需要时快速恢复到该状态。

VMware Workstation 提供用户进行开发、测试、部署新应用程序的最佳解决方案。对于企业 IT 开发人员和系统管理员，VMware 在虚拟网络、实时快照、拖曳共享文件夹、支持 PXE 等方面的特点使它成为必不可少的工具。

VMware 软件集成计算、网络和存储虚拟化技术及自动化和管理功能。它使数据中心具备云服务提供商的敏捷性和经济性，并扩展到弹性混合云环境。

VMware 软件，支持超过 200 种的操作系统上创建新的虚拟机、容器和 Kubernetes 群集；支持 DX11 和 OpenGL 4.1 的 3D 图形；支持连接到 vSphere/ESXi 服务器，创建 / 管理加密虚拟机，用户可以远程控制 vSphere 主机电源控制。

VMware 是一款适用于 Windows 和 Mac 设备的虚拟化软件，它提供了强大的虚拟化环境，适合高级用户、应用程序开发人员和 IT 安全管理员使用。

（2）VirtualBox。

VirtualBox 是由 Sun 公司开发的一款开源虚拟机软件，它是一个轻量级的虚拟化解决方案，同时也是最强大的免费虚拟机软件之一。它简单易用，支持虚拟化多种操作系统，包括 Windows、Mac OS X、Linux、OpenBSD、Solaris、IBM OS/2 及 Android 等。与其他同类虚拟化软件（如 VMware 和 Virtual PC）相比，VirtualBox 具有一些独特的功能，包括对远端桌面协议（RDP）的支持、iSCSI 以及 USB 设备的集成支持。

VirtualBox 提供了多种网络接入模式：

① NAT 模式：VirtualBox 的默认网络连接模式。在 NAT 模式下，虚拟机的所有网络数据都通过主机转发，但虚拟机与主机之间无法直接互相访问。

② Bridged Adapter 模式：网桥模式。它为虚拟机模拟出独立的网卡，分配独立的 IP 地址，所有网络功能和主机一样，并且能够互相访问，实现文件的传递和共享。

③ Internal 模式：内网模式。在这种模式下，虚拟机与外部网络完全隔离，仅实现虚拟机之间的内部网络通信。虚拟机与主机之间不能互相访问，就如同在虚拟机之间建立了一个独立的局域网。

④ Host-only Adapter 模式：主机模式。在这种模式下，虚拟机可以与主机通信，但无法直接连接到外部网络。由于该模式的复杂性，用户需要具备一定的网络基础知识才能正确配置和使用。

（3）Parallels Desktop。

Parallels Desktop 是 Mac 上领先的虚拟机软件之一，它为用户提供了在 Mac 上运行超过 200 000 个 Windows 应用程序的能力，包括 Microsoft Office for Windows。使用 Parallels Desktop，用户可以轻松运行 Windows 应用程序，而无须担心会减慢 Mac 的运行速度。

对于那些希望在 Mac 上运行 Windows 系统的用户来说，Parallels Desktop 无疑是一个最佳选择。它允许用户在 macOS 中无缝运行 Windows，从而最大限度地解决了 macOS 与 Windows 软件生态之间的差距问题。

（4）Citrix Hypervisor。

Citrix Hypervisor 是一款虚拟化平台，早期被称为 XenServer。它是一个基于开源虚拟化技术 Xen 的商业虚拟化解决方案。Citrix Hypervisor 可在物理服务器上运行多台虚拟机，并提供高可用性、容错性、动态资源管理和自动负载平衡等功能。Citrix Hypervisor 支持多种操作系统和应用程序，并提供高性能和低延迟的虚拟化环境，适用于企业级应用和云计算环境。

（5）Xen。

Xen 是一种运行在计算机硬件上的软件层，用于替代操作系统，可以在计算机硬件上并发地运行多个客户操作系统（Guest OS）。

Xen Project 是免费的虚拟 VM 应用程序，拥有先进的虚拟化和安全功能。它尤其适合在 Windows 平台上对多种商业和开源应用程序进行虚拟化，特别适用于商业和开源环境中的高级虚拟化，尤其是服务器。其应用包括但不限于基础架构即服务（IaaS）应用程序、桌面虚拟化和安全虚拟化。Xen Project 软件还应用于汽车和航空系统等对可靠性和安全性要求极高的领域。该服务适用于超大规模云，可与 AWS、Azure、Rackspace、IBM Softlayer 和 Oracle 一起使用。

Xen 对虚拟机的虚拟化分为两大类：半虚拟化（Para Virtualization）和完全虚拟化（Hardware VirtualMachine）。值得注意的是，在 Xen 上虚拟的 Windows 虚拟机必须采用完全虚拟化技术。

（6）Hyper-V。

Hyper-V 是微软虚拟化产品，是微软第一个采用类似 Vmware ESXi 和 Citrix Xen 的基于 Hypervisor 的技术，是微软提出的一种系统管理程序虚拟化技术，能够实现桌面虚拟化。

Hyper-V 主要专注于服务器虚拟化，当服务器配置足够强大时，它能够在 Hyper-V 上创建多台虚拟桌面会话主机或服务器，以便于应用程序的发布和后台服务的运行。

Hyper-V 是简单的 VM 应用程序，允许在服务器和主机 PC 上创建虚拟环境。但是，需要不到 10 毫秒的高精度和对延迟敏感的应用程序，可能无法与免费的管理程序软件一起使用。

任务 1.2 认识云计算

1959 年，克里斯托弗·斯特雷奇首次提出了“虚拟化”的概念。尽管虚拟化是云计算基础架构的核心，但由于当时技术限制，虚拟化只是概念。

20 世纪 90 年代，计算机出现了爆炸式的增长，用户对于快速访问网络服务的需求成为推动互联网发展的关键因素，一些大型公司研发大型计算能力的技术，为用户提供强大的计算处理服务。

2006 年 8 月，谷歌首席执行官埃里克·施密特（Eric Schmidt）在搜索引擎大会首次提出“云计算”(Cloud Computing) 的概念。

2008 年，微软发布公共云计算平台（Windows Azure Platform)，由此拉开了微软的云计算序幕。同样，云计算在国内也掀起一次浪潮，许多大型网络公司纷纷加入云计算的阵列。国内云计算标杆阿里云也是从 2008 年开始筹办和起步的。亚马逊已经初步形成了涵盖 IaaS、PaaS 的产品体系，确立了在 IaaS 和云服务领域的全球领导地位。

2009 年 1 月，阿里软件在江苏南京建立了首个“电子商务云计算中心”。同年 11 月，中国移动云计算平台“大云”计划启动。

2019 年 8 月，北京互联网法院发布《互联网技术司法应用白皮书》。发布会上，北京互联网法院互联网技术司法应用中心揭牌成立。

2020 年，我国云计算整体市场规模达到 1 781.8 亿元，增速为 33.6%。其中，公有云市场规模达到 990.6 亿元，同比增长 43.7%，私有云市场规模达到 791.2 亿元，同比增长 22.6%。

2023 年，AIGC 技术取得了突破性进展。AIGC 技术以集约式算力中心为基础，站在云计算商业和服务模式的肩膀上，作为一种新型的 LLMaaS，将深刻影响个人及社会等各方面的生产活动。

1.2.1 云计算概述

云计算是网格计算（Grid Computing)、分布式计算（Distributed Computing)、并行计算（Parallel Computing)、效用计算（Utility Computing)、网络存储技术（Network Storage Technologies)、虚拟化（Virtualization)、负载均衡（Load Balance）等传统计算机技术和网络技术发展融合的产物。

云计算是商业计算模型，它将计算机任务分布在大量计算机构成的资源池中，使各种应用系统能够根据需要获取计算能力、存储空间和信息服务。

云计算的核心思想是将大量用网络连接的计算资源进行统一管理和调度，构成一个计算资源池，为用户提供按需服务。

1. 云计算的优势

（1）提高资源利用率：提高对网络资源、存储资源和计算资源的利用率，通过虚拟技术达到资源利用最大化，提高投入产出比。

（2）提升效率：云计算提升开发效率、运行效率、维护效率、测试效率。

（3）降低成本：云用户不需考虑投入软件及硬件维护成本和管理成本等。

2. 云计算的劣势

（1）依赖互联网：云计算服务需要稳定的互联网连接，如果不能连接互联网，就无法使用云计算服务。

（2）功能有限：基于 Web 的应用程序功能有限。

（3）速度慢：即使网络连接速度很快，数据在用户设备与云服务器之间传输仍可能导致响应时间延长。

（4）数据安全问题：数据通常存储在远程服务器上，会有泄露的风险。

3. 云计算的组成

云计算的组成有用户、云服务提供商、云计算平台和云服务。

（1）用户：使用云计算服务的个人或组织。

（2）云服务提供商：提供云计算资源和服务的企业或组织。

（3）云计算平台：提供云计算基础设施和管理工具的软件系统。

（4）云服务：在云计算平台上提供各种服务，如存储、计算、安全等。

4. 云计算平台的体系结构

云计算平台的体系结构由用户界面、服务目录、管理系统、部署工具、监控和服务器群集组成。

（1）用户界面：云用户传递信息，是双方互动的界面。

（2）服务目录：提供用户选择的列表。

（3）管理系统：主要对应用价值较高的资源进行管理。

（4）部署工具：根据用户请求对资源进行有效部署与匹配。

（5）监控：对云系统上的资源进行管理与控制并制定措施。

（6）服务器群集：包括虚拟服务器与物理服务器，隶属管理系统。

1.2.2 云计算技术

1. 云计算服务

云计算服务模式有：IaaS、PaaS、SaaS。

IaaS（基础设施即服务）：指提供计算、存储、网络等基础设施的服务。

PaaS（平台即服务）：为开发、部署和运行应用程序提供平台服务。

SaaS（软件即服务）：通过互联网提供软件应用程序的服务。

（1）IaaS。

IaaS 是云计算技术中最基本的一层，它提供虚拟化的计算资源、存储和网络设备，用户按需使用资源，把数据中心、基础设施等硬件资源通过 Web 分配给用户。IaaS 帮助用户快速搭建自己的计算环境。

（2）PaaS。

PaaS 是在 IaaS 基础上提供的服务，它为用户提供了开发、部署和运行应用程序的平台，为开发人员提供通过全球互联网构建应用程序和服务的平台。PaaS 帮助用户快速开发和部署应用程序，提高开发效率和质量。

（3）SaaS。

SaaS 是在 PaaS 基础上提供的服务，它为用户提供了各种应用程序和服务。它是一种通过互联网提供软件的模式，用户无须购买软件，而是向提供商租用基于 Web 的软件，来管理企业经营活动。用户可以通过互联网按需使用这些应用程序和服务，无须购买和维护自己的软件和设备。

2. 云计算分类

按照运营模式，云计算可以分为私有云、公有云和混合云三种。

（1）私有云。

私有云是专门为单一客户构建的，它提供了对数据安全性和服务质量的最高效控制。拥有私有云的公司对其基础设施拥有完全的所有权，并对其部署应用程序的方式拥有完全控制权。

私有云可以部署在企业数据中心的防火墙内，也可以部署在一个安全的主机托管场所。私有云的核心属性是专有资源。

（2）公有云。

公有云通常指第三方提供商为用户提供的能够使用的云。公有云一般可通过互联网使用，可能是免费或低成本的。公有云的核心属性是共享资源服务，这种云有许多实例，可在当今整个开放的公有网络中提供服务。

（3）混合云。

混合云融合了公有云和私有云，是近年来云计算的主要模式和发展方向。私有云主要是面向企业用户，出于安全考虑，企业更愿意将数据存放在私有云中，但是同时又希望可以获得公有云的计算资源，于是混合云得到越来越多的应用。

混合云将公有云和私有云进行混合和匹配，以获得最佳效果，这种个性化的解决方案，达到了既省钱又安全的目的。

云计算还可以分为基础设施云、平台云和应用云三种。

（1）基础设施云。

基础设施云为用户提供的是接近于硬件资源直接操作的底层服务接口。通过调用这些接口，用户可以直接获得计算和存储能力，而且非常自由和灵活，几乎没有逻辑限制。不过，用户需要做大量的工作来设计和实现自己的应用，因为基础设施云除了为用户提供计算和存储等基本功能外，并没有对应用类型做出任何假设。

（2）平台云。

平台云为用户提供一个托管平台，将他们开发和运营的应用程序托管在云平台上。但是，该应用程序的开发和部署必须遵守平台的特定规则和限制，如语言、编程框架、数据存储模型等。

（3）应用云。

应用云为用户提供可以直接使用的应用程序。这些应用程序一般都是基于浏览器的，并针对特定的功能。然而，它们也是最不灵活的，因为应用云只针对一个特定的功能，不能为其他功能提供应用。

3. 云计算技术的应用

云计算技术已应用于多个领域。

（1）企业信息化。

云计算技术可以帮助企业快速搭建自己的计算环境，降低 IT 成本和管理难度。企业可以通过云计算技术，快速部署各种应用程序和服务，提高工作效率和质量。

（2）互联网应用。

云计算技术可以帮助互联网企业快速扩展计算资源和服务，满足不同规模和需求的用户。互联网企业可以通过云计算技术，快速部署各种应用程序和服务，提高用户体验和竞争力。

（3）科学计算。

云计算技术可以帮助科学研究者快速搭建自己的计算环境，提高计算效率和质量。科学研究者可以通过云计算技术，快速部署各种科学计算程序和服务，扩大研究成果的影响力。

1.2.3 云安全威胁

1. 云安全概述

云安全是一组程序和技术的集合，旨在解决企业安全所面临的外部和内部威胁。企业在实施其数字化转型策略，并将各种云工具和服务纳入企业基础架构中时，需要云安全保障业务顺利进行。

云安全是一整套技术、协议和最佳做法的总称，旨在保护云计算环境、云中运行的应用程序和云中保存的数据。

2. 存在的云安全挑战

（1）缺乏可见性。

由于许多云服务是在企业网络之外通过第三方访问的，因此往往不容易了解数据的访问方式以及访问者详情。

（2）多租户。

公有云在同一环境中运行多个客户基础架构。因此，当恶意攻击者在攻击其他企业时，有可能连带损害到托管服务。

（3）访问管理和影子 IT。

尽管企业也许可以成功管理和限制本地系统中的访问点，但在云环境中可能很难执行这些相同级别的限制。如果企业没有部署自带设备（BYOD）策略，并允许从任何设备或地理位置对云服务进行未经筛查的访问，这就会比较危险。

（4）合规性。

对于使用公有云或混合云部署的企业来说，合规管理常常是造成困惑的一大来源。尽管数据隐私和安全性的最终责任仍由企业自身承担，但过度依赖第三方解决方案来管理这些方面可能会引发较高的合规风险。

（5）错误配置。

错误配置包括就地保留缺省管理密码，或没有创建合适的隐私保护设置。

3. 云安全解决方案

（1）身份和访问管理（IAM）。

身份和访问管理方案中的工具和服务可支持企业部署各种依据策略驱动的执行协议，确保所有用户既可访问本地服务，也可访问基于云的服务。IAM 的核心功能就是为所有用户创建数字身份，以便在所有数据交互过程中对其进行必要的主动监控和限制。

（2）数据丢失预防（DLP）。

数据丢失预防服务提供一套工具和服务，旨在确保受管制云数据的安全。DLP 解决方案综合使用补救警报、数据加密和其他预防措施来保护所有已存储的数据，无论这些数据是处于静态，还是处于动态。

（3）信息安全和事件管理（SIEM）。

信息安全和事件管理提供全面的安全统筹解决方案，可在基于云的环境中自动执行威胁监视、检测和响应。SIEM 使用人工智能（AI）驱动技术，将多个平台和数字资产中的日志数据联系起来，确保 IT 团队能够成功应用网络安全协议，同时快速应对任何潜在的威胁。

（4）业务连续性和灾难恢复。

无论企业为其本地和基于云的基础架构实施了何种预防措施，数据泄露和破坏性停运或中断仍有可能发生。企业必须能够尽快对新发现的漏洞或重要系统宕机等做出快速反应。灾难恢复解决方案是云安全的基本要素，可为企业提供所需的工具、服务和协议，以加快恢复丢失的数据并恢复正常业务运营。

4. 保障云安全

保障云安全的方法多种多样，每个企业采取的对策各有不同，这主要取决于多个变量。不过，美国国家标准技术研究院（NIST）提出了一些最佳实践做法，可以遵循这些最佳实践规范，建立一个安全的、可持续发展的云计算框架。

NIST 制定了必要的步骤，供每个企业对其安全准备情况进行自我评估，并为其系统部署充足的预防和恢复安全措施。这些步骤依据 NIST 的网络安全框架五大支柱而设立，即识别、保护、检测、响应和恢复。

云安全领域中另一种支持执行 NIST 网络安全框架的新兴技术是云安全态势管理（CSPM）。CSPM 解决方案旨在解决许多云环境中的一个常见缺陷，如错误配置。

企业甚至云提供商对云基础架构的错误配置可能会导致多个漏洞，从而显著增加企业的受攻击面。CSPM 可协助统筹和部署云安全的核心组件，从而解决这些问题，其中包括身份和访问管理（IAM）、合规管理、流量监控、威胁监测、风险缓解和数字资产管理。

5. 解决方案

解决方案是将安全性融入企业云过程的每个阶段。

（1）云安全服务：通过云安全服务，保护企业混合云环境。

（2）云安全策略服务：与值得信赖的顾问合作，引导企业实施云安全策略。

（3）云身份和访问管理（IAM）：融入云 IAM 方案，为企业用户和员工实现安全顺畅、没有阻碍的访问。

1.2.4 云计算部署模型

云计算技术已存在于当今的互联网服务中，常见的有网络搜索引擎和网络邮箱。搜索引擎如谷歌和百度，可以搜索想要的资源，通过云共享数据资源。

1. 存储云

存储云，又称云存储，是在云计算技术上发展起来的一个新的存储技术。云存储是一个以数据存储和管理为核心的云计算系统。用户可以将本地的资源上传至云，可以在任何地方连入互联网来获取云上的资源。大家所熟知的谷歌、微软等大型网络公司均有云存储的服务，在国内，百度云和微云是市场占有量较大的云存储。云存储向用户提供了存储容器服务、备份服务、归档服务和记录管理服务等，大大方便了使用者对资源的管理。

2. 医疗云

医疗云，是指在云计算、移动技术、多媒体、4G 通信、大数据、物联网等新技术的基础上，结合医疗技术，创建医疗健康服务云平台，实现医疗资源的共享和医疗范围的扩大。目前医院的预约挂号、电子病历、医保等都是云计算与医疗领域结合的产物。医疗云还具有数据安全、信息共享、动态扩展、布局全国的优势。

3. 金融云

金融云是利用云计算的模型，将信息、金融和服务等功能分散到庞大分支机构构成的互联网“云”中，为银行、保险和基金等金融机构提供互联网处理和运行服务，同时共享互联网资源。阿里云整合阿里巴巴旗下资源推出阿里金融云服务。此外，苏宁金融、腾讯等其他企业也相继推出了自己的金融云服务。

4. 教育云

教育云，实质上是指教育信息化的发展。具体而言，教育云可以将所需要的任何教育硬件资源虚拟化，然后将其接入互联网，向教育机构、学生和老师提供一个方便快捷的平台。

1.2.5 虚拟化与云计算的实施

虚拟化与云计算的实施是一个系统性的过程，涉及多个关键步骤。

（1）制定虚拟化策略：这是实施虚拟化的首要步骤。企业需要明确其业务需求和目标，并据此制定虚拟化策略。虚拟化策略的制定需要与相关部门进行充分的讨论和沟通，确保策略的一致性和可行性。

（2）评估现有基础设施：在实施虚拟化前，需要对现有的基础设施进行全面的评估，包括评估服务器硬件、存储设备、网络设备和应用程序等，以确保它们能支持虚拟化技术的实施。

（3）选择虚拟化平台：根据评估结果和业务需求，选择适合的虚拟化平台。需要综合考虑平台的性能、稳定性、兼容性及成本等因素。

（4）部署虚拟化平台：在选择好虚拟化平台后，需要根据实际需求来部署虚拟化平台，包括安装虚拟化软件、配置虚拟化环境、创建虚拟机等步骤。

（5）迁移和整合应用程序：将现有的应用程序迁移到虚拟机上，并进行必要的整合和优化。这个过程需要确保应用程序的稳定性和性能，同时降低迁移过程中可能出现的风险。

（6）建立容灾和备份机制：实施虚拟化后，需要建立容灾和备份机制，以确保在发生故障或数据丢失时能够迅速恢复业务运行。这包括定期备份虚拟机、配置容灾策略等步骤。

（7）监控和管理虚拟化环境：虚拟化环境的运行需要持续的监控和管理。通过使用虚拟化管理工具，可以实时监控虚拟机的性能、资源使用情况以及安全状况等，以便及时发现问题并进行处理。

虚拟化的实施并非是一蹴而就的过程，需要不断地调整和优化。在实施过程中，要关注虚拟化技术的最新发展和最佳实践，确保虚拟化环境的稳定性和性能；还要关注虚拟化技术的安全性问题，确保虚拟化环境的安全性。

虚拟化实施平台是实施虚拟化技术的基础设施，它提供了创建、管理、优化和扩展虚拟环境所需的工具和功能。

（1）平台类型：虚拟化实施平台分为多种类型，如基于硬件的虚拟化、基于软件的虚拟化以及混合虚拟化等。基于硬件的虚拟化利用服务器硬件中的特定功能（如英特尔的 VT-x 和 AMD 的 SVM）来创建和管理虚拟机；而基于软件的虚拟化则依赖于在操作系统上运行的虚拟化软件。

（2）资源管理：虚拟化平台可以对资源进行 QoS（服务质量）配置，满足不同业务对资源的需求。这包括对 CPU 预留的频数、内存大小等的配置，保证某一虚拟机不会完全占有所有的资源，从而实现业务资源的合理管控。

（3）存储优化：通过存储精简置备技术，平台可以将存储空间按需分配给虚拟机，大大提高了存储资源的利用率。

（4）克隆与备份：虚拟化平台支持虚拟机的克隆和备份，便于快速部署和恢复虚拟机。

（5）安全性：平台应提供完善的安全机制，以防止虚拟机之间的交互和攻击，确保虚拟环境的安全。

（6）平台选择：在选择虚拟化实施平台时，需要考虑多个因素，包括平台的稳定性、灵活性、可扩展性、安全性以及成本等。市场上存在一些应用广泛的服务器虚拟化平台，如 VMware vSphere、Microsoft Hyper-V、Citrix XenServer 和 OpenStack 等。这些平台各自具有不同的特点，需要根据企业的具体需求进行选择。

虚拟化实施平台是虚拟化技术的核心组成部分，它为企业提供了高效、灵活和安全的虚拟环境，有助于提升业务效率和降低成本。在选择和实施虚拟化平台时，企业应综合考虑自身需求、平台特性以及市场趋势等因素。

接下来通过在 VMware 中安装 CentOS（Community Enterprise Operating System，社区企业操作系统），来了解虚拟化的基本操作。

任务 1.3 部署 CentOS 服务

在深入了解虚拟化和云计算的概念之后，接下来进一步研究在这些技术的基础上部署 CentOS。CentOS 作为一个稳定、安全且高性能的开源操作系统，与虚拟化和云计算相结合，能够为用户提供强大的计算能力和灵活的资源管理。

CentOS 是 Linux 发行版之一，它来自 Red Hat Enterprise Linux，依照开放源代码规定发布的源代码编译而成。

1.3.1 安装准备

在安装 VMware 前，要对系统的安装要求有所了解，以便于正确地安装系统。首先要确定计算机 BIOS 支持虚拟化，本操作要求操作系统应为 Windows 10 或更高版本，并且计算机的内存至少为 8GB。

1.3.2 安装过程

下面在 VMware Workstation 中创建 CentOS 虚拟机。

（1）单击“创建新的虚拟机”，在弹出的“新建虚拟机向导”对话框中，选择“自定义（高级）（C）”单选按钮，单击“下一步”按钮，如图 1－2 所示。

部署 CentOS 服务

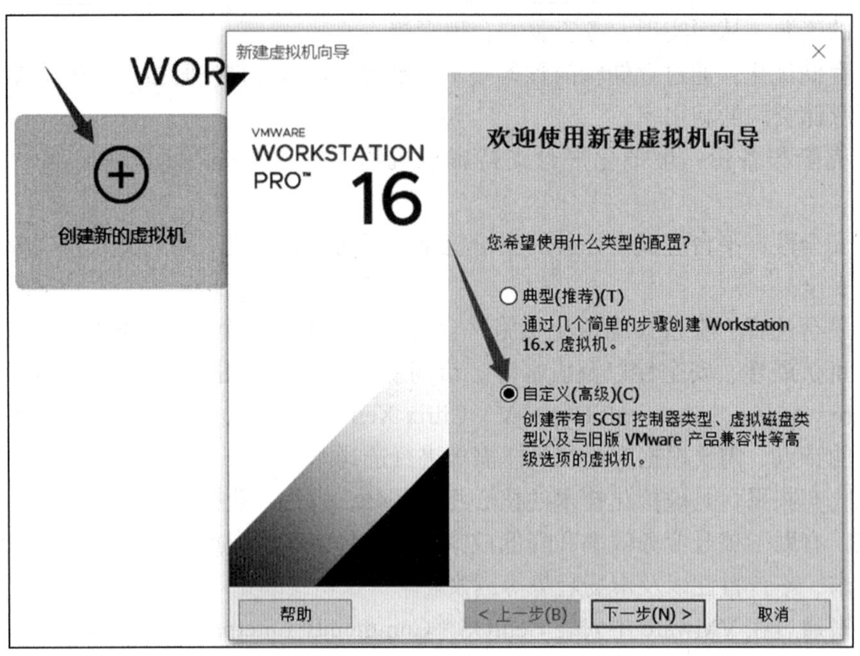

图 1-2　选择“自定义（高级）”单选按钮

（2）在“选择虚拟机硬件兼容性”界面中，虚拟机硬件兼容性选用默认的最高版本，如图 1-3 所示。

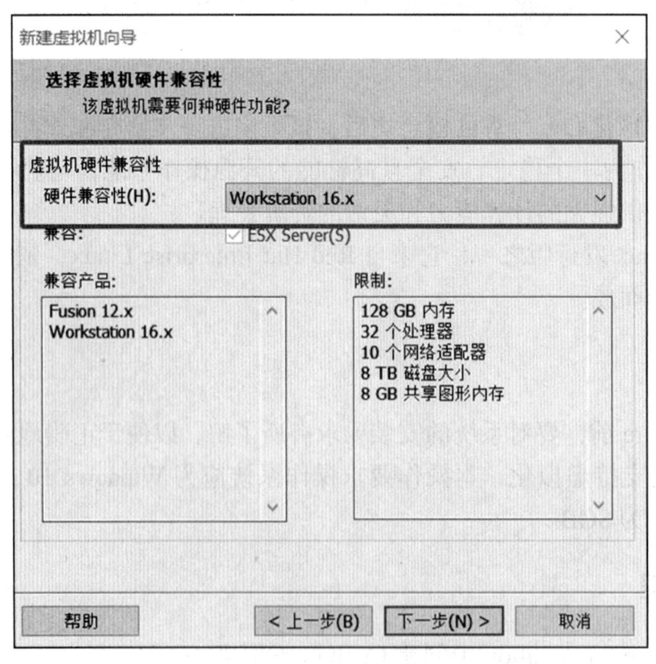

图 1-3　选择虚拟机硬件兼容性

（3）创建虚拟空白光盘。在“安装客户机操作系统”界面中，选择“稍后安装操作系统（S）”单选按钮，单击“下一步”按钮，如图 1－4 所示。

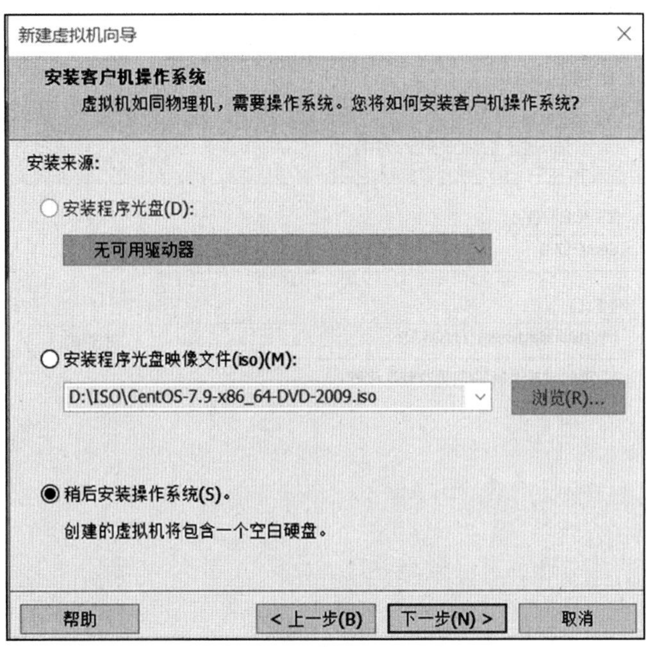

图 1－4　稍后安装操作系统

（4）选择客户机操作系统及版本。在“选择客户机操作系统”界面中，“客户机操作系统”选择“Linux（L）”，“版本（V）”选择你要安装的操作系统（这里选择的是“CentOS 7 64 位”），如图 1－5 所示。

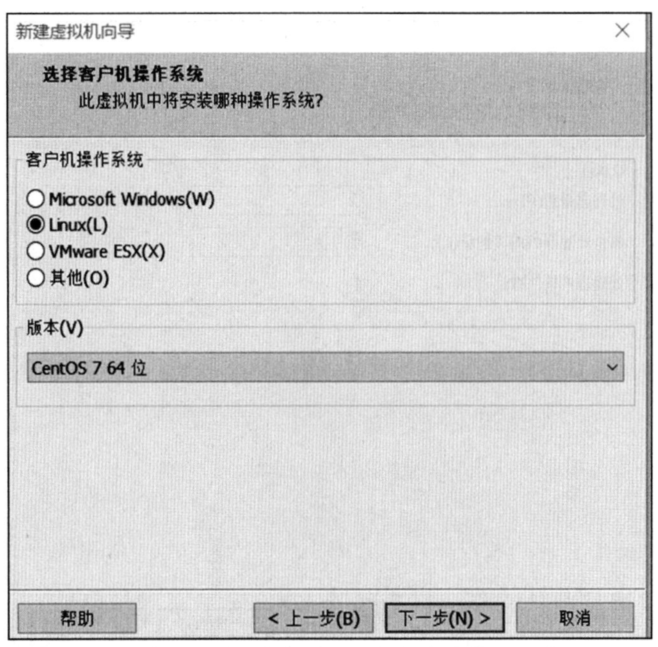

图 1－5　选择客户机操作系统及版本

（5）命名虚拟机和定位磁盘位置。在“命名虚拟机”界面中，指定虚拟机名称，“位置（L）”不建议选择C盘（这里选择F盘），如图1-6所示。

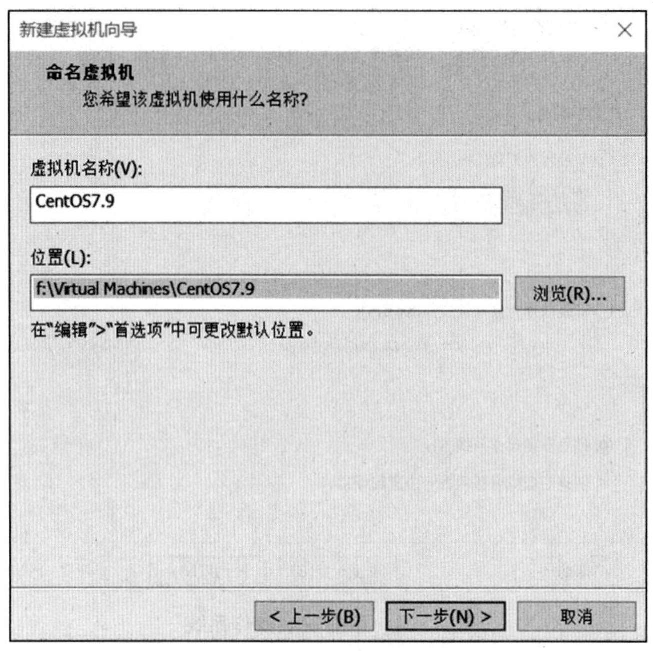

图1-6　命名虚拟机和定位磁盘位置

（6）处理器配置。查看自己计算机的处理器配置是否为双核或多核。这里“处理器数量（P）”为“2”，“每个处理器的内核数量（C）”为“2”，如图1-7所示。

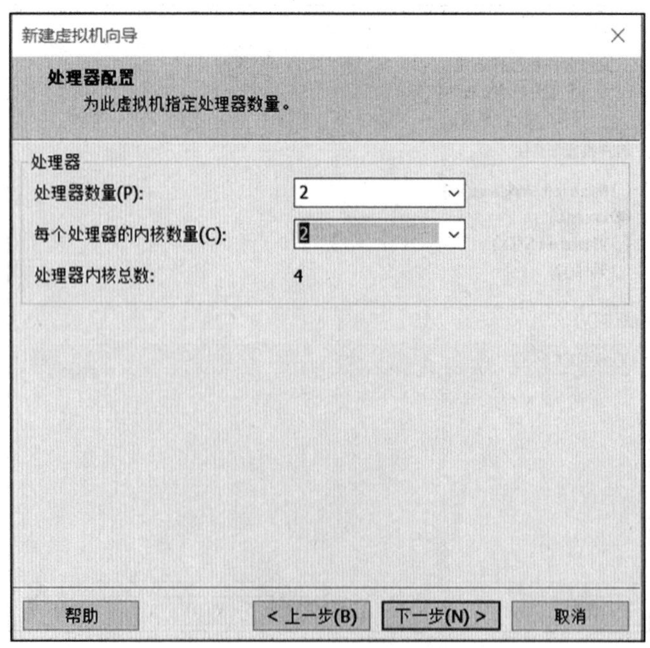

图1-7　处理器配置

（7）设置虚拟机内存为4GB。在“此虚拟机的内存”界面中设置内存为“4096MB”（4GB），如图1－8所示。

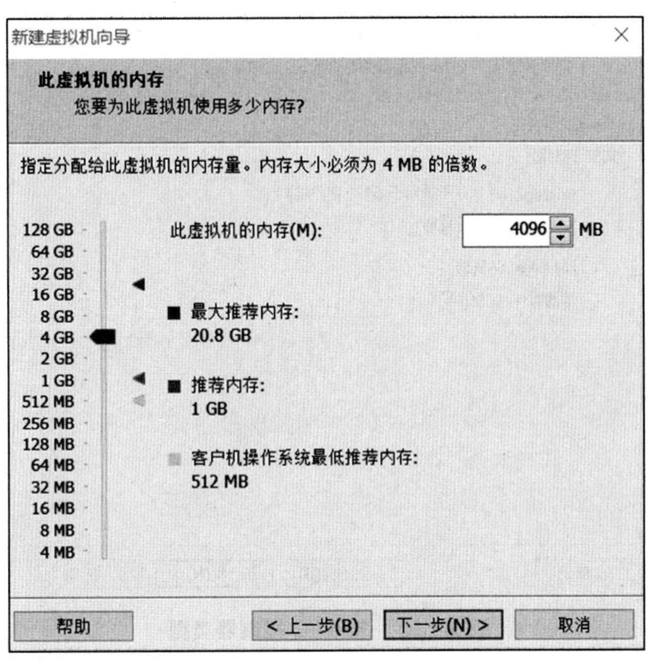

图1－8 设置虚拟机内存为4GB

（8）设置网络类型，选择NAT模式。在“网络类型”界面中，选择“使用网络地址转换（NAT)(E)”单选按钮，单击“下一步”按钮，如图1－9所示。

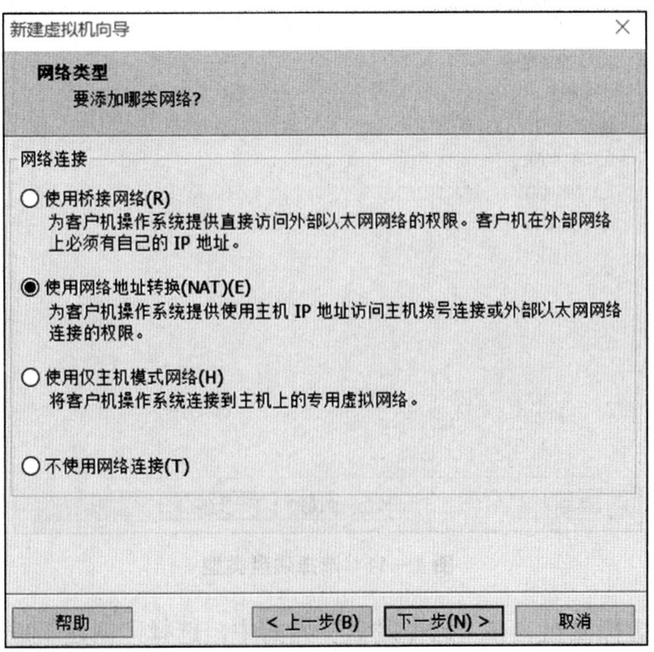

图1－9 设置网络类型

（9）选择 I/O 控制器类型，推荐选择“LSI Logic（L)”，如图 1－10 所示。

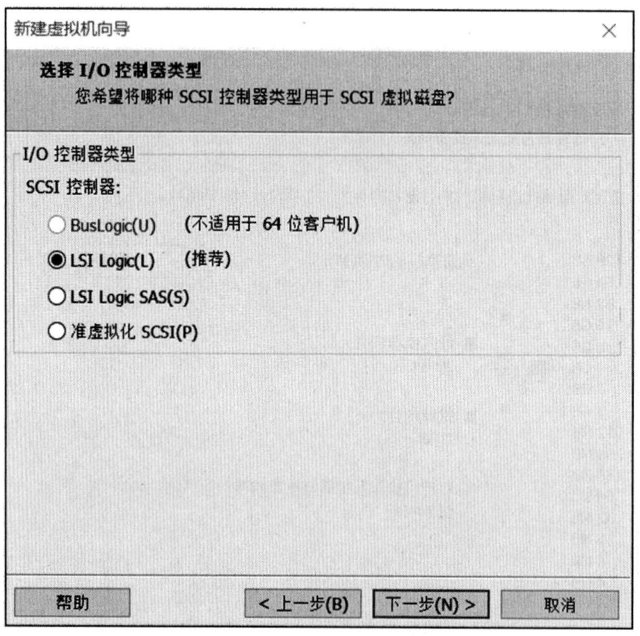

图 1－10　选择 I/O 控制器类型

（10）选择磁盘类型，推荐选择“SCSI（S)”，如图 1－11 所示。

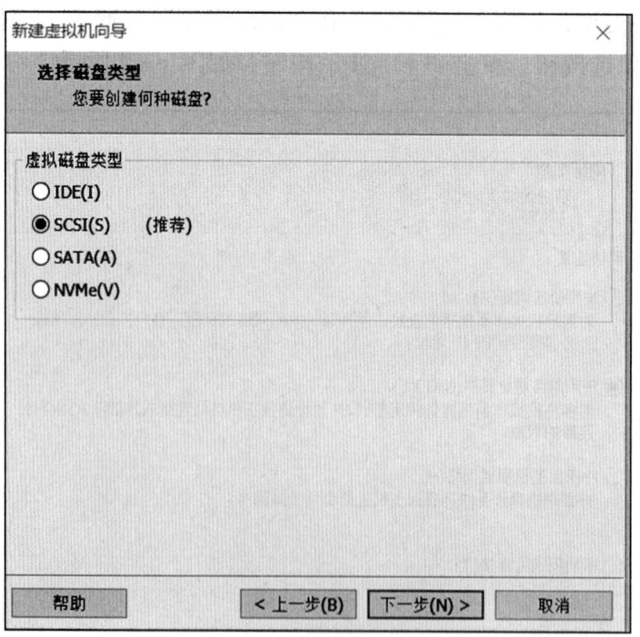

图 1－11　选择磁盘类型

（11）创建新虚拟磁盘。在“选择磁盘”界面中，选择“创建新虚拟磁盘（V)”，如图 1－12 所示。

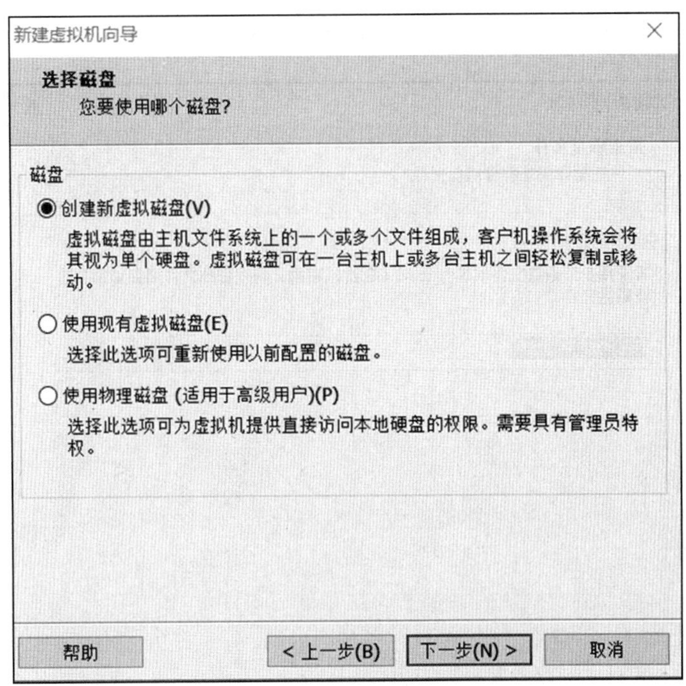

图 1-12　创建新虚拟磁盘

（12）指定磁盘容量。按照本地硬盘的大小选择最大磁盘大小，不要超过本地硬盘大小，这里选择 60GB，如图 1-13 所示。

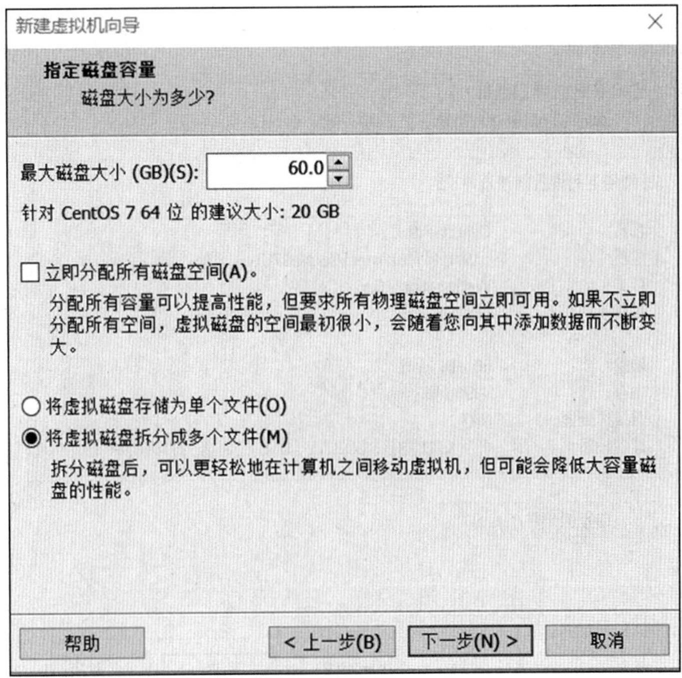

图 1-13　指定磁盘容量

（13）指定磁盘文件，使用默认设置，如图 1－14 所示。

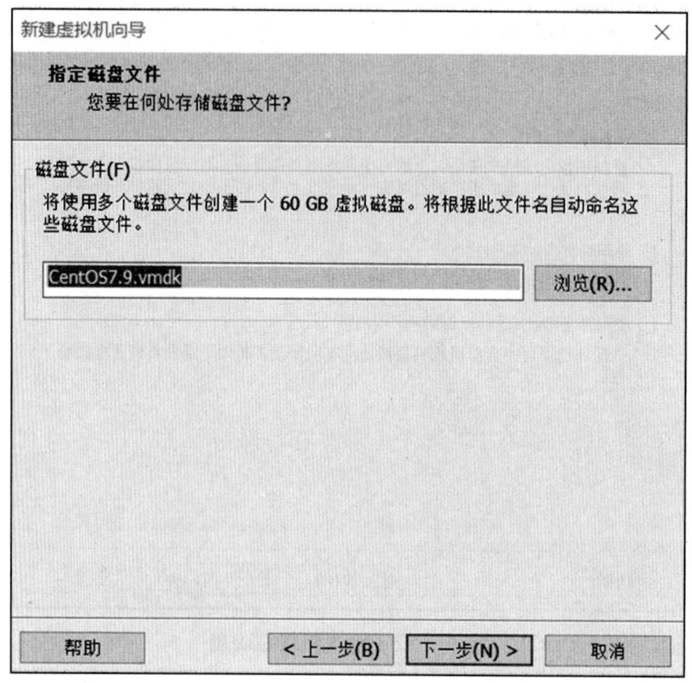

图 1－14　指定磁盘文件

（14）新建虚拟机向导配置完成，查看已准备好创建虚拟机的情况，如图 1－15 所示。

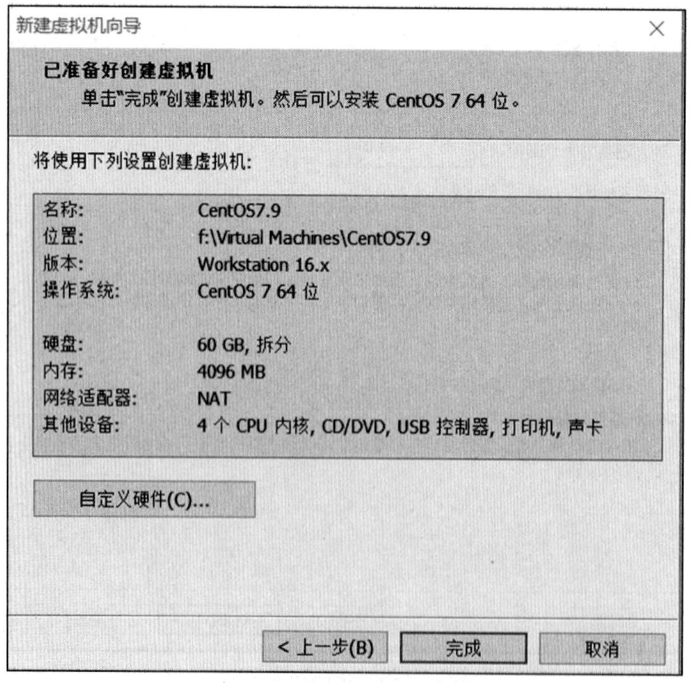

图 1－15　查看已准备好创建虚拟机的情况

（15）右击此时的虚拟机名称，在弹出的快捷菜单中选择“设置（S）...”，设置虚拟机，如图 1－16 所示。

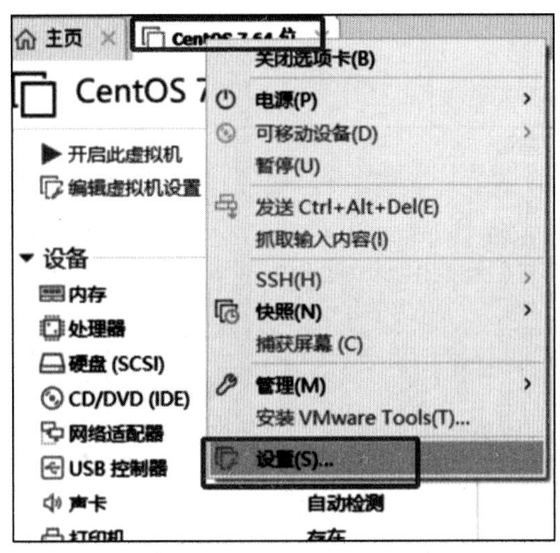

图 1－16　设置虚拟机

（16）加载 ISO。在“虚拟机设置”对话框中，打开“硬件”选项卡，找到“CD/DVD（IDE）”，勾选“启动时连接（O）”复选框，选择“使用 ISO 映像文件（M）”单选按钮，单击“浏览”按钮，找到要安装的操作系统“CentOS-7.9-x86 64-DVD-2009.iso”，然后单击“确定”按钮，如图 1－17 所示。

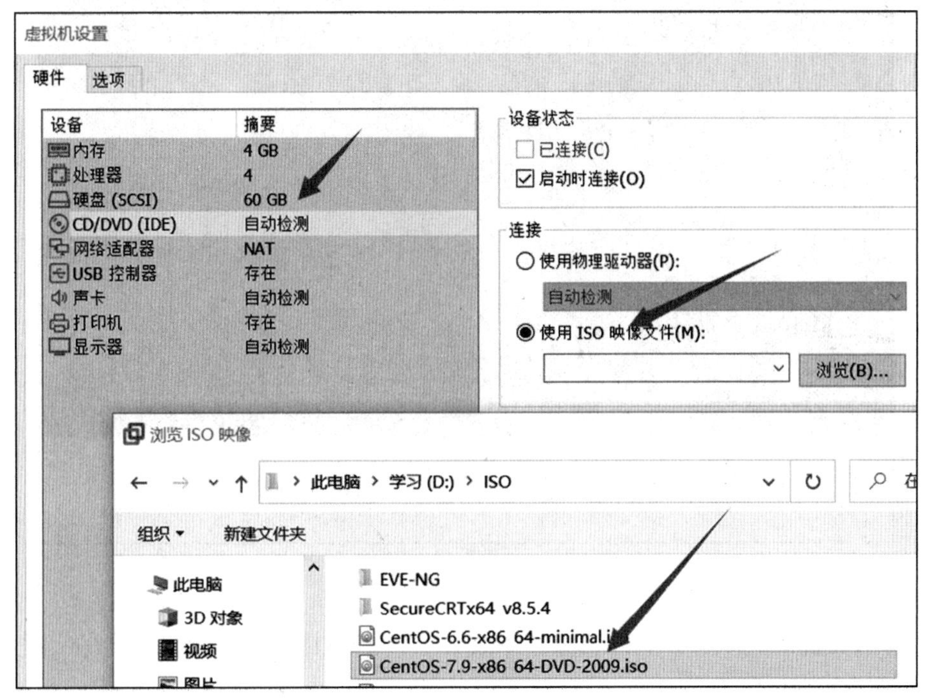

图 1－17　加载 ISO

（17）配置处理器虚拟化。选择“处理器”，在虚拟化引擎中，勾选“虚拟化 Intel VT-x/EPT 或 AMD-V/RVI（V）”复选框，单击“确定”按钮，如图 1－18 所示。

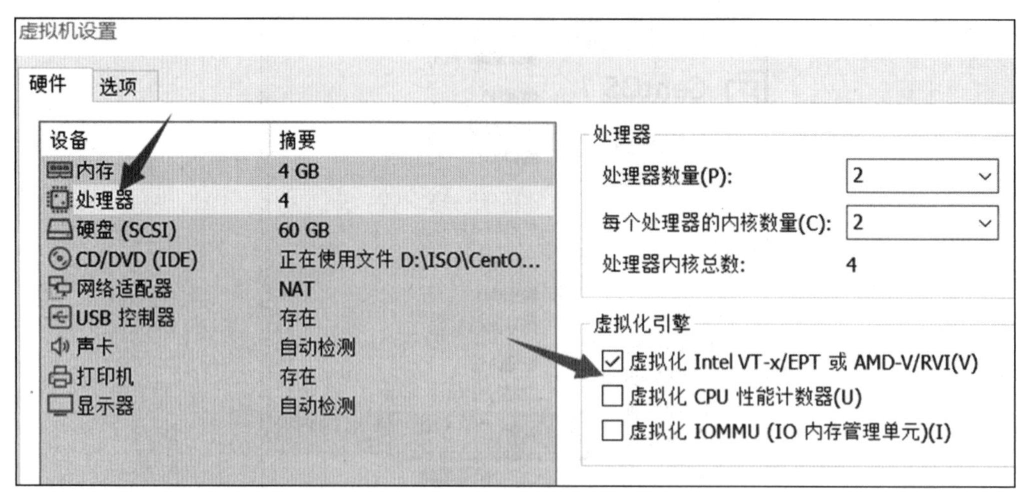

图 1－18　配置处理器虚拟化

（18）进入初始化页面，如图 1－19 所示，利用上下键选择第一个选项“Install CentOS 7”，按“Enter”键，开始安装配置。在此界面中按“Ctrl＋Alt”组合键，可以实现 Windows 主机和 VM 之间窗口的切换。

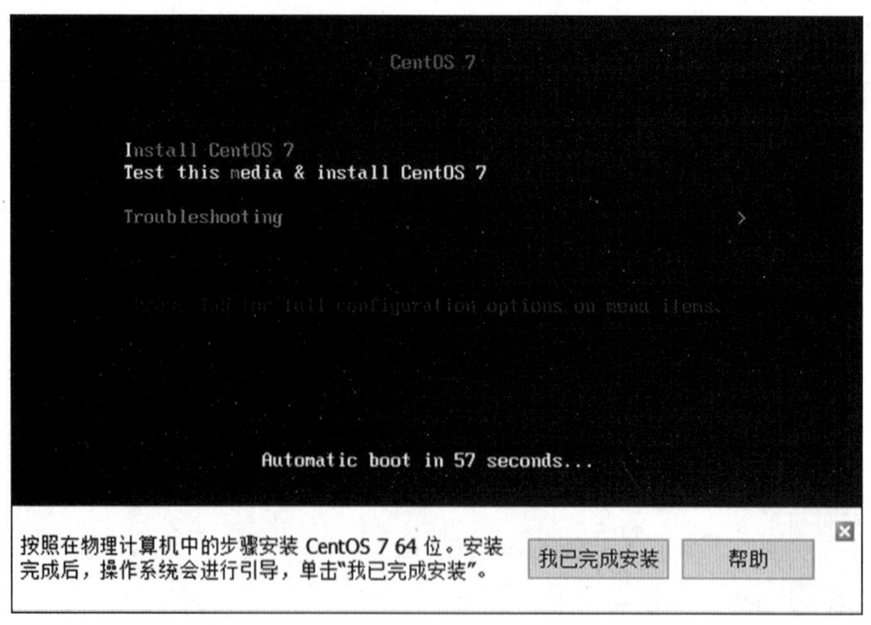

图 1－19　进入初始化页面

（19）在 CentOS 欢迎页面，选择“中文”→“简体中文（中国）”，单击“继续”按钮，如图 1－20 所示。

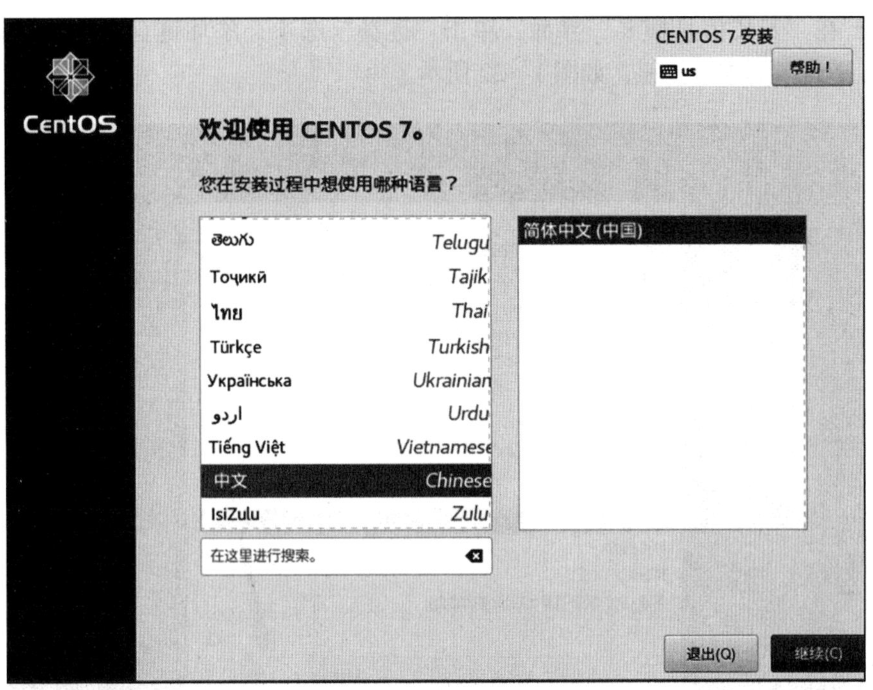

图 1－20　选择语言

（20）进入“安装信息摘要”界面，单击“日期和时间（T)”选项，如图 1－21 所示，选择“地区”为“亚洲”，“城市”为“上海”，单击“完成”按钮。

图 1－21　选择时区

（21）在“安装信息摘要”界面，单击“键盘”选项，添加键盘布局，选择“英语（美国）”，单击“添加”按钮，如图1-22所示。

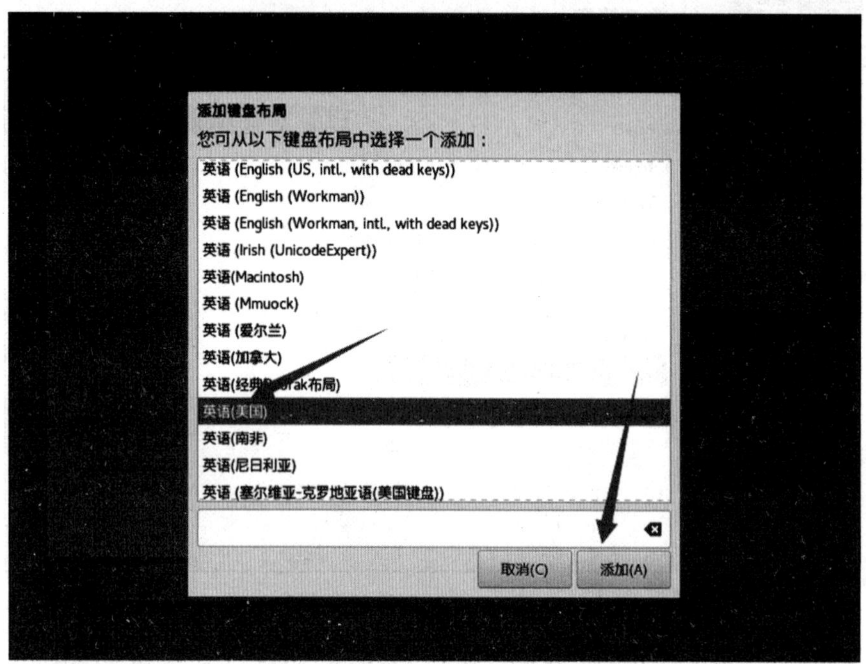

图1-22　添加键盘布局

（22）单击“软件选择”，“基本环境”选择“GNOME桌面”，如图1-23所示。

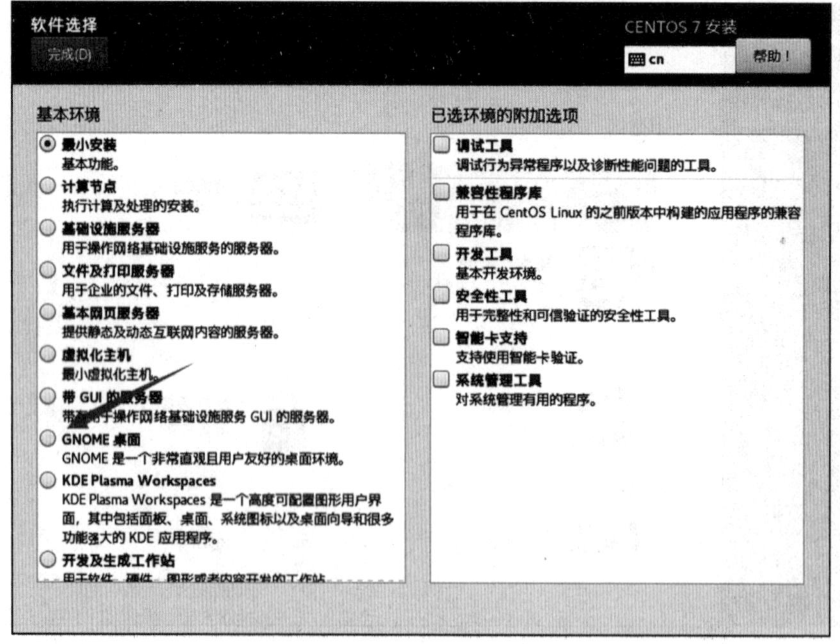

图1-23　软件选择

（23）在“安装信息摘要”界面，选择“安装位置（D）”，进入“安装目标位置”界面，“本地标准磁盘”选择“60GiB”，在“其他存储选项”组中选择“我要配置分区（I）”。在“手动分区”界面，“新挂载点将使用以下分区方案（N）”下拉列表中选择“标准分区”，单击“+”按钮进行手动分区，如图 1－24 所示。

（a）

安装目标位置
完成(D)
CENTOS 7 安装
cn
帮助！
设备选择
选择要在其中安装系统的设备。点击主菜单中的"开始安装"按钮前不会对该设备进行任何操作。
本地标准磁盘
60 GiB
VMware, VMware Virtual S
sda / 60 GiB 空闲
不会对未在此处选择的磁盘进行任何操作。
专用磁盘 & 网络磁盘
添加磁盘(A)...
不会对未在此处选择的磁盘进行任何操作。
其它存储选项
分区
自动配置分区(U)。 我要配置分区(I)。
我想让额外空间可用(M)。
加密
完整磁盘摘要以及引导程序(F)...
已选择 1 个磁盘；容量 60 GiB；60 GiB 空闲 刷新(R)

（b）

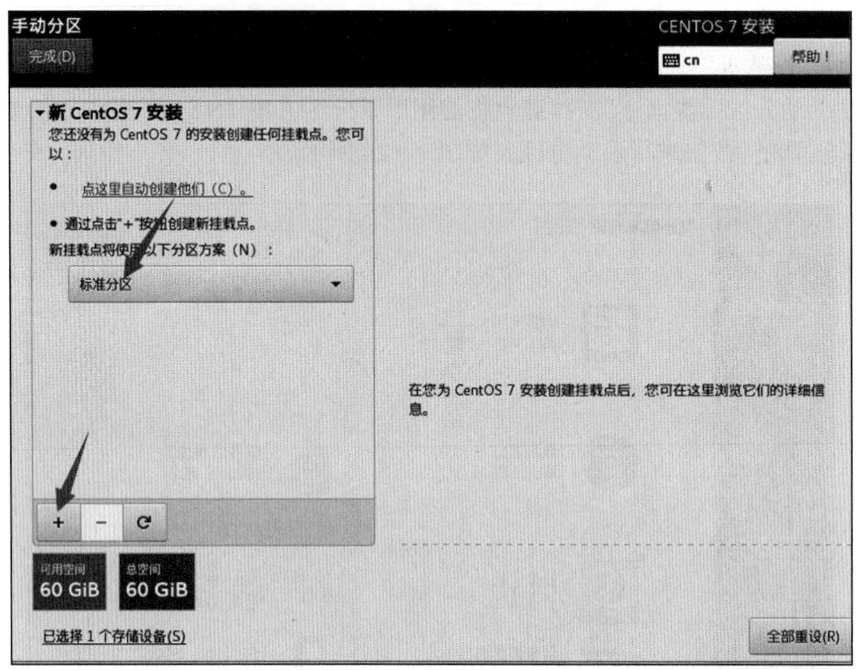

(c)

图 1-24　选择安装位置

在“添加新挂载点”界面中，“挂载点”选择“/boot”，如果期望容量要大于 200MB，可选择“300mb”，第一个手动分区创建完成，如图 1-25 所示。

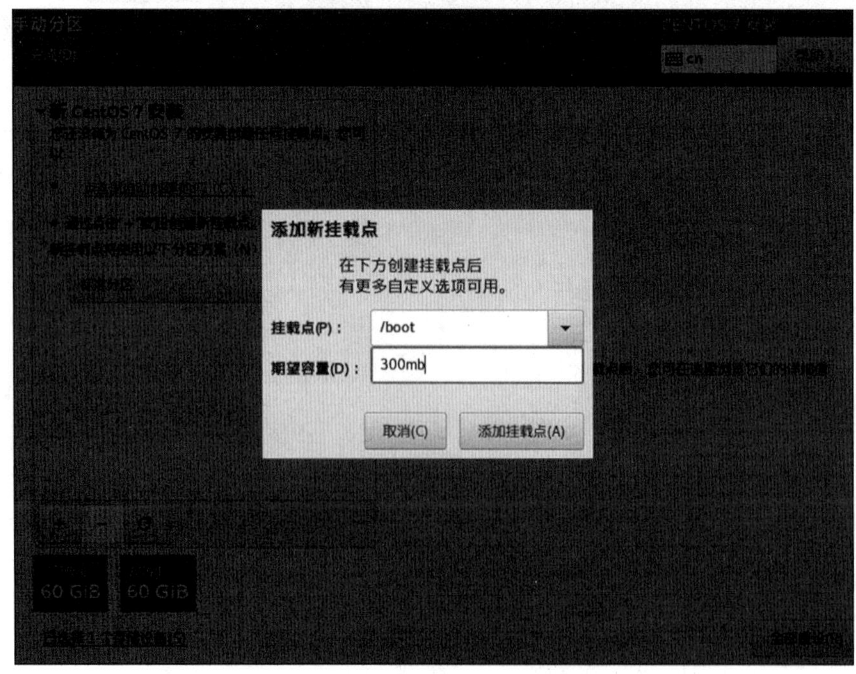

(a)

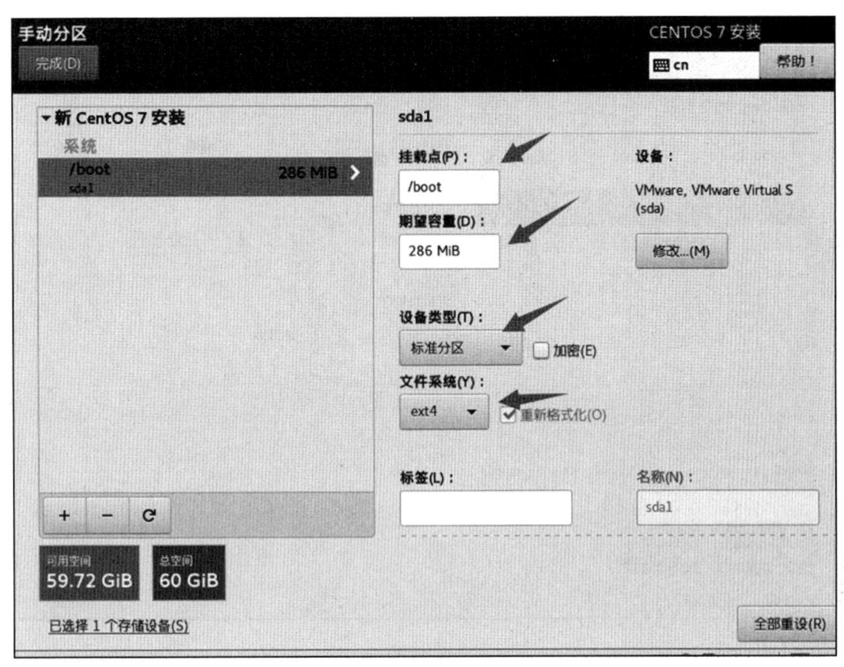

(b)

图 1-25 添加挂载点“/boot”

创建第二个swap分区，文件系统为swap，期望容量为“2048MiB”。创建第三个分区，“设备类型（T）”是“标准分区”，“挂载点（P）”为“/”，“文件系统（Y）”为“ext4”，如图1-26所示。

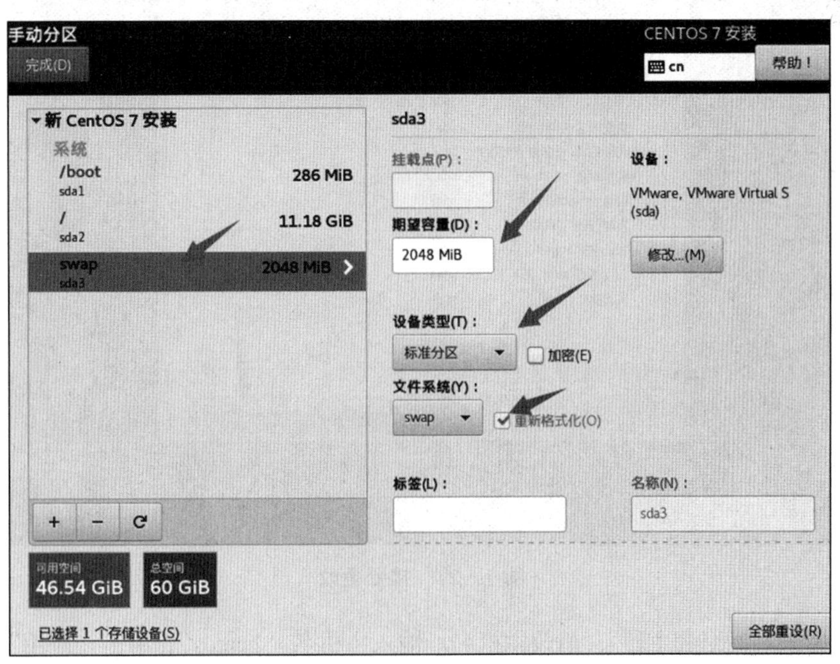

(a)

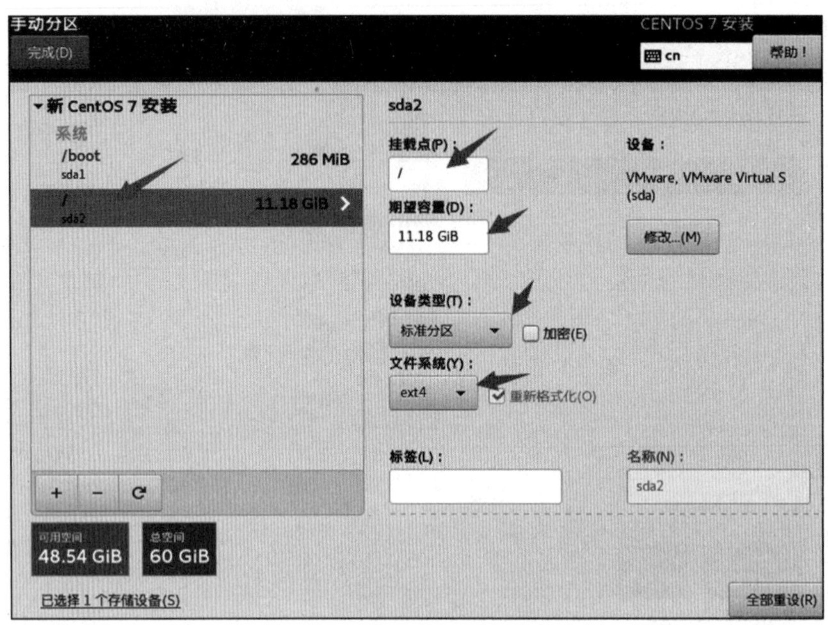

（b）

图 1－26　建立 / 和 swap 分区

单击“完成”按钮，然后在弹出的“更改摘要”对话框中单击“接受更改”按钮，如图 1－27 所示。

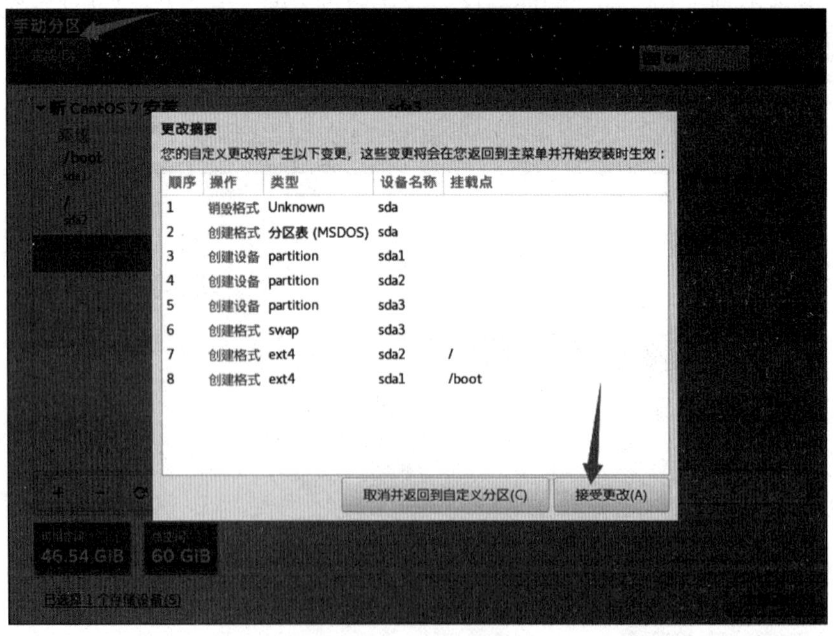

图 1－27　接受更改

（24）单击“网络和主机”，修改主机名。输入主机名“centos”，单击“应用”按钮。单击“以太网（ens33）”右侧的按钮，打开网络，单击“配置（O）...”按钮，如图 1－28 所示。

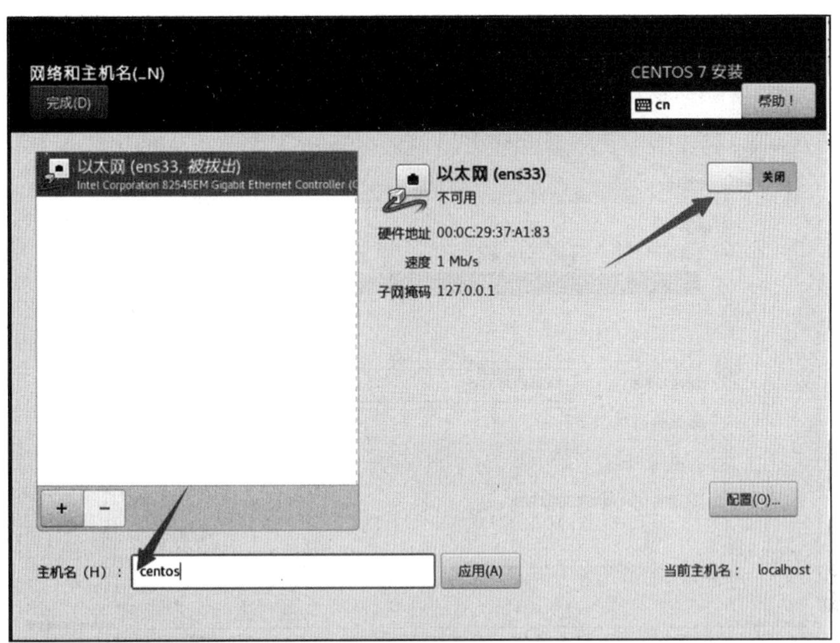

(a)

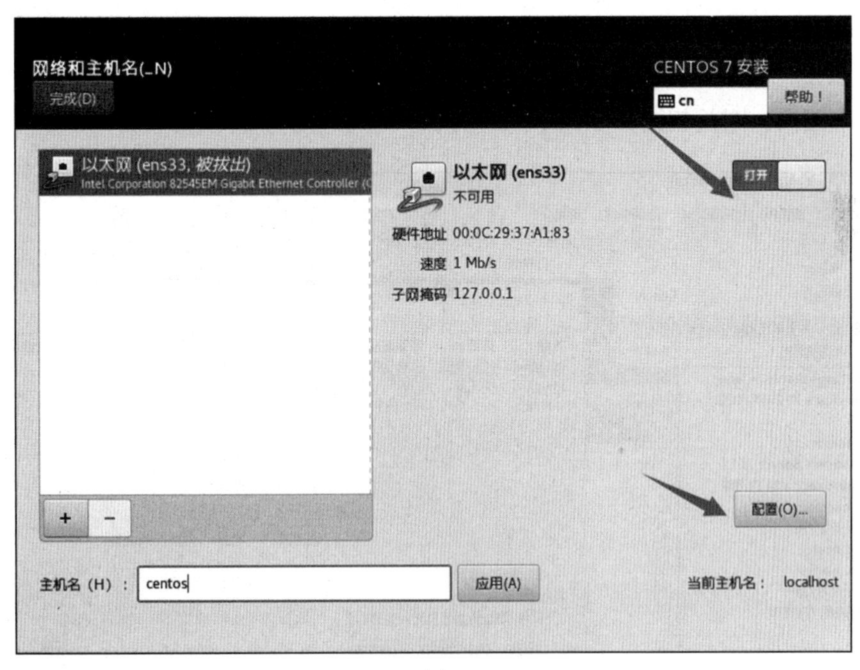

(b)

图 1－28 修改网络和主机

（25）打开“IPv4 设置”选项卡，打开“方法”右侧的下拉列表，选择“手动”，单击“Add”按钮，输入地址“192.168.8.100”、子网掩码“255.255.255.0”、网关“192.168.8.2”、DNS 服务器“114.114.114.114”，如图 1－29 所示。

图 1－29　IPv4 设置

（26）设置虚拟网络。选择“编辑”→“虚拟网络编辑器（N）...”，选择“VMnet8”这一行，单击“NAT 设置”按钮，将 NAT 的子网改成 192.168.8.0 网段，跟这个 NAT 网络在同一个网段，网关相同，如图 1－30 所示。

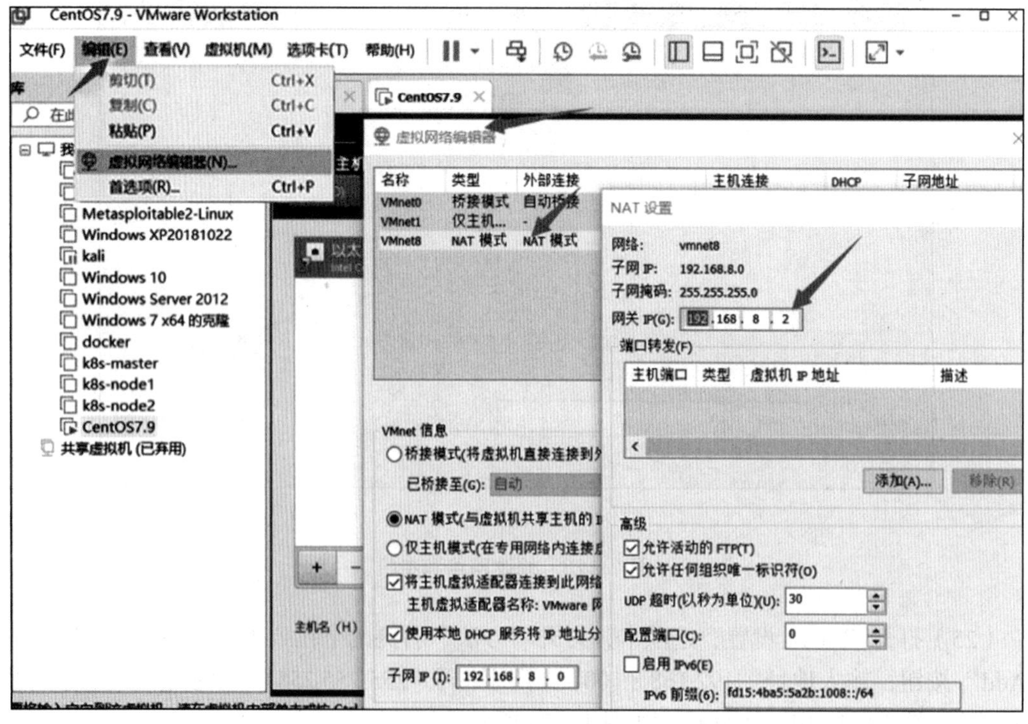

图 1－30　设置虚拟网络

（27）在“安装信息摘要”界面，单击“KDUMP”，取消勾选“启用 kdump”前的复选框，如图 1－31 所示。Kdump 是在系统崩溃、死锁或者死机的时候用来转储内存运行参数的一个工具和服务。

（a）

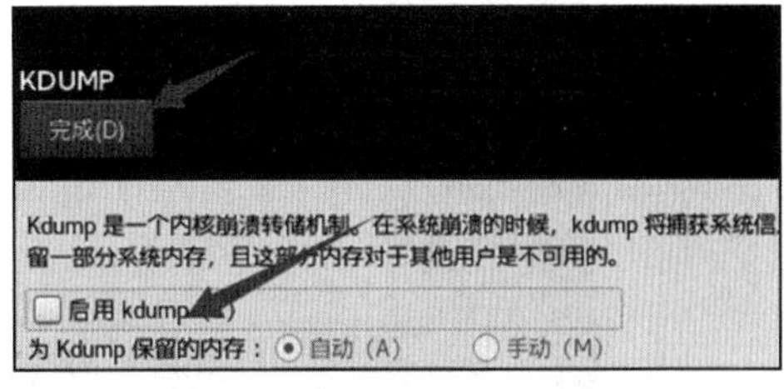

（b）

图 1－31 设置 Kdump

（28）在“安装信息摘要”界面，单击“开始安装”按钮，进入安装页面，设置 ROOT 密码为 000000，如图 1－32 所示。

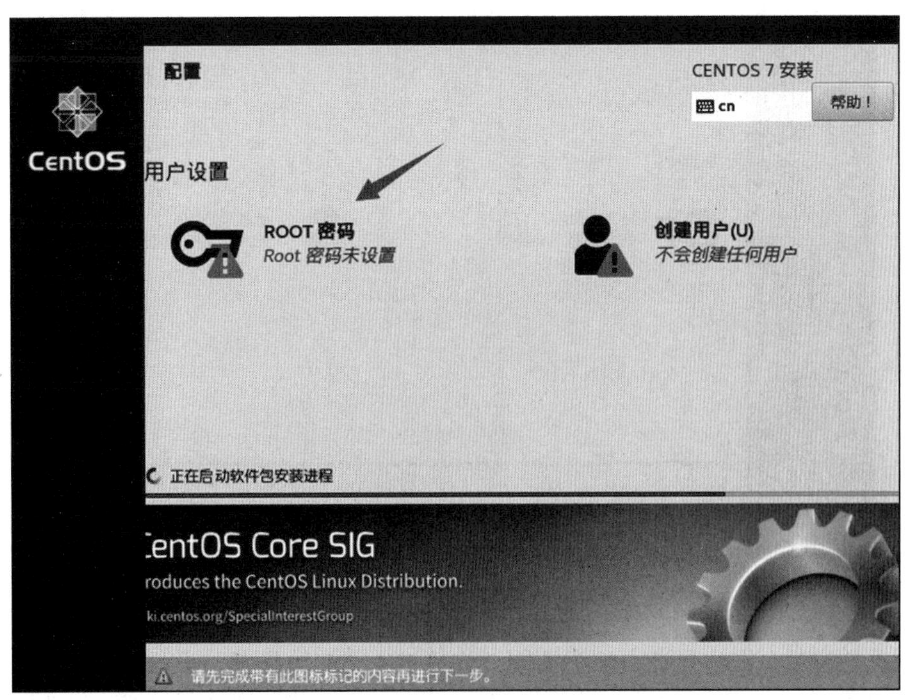

图 1－32 设置 ROOT 密码

（29）完成配置，继续安装 CentOS，如图 1－33 所示。

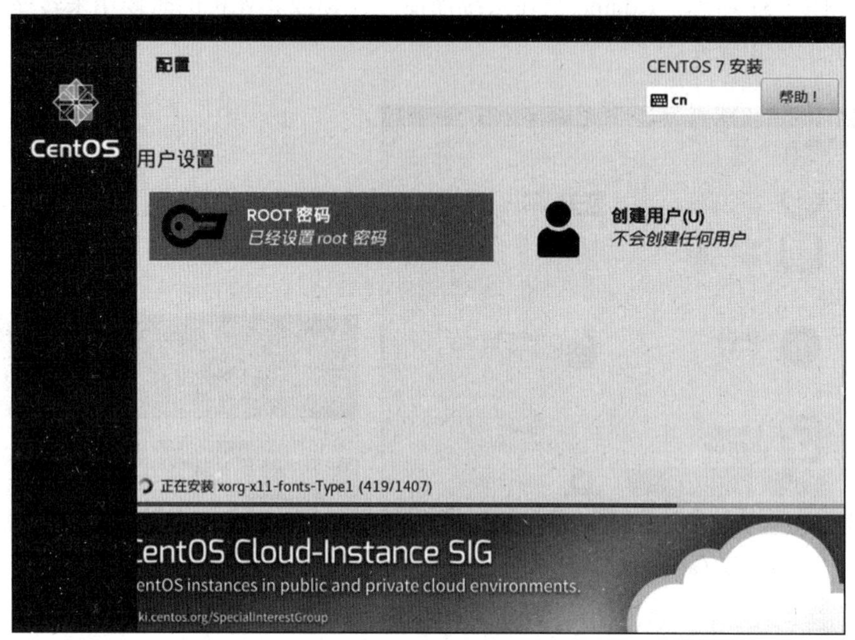

图 1－33　继续安装 CentOS

（30）安装完成后，单击“重启”按钮，如图 1－34 所示。

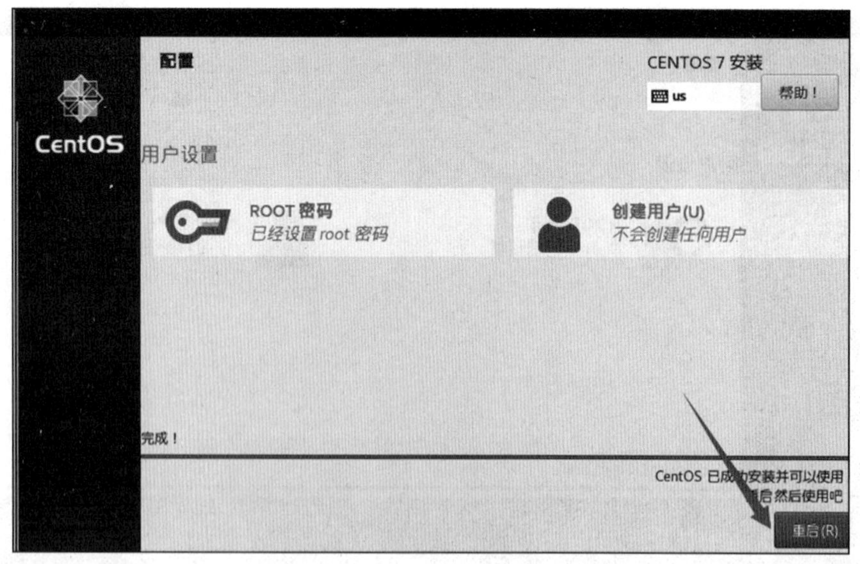

图 1－34　安装完成后重启

（31）重启后，在许可证页面下面同意许可进入“初始设置”页面，选择“许可证已接受”，如图 1－35 所示。进入“许可协议页面”，勾选“我同意许可协议”复选框。

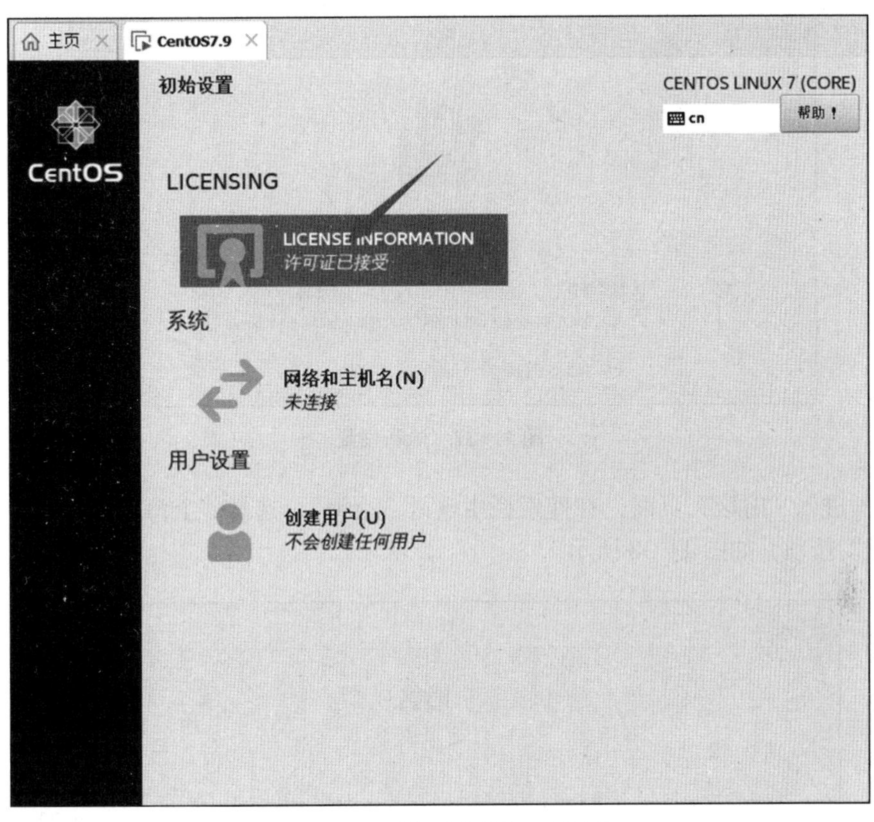

图 1-35　选择“许可证已接受”

（32）无须创建新用户，单击“完成配置”按钮。

（33）进入“输入”页面，选择语言为“汉语（Intelligent Pinyin)”，单击“前进”按钮，如图 1-36 所示。

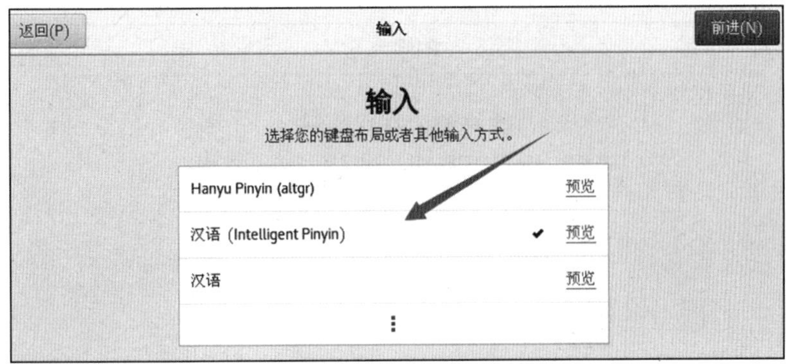

图 1-36　选择语言

（34）进入“隐私”页面，采用默认设置即可，单击“前进”按钮，如图 1-37 所示。

图 1－37　隐私设置

（35）进入“时区”页面，在搜索栏中输入“上海”，选择“上海，上海，中国”，单击“前进”按钮，如图 1－38 所示。

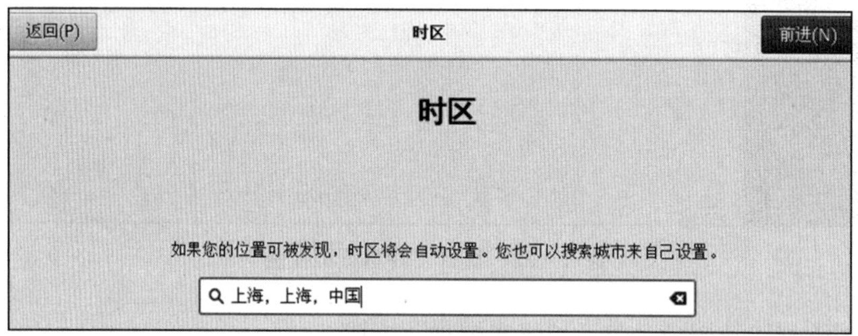

图 1－38　设置时区

（36）进入“连接您的在线账号”页面，单击“跳过”按钮，如图 1－39 所示。

图 1－39　在线账号

（37）设置自己的账号，单击“前进”按钮，设置密码，如图 1－40 所示。

(a)

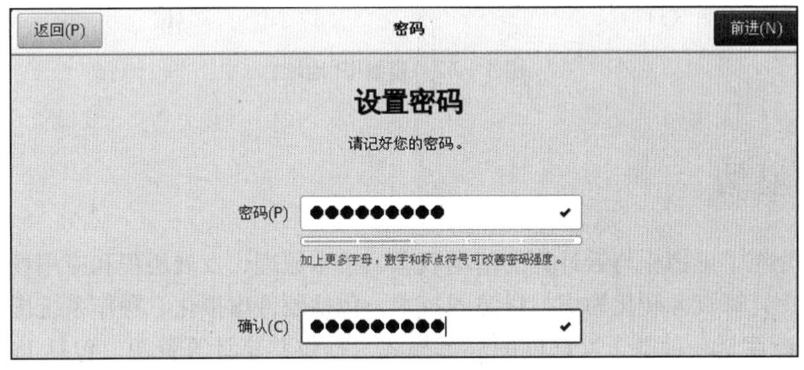

(b)

图 1－40　设置自己的账号和密码

（38）在 Linux 系统中，单击右上角图标，选择“注销”，如图 1－41 所示，注销自己的账号，用 root 账号登录，初始化 root 账号。

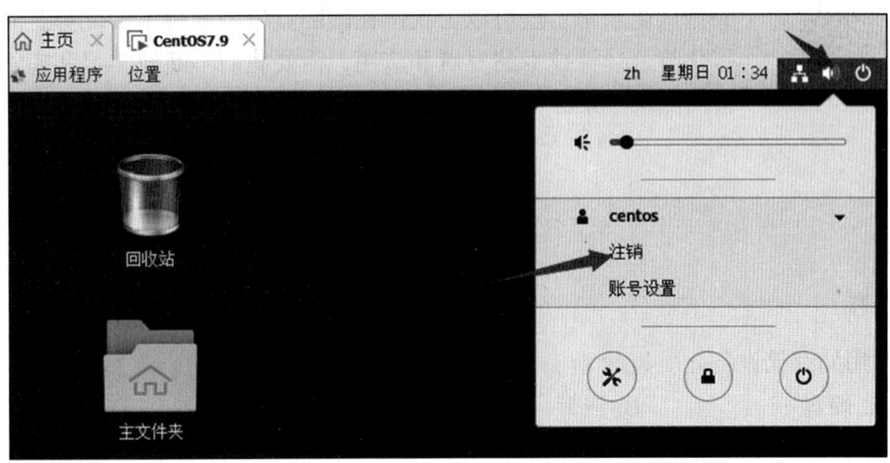

图 1－41　注销账号

（39）查看 IP 地址。在虚拟机中右击，在弹出的快捷菜单中，选择“打开终端（E)”，输入“ ip addr”查看 ens33 网卡的 IP 地址，如图 1－42 所示。

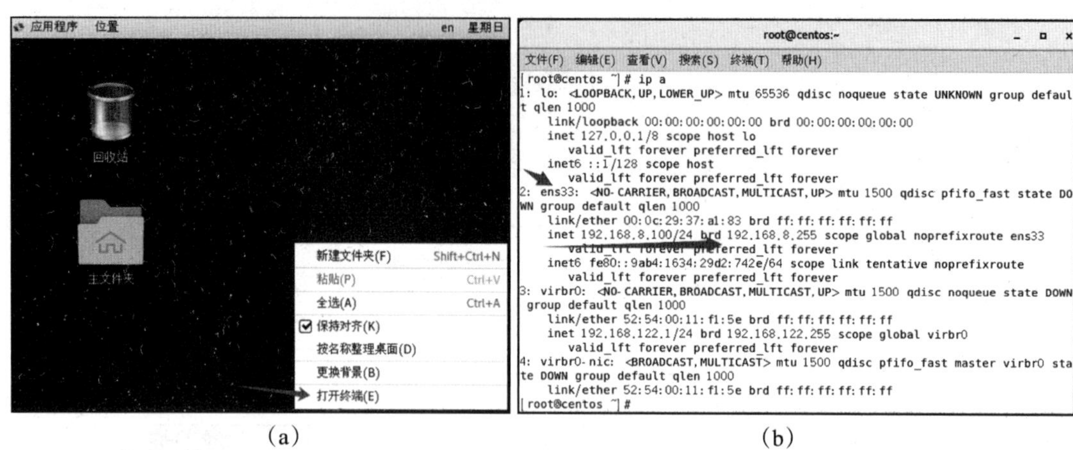

（a） （b）

图 1－42 查看 IP 地址

项目总结

本项目介绍了虚拟化与云计算的基本概念、技术原理、发展历程和应用场景。虚拟化技术是将物理计算资源转化为虚拟资源的技术，包括硬件虚拟化、操作系统虚拟化和全虚拟化等。云计算是一种基于互联网的计算模式，提供共享计算资源，包括 IaaS、PaaS 和 SaaS 等类型。云计算架构包括云计算基础设施、云计算服务管理和云计算资源调度等方面。虚拟化与云计算在企业数据中心、云计算服务提供商、个人和家庭用户等领域有广泛的应用。

国产操作系统

虚拟化与云计算技术的发展和应用，为我国信息化建设提供了重要的技术支撑。这些技术的发展和应用，不仅可以提高我国经济社会的信息化水平，还可以为我国在国际竞争中赢得更多优势。同时，虚拟化与云计算技术的发展和应用，需要我们不断地学习和探索，提高自身的科技素养，为我国信息化建设做出更大的贡献。

项目练习题

一、单选题

1. 常用的存储设备介质包括（　　）。

A. 硬盘　　B. 磁带　　C. 光盘　　D. 软盘

2. 常用的存储设备包括（　　）。

A. 磁盘阵列　　B. 磁带机　　C. 磁带库　　D. 虚拟磁带库

3. 存储网络的类别包括（　　）。

A. DAS　　B. NAS　　C. SAN　　D. Ethernet

4. 常用数据备份方式包括（　　）。

A. D2D　　B. D2T2D　　C. D2D2T　　D. D2T

5. 服务器的操作系统通常包括（　　）。

A. Windows 类　　B. Linux 类　　C. Unix 类　　D. Netware 类

6. 服务器的总线技术包括（　　）。

A. PCI　　B. PCI-E　　C. PCI-X　　D. AGP

7. 服务器中，支持冗余的组件包括（　　）。

A. 风扇　　B. 电源　　C. 网卡　　D. 键盘

8. 服务器中支持 RAID 技术的组件包括（　　）。

A. 硬盘　　B. 电源　　C. 芯片　　D. 内存

二、多选题

1. 服务器的智能监控管理结束包括（　　）。

A. BMC　　B. ISC　　C. EMP　　D. SNMP

2. 固态硬盘的优势不包括（　　）。

A. 启动快　　B. 价格低　　C. 读取数据延迟小　　D. 功耗低

3. NAS 对于（　　）类型的数据传输性能最好。

A. 大块数据　　B. 文件　　C. 小块消息　　D. 连续数据块

4. 网页 QQ 属于（　　）。

A. SaaS　　B. IaaS　　C. PaaS　　D. VaaS

5. “具有自我管理功能的计算机系统”指的是（　　）。

A. 云计算　　B. 网格计算　　C. 效用计算　　D. 自主计算

6. 能够在云计算 1.0 时代实现计算机虚拟化，提高资源利用率的是（　　）。

A. KVM　　B. Xen　　C. Hyper-v　　D. OpenStack

7. 云计算是对（　　）技术的发展和运用。

A. 并行计算　　B. 网格计算　　C. 分布式计算　　D. 以上都是

8. 云计算系统中，提供“云 + 端”服务模式是（　　）公司的云计算服务平台。

A. IBM　　B. Google　　C. Amaxon　　D. 微软

9. 关于全虚拟化技术的叙述，错误的是（　　）。

A. 也称为原始虚拟化技术

B. 指虚拟机模拟了完成的底层硬件

C. 为原始硬件设计操作系统或其他系统软件不做任何修改就在虚拟机运行

D. 使用 Hypervisor 分享存储底层的硬件

10. 关于云解决方案的叙述，错误的是（　　）。

A. 应用软件和平台软件需要进行测试，迁移到云平台进行运营服务

B. 云解决方案包括云平台开发、云咨询、云迁移、云测试以及云安全等
C. 我国云平台开发的企业有天云科技、中金数据、神州数码、中软等
D. 没有基于云计算环境测试和迁移，平台也很容易达到云集成和运营的目的

11. 云计算产业模式图不包含（ ）。
A. 应用的整合交付者　　B. 应用开发者
C. 基础资源运营者　　D. 服务提供商

12. 云计算技术的研究重点是（ ）。
A. 服务器制造　　B. 资源整合　　C. 网络设备制造　　D. 数据中心制造

13. 可以从网络中获取多种可用功能的客户不包括（ ）。
A. 平板电脑　　B. 固定电话　　C. 笔记本电脑　　D. 工作站

14. 从研究现状看，下面不属于云计算特点的是（ ）。
A. 超大规模　　B. 虚拟化　　C. 私有化　　D. 高可靠性

15. 云计算系统的存储能力根据（ ）进行调整。
A. CPU 负载　　B. 用户、实例数量　　C. 网络带宽负载　　D. 内存负载

项目 2 企业级虚拟化服务平台的部署与运维

企业级虚拟化服务平台是一种技术解决方案，它通过将物理服务器划分为多个虚拟服务器实例，为企业提供更强大的计算能力、更高的可用性和更灵活的资源调配能力。这种平台允许每个虚拟服务器实例独立运行操作系统和应用程序，类似于独立的物理服务器。

本项目不仅注重技术知识的传授，更强调正确的价值观和职业道德的培养。在企业级虚拟化服务平台的部署与运维中，我们应当坚持以下几点原则：

- 保障信息安全：在虚拟化平台的部署与运维过程中，必须将信息安全放在首位。我们要遵循国家相关法律法规，确保企业数据的安全和隐私保护，维护国家的网络安全。
- 服务至上：作为 IT 专业人员，要始终以服务企业业务发展为宗旨，以提高企业运营效率为目标，充分发挥虚拟化技术的作用，为企业创造价值。
- 创新驱动：在虚拟化技术的应用中，要积极学习国际先进经验，推动自主创新，加强技术研发，不断提升我国虚拟化技术的国际竞争力。
- 团队合作：虚拟化服务平台的部署与运维是一个团队合作的过程，要培养团队协作精神，发挥集体智慧，共同解决技术难题。
- 持续学习：虚拟化技术处于不断的发展之中，要保持学习的热情，紧跟技术发展的步伐，不断提升个人的专业技能。

通过本项目的学习，读者不仅能够掌握企业级虚拟化服务平台的相关知识，更能够在实际工作中秉承正确的价值观，成为一名既有技术实力又有职业素养的 IT 专业人才。让我们共同为我国企业级虚拟化技术的发展和应用贡献力量。

项目目标

1

知识目标

- 了解虚拟化服务器的概念。

技能目标

- 掌握 VMware ESXi 中部署虚拟机的方法。
- 掌握 iSCSI 存储服务器的运维。
- 掌握 vCenter Server 的部署与运维。

素养目标

- 了解我国虚拟化服务器。
- 培养运维虚拟化服务器的技能素养与职业道德素养。

项目情境

随着教育信息化的快速发展，学校对于 IT 系统的需求也在不断增加。传统的 IT 架构模式下，学校需要部署大量的物理服务器来支持各类教学、科研和管理应用，这不仅占用了大量的空间和能源，还可能导致资源利用率低下、管理复杂等问题。

为了应对这些问题，学校可以通过虚拟化技术快速部署新的教学系统、科研平台或管理应用，提高教学和科研的效率和质量。虚拟化技术可以将多台物理服务器整合为一台虚拟服务器，实现资源的动态分配和管理，提高资源利用率和运行效率，同时简化 IT 系统的管理和维护。

任务 2.1 虚拟化服务器

2.1.1 虚拟化服务器概述

1. 虚拟化服务器的定义

广义的服务器是网络中对其他设备提供服务的计算机系统。

狭义的服务器是通过网络对外提供服务的高性能计算机。

虚拟化服务器是把服务器的物理资源抽象成逻辑资源，使得一台服务器虚拟成几台甚至上百台隔离的虚拟服务器，或把多台服务器虚拟成一台服务器，不受物理资源的限制，让 CPU、内存、磁盘、I/O 等硬件变成可以动态管理的“资源池”。虚拟化服务器是提高服务器利用率最有效的办法。

虚拟化的实现技术有软件虚拟化技术和硬件虚拟化技术。

2. 虚拟化服务器的优势

（1）分割：物理服务器能同时运行多个操作系统，每个操作系统是单独运行的虚拟机，并划分系统资源以满足虚拟机间的需求。

（2）独立：每个虚拟机在硬件层隔离了虚拟机间的故障和安全。

（3）复制：每个运行的虚拟机都被封装为文件，像文件一样移动和复制虚拟机。

（4）硬件兼容：基于虚拟化技术，虚拟机可以在不同硬件架构的服务器上运行，如在 AMD 或 Intel 架构的服务器上进行安装和移动。

虚拟化服务器的应用环境是有负载均衡、动态迁移、故障自动隔离、系统自动重构的高可靠服务器。为了减少宕机事件以及提高灵活性，把操作系统和应用从服务器硬件设备隔离开，同时病毒和其他安全威胁也无法感染其应用。

虚拟化服务器中多个虚拟机共享服务器中的物理网卡，I/O 虚拟化能保证 I/O 的效率，又能保证多个虚拟机对物理网卡的共享使用。

2.1.2 VMware ESXi

1. VMware ESXi 概述

VMware ESXi（VMware vSphere）是基于裸金属架构的虚拟化技术，直接运行在系统硬件上，创建硬件全仿真实例，被称为“裸机”，适用于多台机器的虚拟化解决方案，并且提供了图形化的操作界面。

vSphere 是 VMware 公司推出的一套服务器虚拟化解决方案，其核心组件为 VMware ESXi。VMware ESXi 可以独立安装和运行在裸机上，是用于创建和运行虚拟机的虚拟化平台。通过 ESXi，用户可以运行虚拟机，安装操作系统，运行应用程序以及配置虚拟机。

ESXi 简化了虚拟机软件与物理主机之间的操作系统层，直接在裸机上运行。ESXi 采用新的架构体系，所有 VMware 代理直接在虚拟化内核上运行，基础架构服务也由内核附带模块直接提供，第三方模块经授权后也可以在虚拟化内核上运行。ESXi 的代码非常精简，所占空间很小。

在 ESXi 安装好以后，可以用 vSphere Client 远程控制，在 ESXi 服务器上创建多个 VM（虚拟机），ESXi 也从内核级支持硬件虚拟化，运行于其中的虚拟服务器在性能与稳定性上不亚于普通的硬件服务器，而且更易于管理与维护。

ESXi 负责协调物理计算机的资源，管理其中的虚拟机，如部署、迁移等操作。它也对物理计算机上的网络存储资源进行管理，通过配置虚拟交换机上的 vSwitch 管理配置网络资源，通过 VMFS 和 NFS 管理虚拟存储资源。

ESXi 有以下 4 种安装方式：

（1）交互式 ESXi 安装：适合小型部署，小于 5 台 ESXi 主机。

（2）脚本式 ESXi 安装：适合部署具有相同设置的多台 ESXi 主机，自动安装，无须干预。

（3）PXE 引导 ESXi 安装：使用 PXE（预引导执行环境）来引导主机。这种方式需要网络基础设施支持 PXE，并且机器需要配备支持 PXE 的网络适配器。PXE 使用 DHCP 和 TFTP 通过网络引导操作系统。

（4）vSphere Auto Deploy ESXi 安装：适合管理员管理大型部署，可以为数百台物理主机部署 ESXi。

2. 部署 VMware ESXi

VMware vSphere 是 VMware 公司推出的服务器虚拟化解决方案，包含 VMware ESXi 和 VMware vCenter。

vCenter 集中管理 ESXi 每一个虚拟机，实现企业级虚拟化管理方案。vCenter 会自动把在 ESXi 服务器上生成的虚拟机的故障全部转移到其他能够正常工作的 ESXi 服务器上，实现高可靠性，这一过程被称为“漂移”。主机断电、CPU 损坏，都能实现漂移。漂移功能需要依赖于后台存储磁盘阵列柜。

VMware ESXi 是原生架构模型的虚拟化技术，不需要宿主操作系统，自己就是操作系统和 Hypervisor（虚拟化监视层），可以直接安装到裸机服务器上。

VMware vCenter 是集中管理控制台，管理所有安装了 VMware ESXi 的主机。安装好服务器后，安装 vCenter，并将所有 ESXi 主机集中管理，这就是企业级虚拟化解决方案。

（1）下载 VMware ESXi。

用浏览器搜索并直接进入官方网站，找到“资源”，单击“产品下载”，按类别进行下载，选择“VMware vSphere Hypervisor（ESXi）”，单击“下载”按钮，如图 2－1 所示。

(a)

STOMER CONNECT 产品和账户 知识 更多

搜索所有下载

产品列表（A 到 Z） 按类别

所有产品

Datacenter & Cloud Infrastructure

产品

VMware vCloud Suite Platinum 下载产品 | 驱动程序和工具

VMware vCloud Suite 下载产品 | 驱动程序和工具

VMware vSphere 下载产品 | 驱动程序和工具 | 下载试用版 | 接受培训

VMware vSAN 下载产品 | 驱动程序和工具 | 下载试用版 | 接受培训

VMware vSphere Hypervisor (ESXi) 单击：下载产品 下载产品 | 驱动程序和工具 | 接受培训

VMware Cloud Director 下载产品 | 驱动程序和工具 | 接受培训

（b）

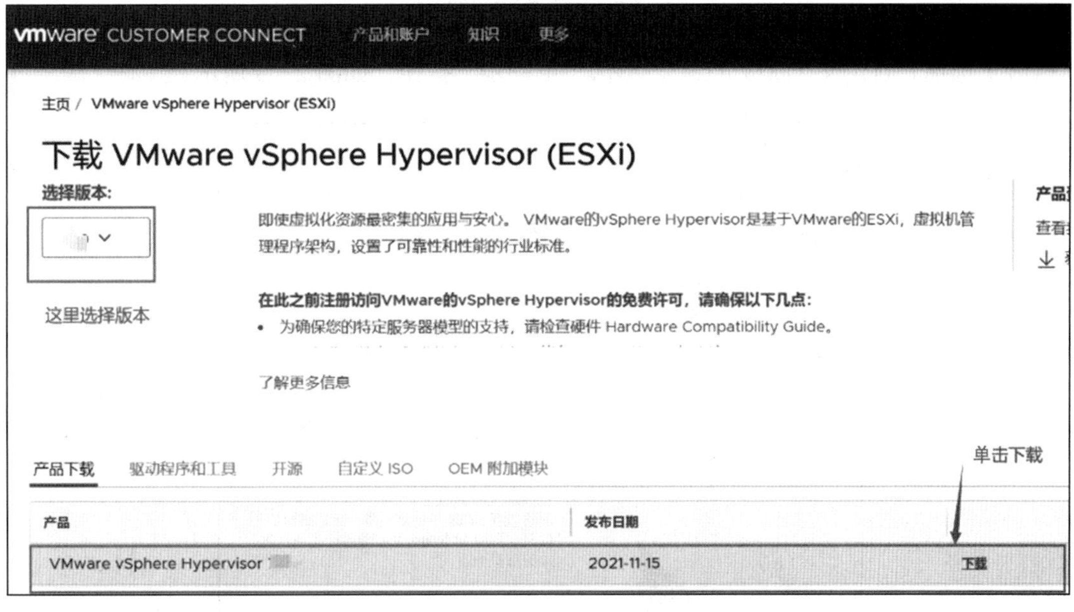

（c）

图 2－1 下载 VMware ESXi

在 6.0 版本之前，ESXi 单机管理时，需单独安装客户端，用户通过客户端管理每台 ESXi 服务器。而从 6.x 版本开始，用户通过 Web 页面进行管理，采用 BS 架构，这种管理方式成为业界的主流做法。

（2）准备安装 ESXi。

在 VMware Workstation 中创建并运行 VMware ESXi 虚拟机。

ESXi 安装与 IP 配置

1）在 VMware Workstation 中选择“创建新的虚拟机”，如图 2－2 所示。

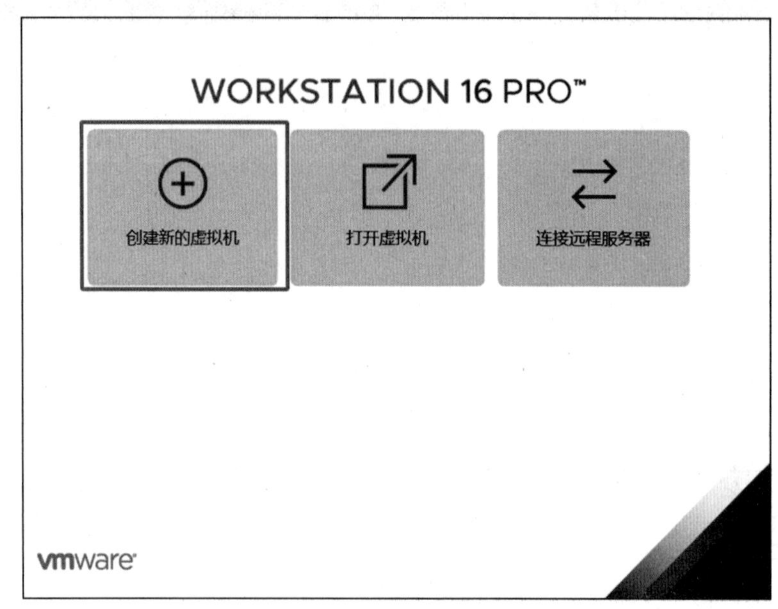

图 2－2　创建新的虚拟机

2）选择“自定义（高级)(C)”，单击“下一步”按钮，如图 2－3 所示。

图 2－3　选择自定义配置

3）在“选择虚拟机硬件兼容性”界面中，使用默认最高版本（这里选择“Workstation 16.2.x”），然后单击“下一步”按钮，如图 2－4 所示。

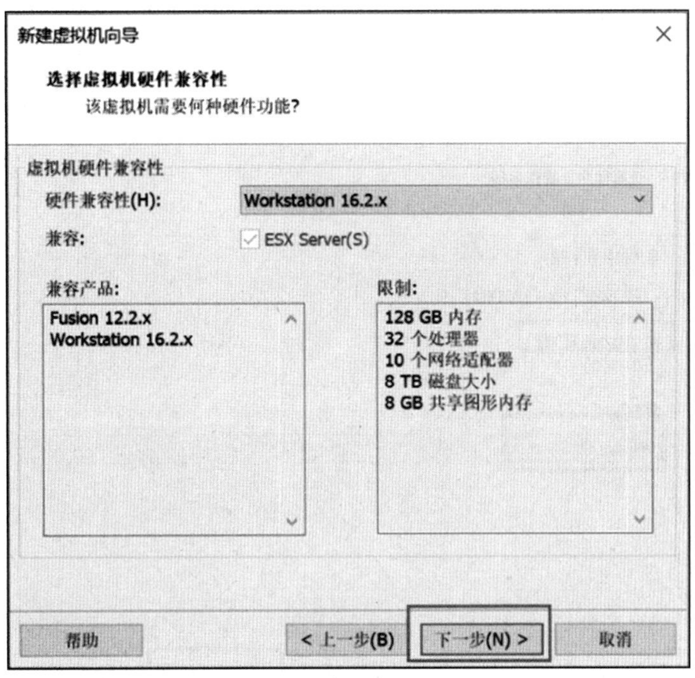

图 2-4　选择虚拟机硬件兼容性

4）在“安装客户机操作系统”界面中，选择“稍后安装操作系统（S)”，如图 2-5 所示。

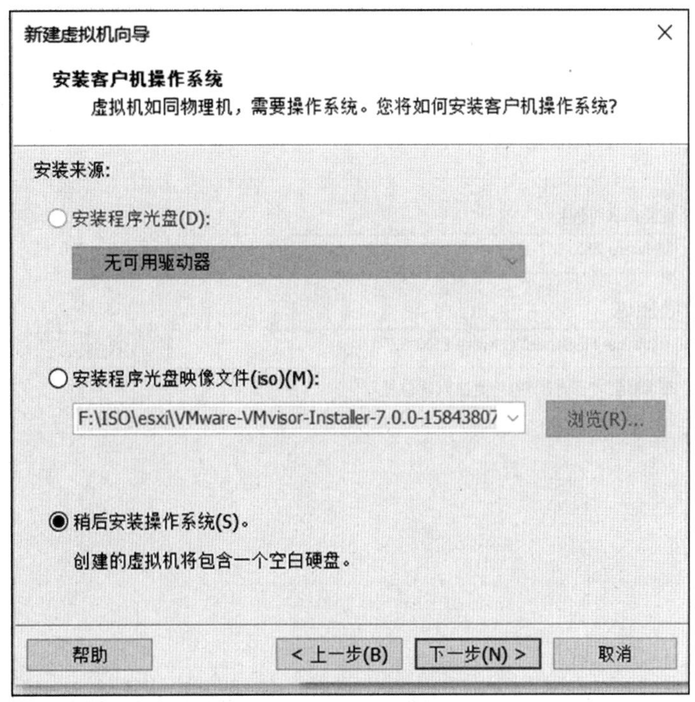

图 2-5　稍后安装操作系统

5）在“选择客户机操作系统”界面中，“客户机操作系统”选择“VMware ESX（X）”，“版本（V）”选择“VMware ESXi 6.x”，然后单击“下一步”按钮，如图2－6所示。

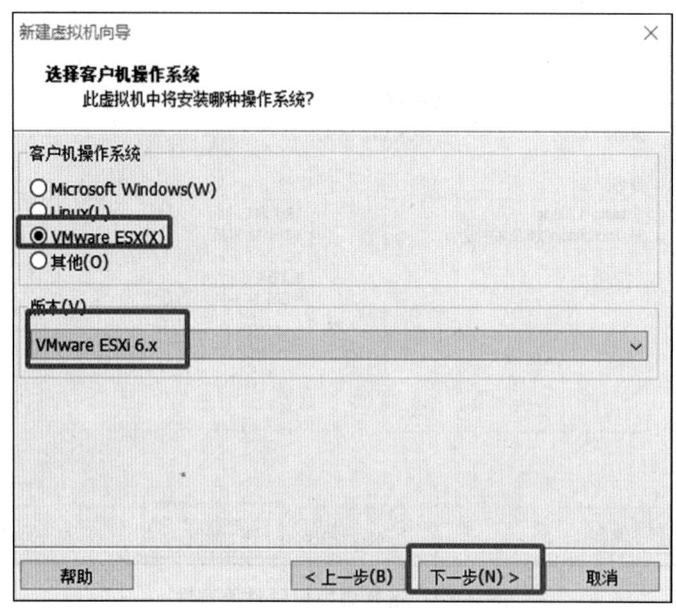

图2－6　选择客户机操作系统

6）在“命名虚拟机”界面中，填写虚拟机名称，并配置虚拟机的保存位置，如图2－7所示。

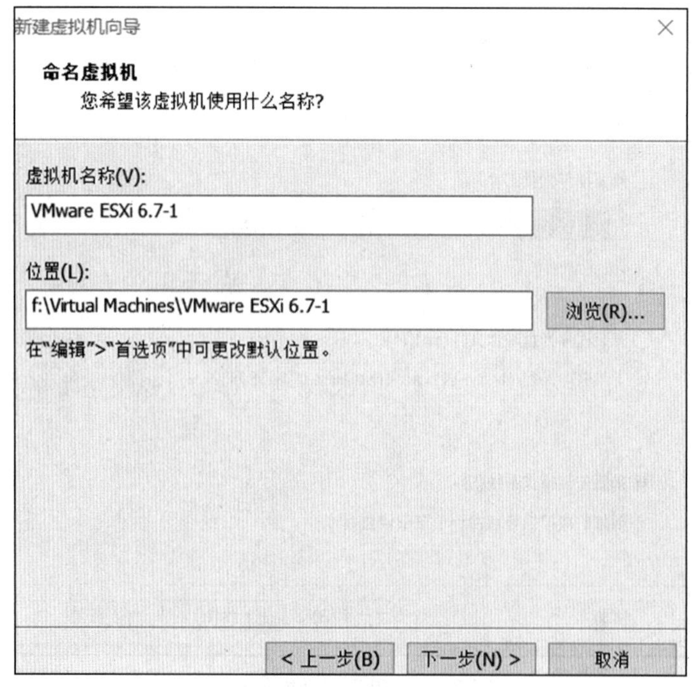

图2－7　命名虚拟机

7）在“处理器配置”界面中，填写处理器内核，“处理器数量（P)”至少“2”个，“每个处理器的内核心数量（C)”为“4”个，如图 2－8 所示。

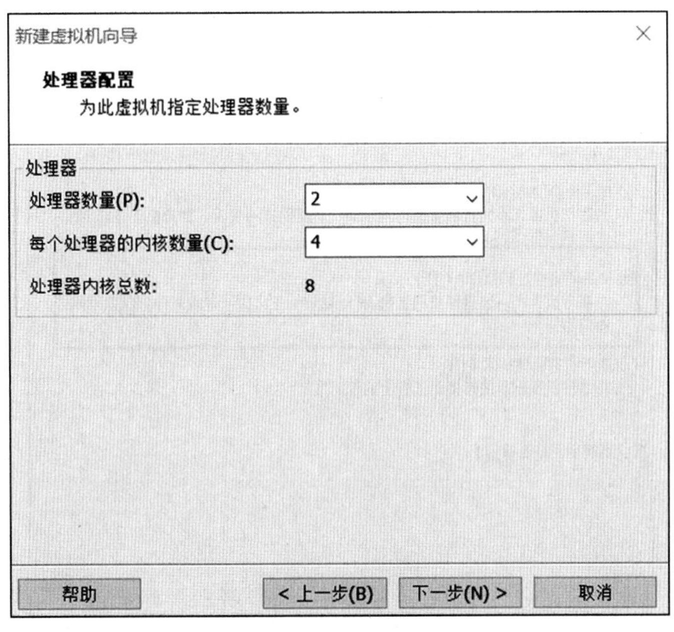

图 2－8 处理器配置

8）在“此虚拟机的内存”界面中，指定分配给此虚拟机的内存量，至少需要“14260MB”内存（方便后期安装 vCenter 软件)，如图 2－9 所示。

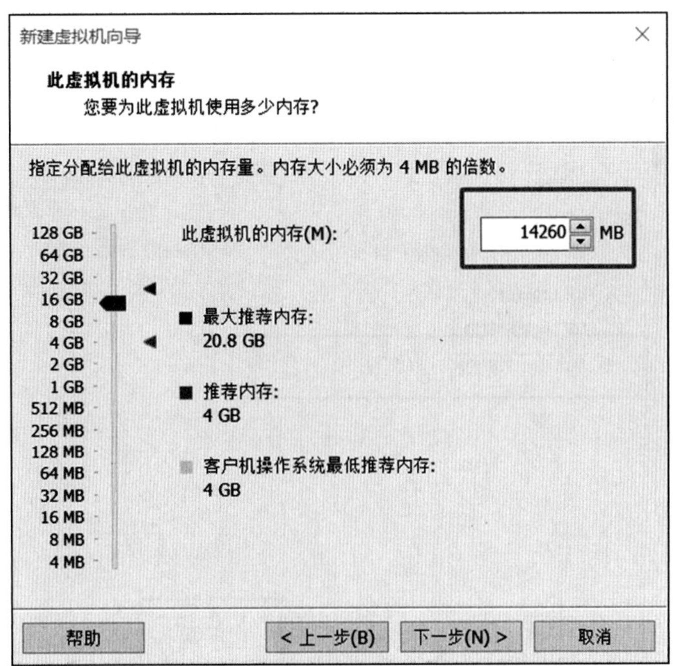

图 2－9 指定分配给此虚拟机的内存量

9）配置虚拟机的“网络类型”，选择“使用网络地址转换（NAT）（E）”，如图 2－10 所示。

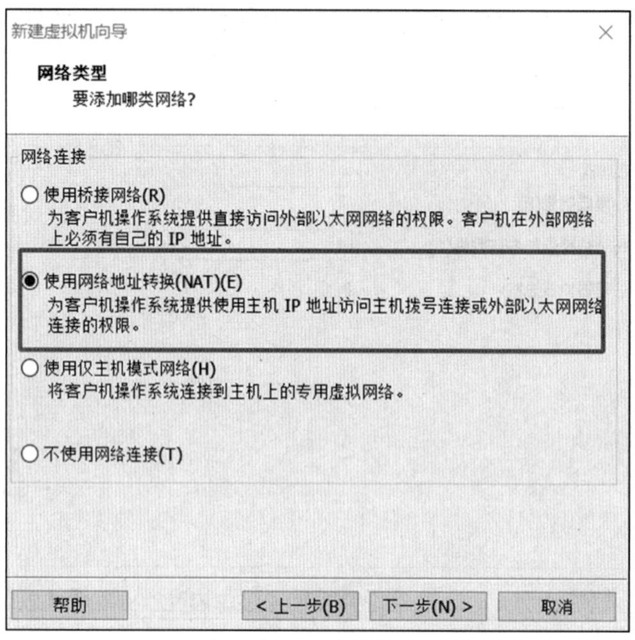

图 2－10　配置虚拟机的“网络类型”

10）在“选择 I/O 控制器类型”界面中，选择默认选项，这里选择“准虚拟化 SCSI（P）”，单击“下一步”按钮，如图 2－11 所示。

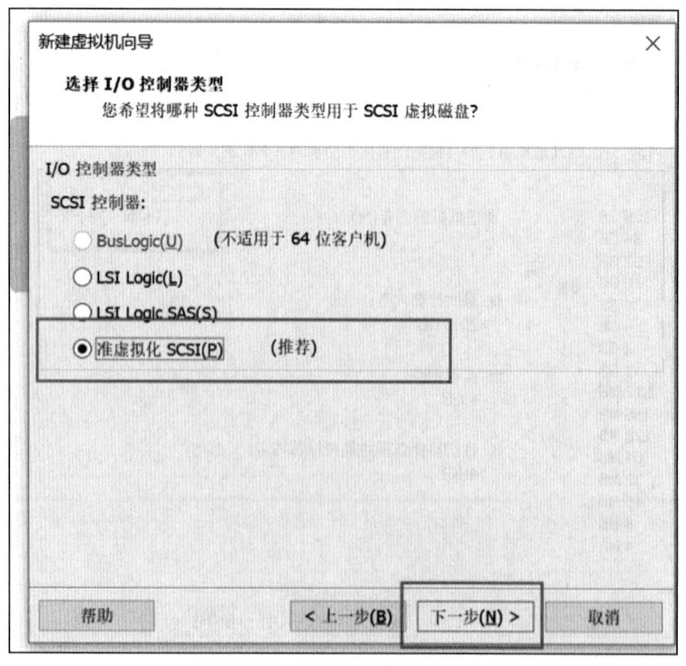

图 2－11　选择 I/O 控制器类型

11）在“选择磁盘类型”界面中，“虚拟磁盘类型”推荐选择“SCSI（S）”，单击“下一步”按钮，如图2-12所示。

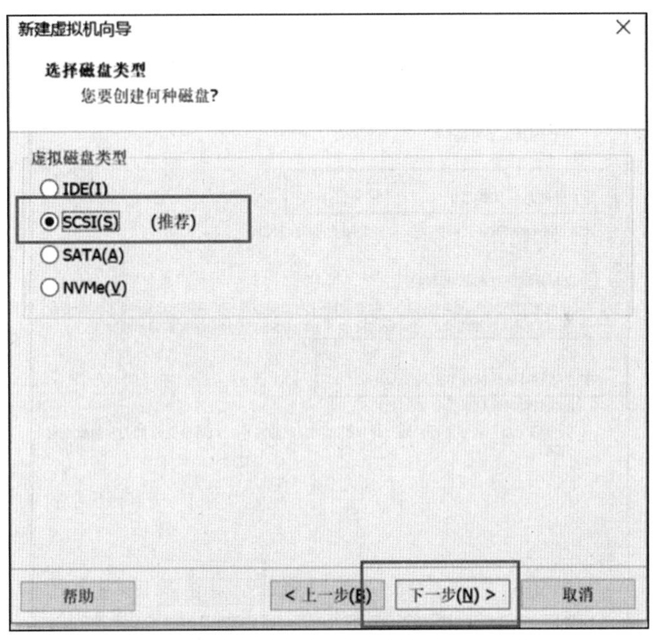

图2-12 选择磁盘类型

12）在“选择磁盘”界面中，选择“创建新虚拟磁盘（V）”，单击“下一步”按钮，如图2-13所示。

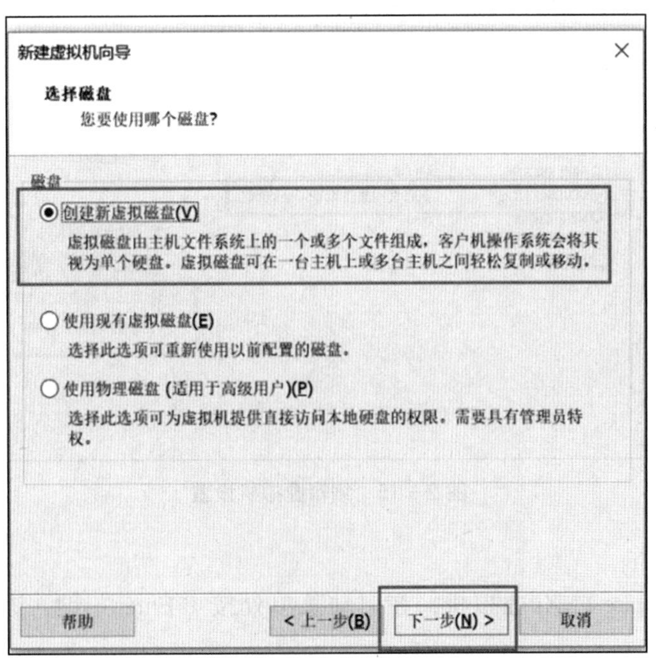

图2-13 选择磁盘

13）在“指定磁盘容量”界面中，选择磁盘大小，建议100G以上，这里“最大磁盘大小”选择“142.0”GB，选择“将虚拟磁盘存储为单个文件（O）”，单击“下一步”按钮完成创建，如图2-14所示。

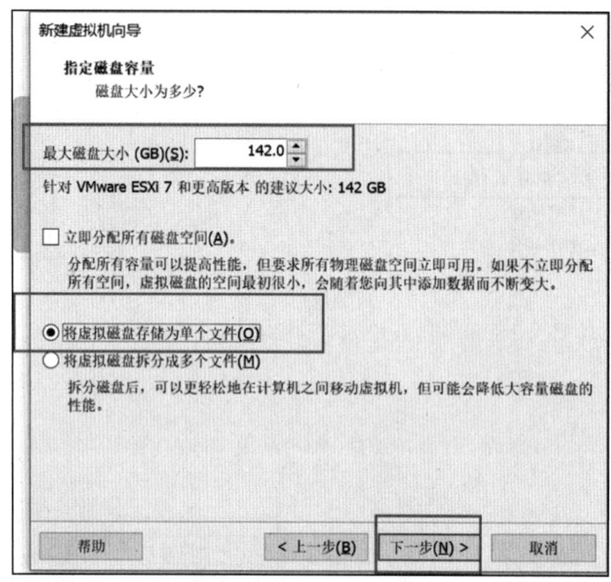

图2-14　指定磁盘容量

14）单击“编辑虚拟机设置”，在“CD/DVD（IDE）”中，选择“使用ISO镜像文件（M）:”，然后单击“浏览”按钮，找到下载的镜像，如图2-15所示。

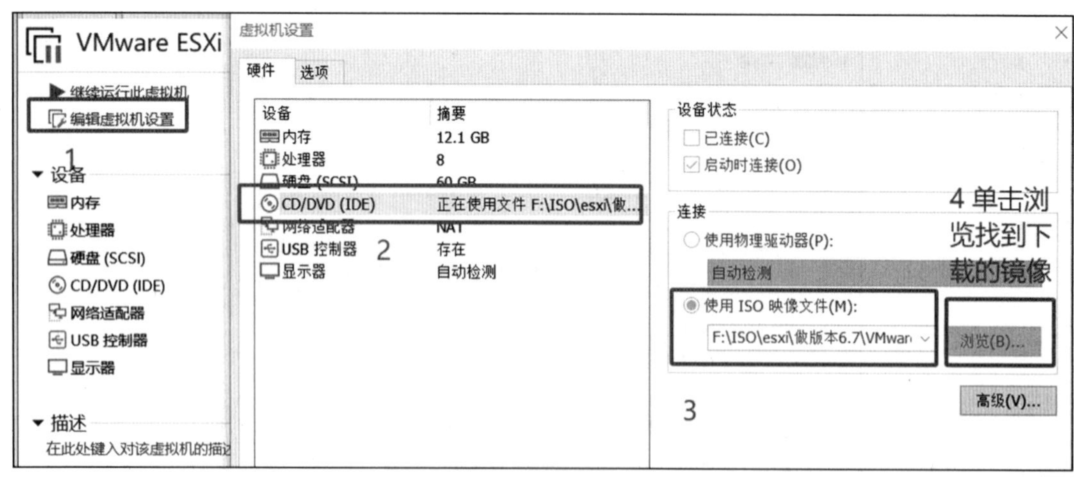

图2-15　编辑虚拟机设置

（3）安装ESXi。

1）启动VMware ESXi虚拟机，在启动菜单处按“Enter”键，进入安装程序，如图2-16所示。

图 2-16 进入安装程序

2）“Esc”表示取消操作，“Enter”表示继续进行，按“Enter”键或单击“(Enter) Continue”进入下一步，如图 2-17 所示。

3）选择协议，按“F11”键同意继续，如图 2-18 所示。

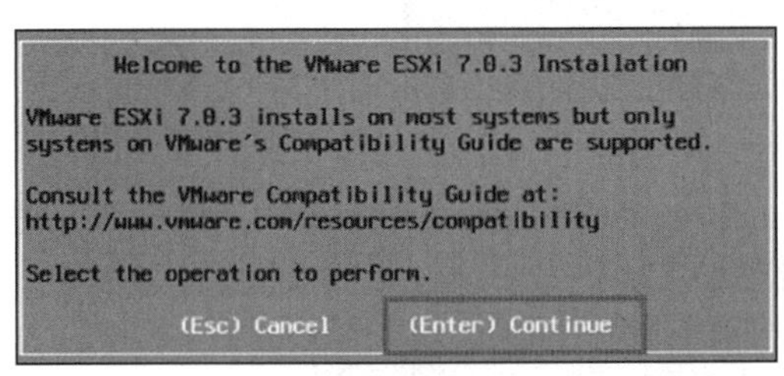

图 2-17 进入下一步

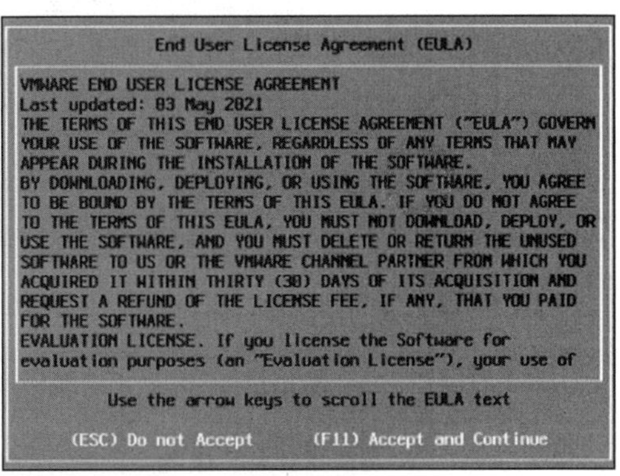

图 2-18 按“F11”键同意继续

4）系统开始自动查询可用存储设备，扫描可用的设备可能需要几秒钟，如图 2-19 所示。

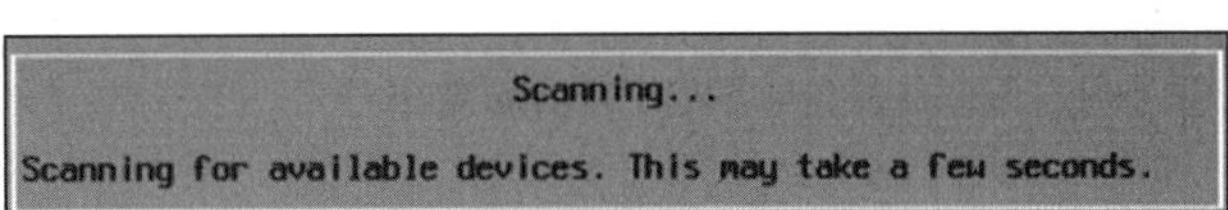

图 2-19 扫描可用的设备

5）选择磁盘。创建虚拟机时设置了 142GB 磁盘，默认选择这个磁盘，单击“(Enter) Continue”如图 2-20 所示。

- (Esc) Cancel 表示取消。
- (F1) Details 表示详细说明。
- (F5) Refresh 表示刷新。
- (Enter) Continue 表示继续。

6）选择键盘布局，语言默认选择“US Default”，如图 2-21 所示。

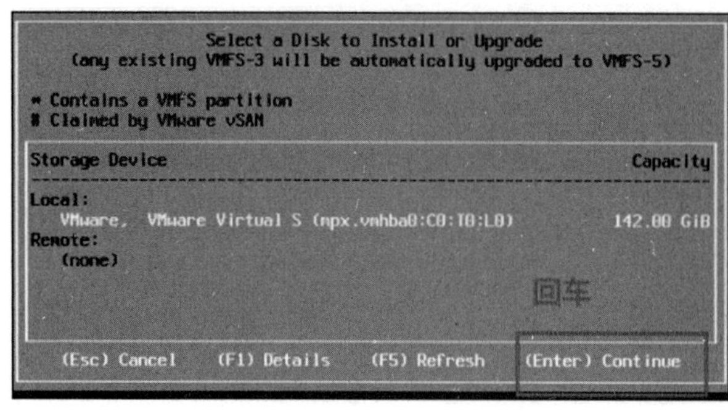

图 2-20　选择磁盘

图 2-21　选择语言

7）输入根密码，按“Enter”键或单击“(Enter) Continue”继续，如图 2-22（a）所示；如果根密码没有足够的字符类型，则会给出提示信息，如图 2-22（b）所示。

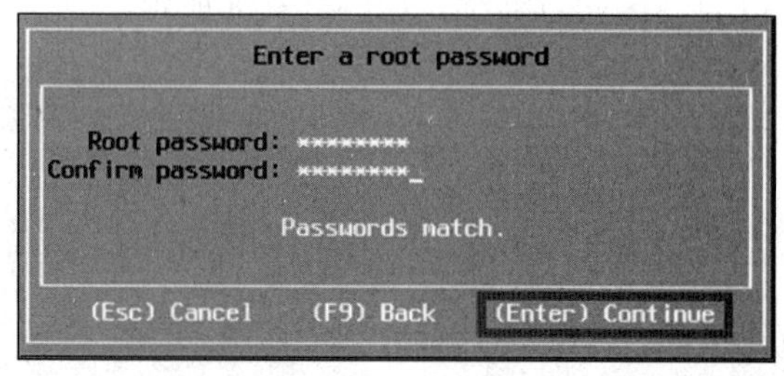

（a）

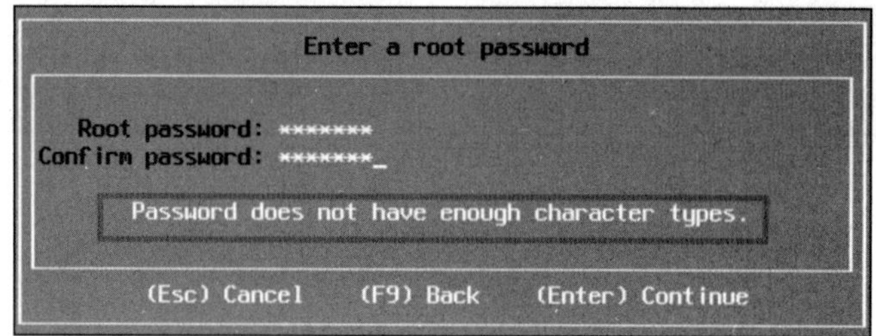

（b）

图 2-22　输入根密码

提示 根密码至少 7 位字符的长度，包含大小写字母、特殊字符、数字。

8）磁盘被重新分区，按“F11”键或单击“(F11) Install”开始安装，如图 2-23 所示。

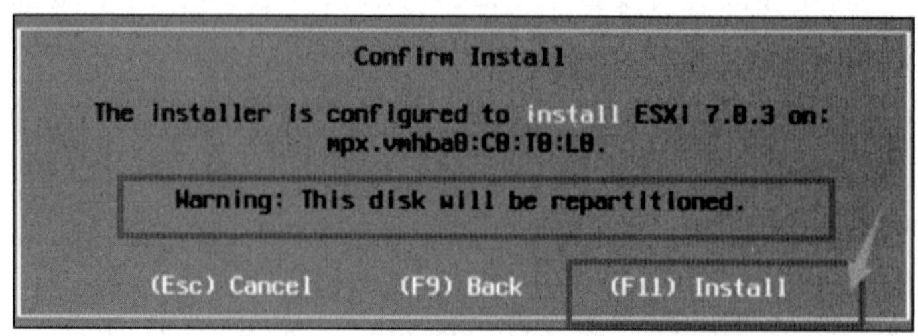

图 2-23　磁盘被重新分区

9）安装过程如图 2－24 所示。

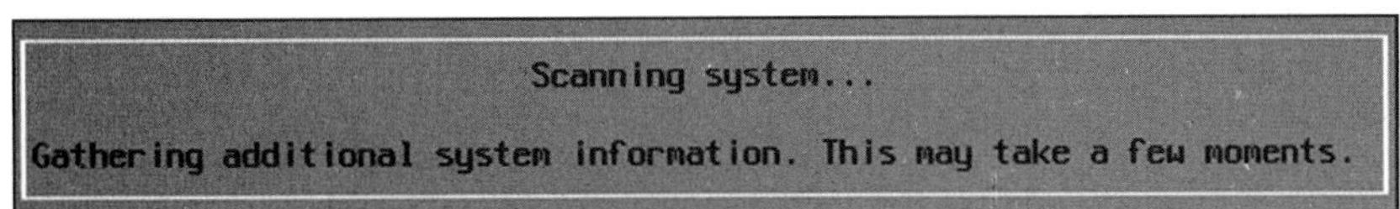

图 2－24 安装过程

ESXi 在评估模式下运行 60 天。评估期结束后，需申请 VMware 产品许可证。使用 Web 浏览器或直接控制用户界面。

10）自动配置界面，如图 2－25 所示。

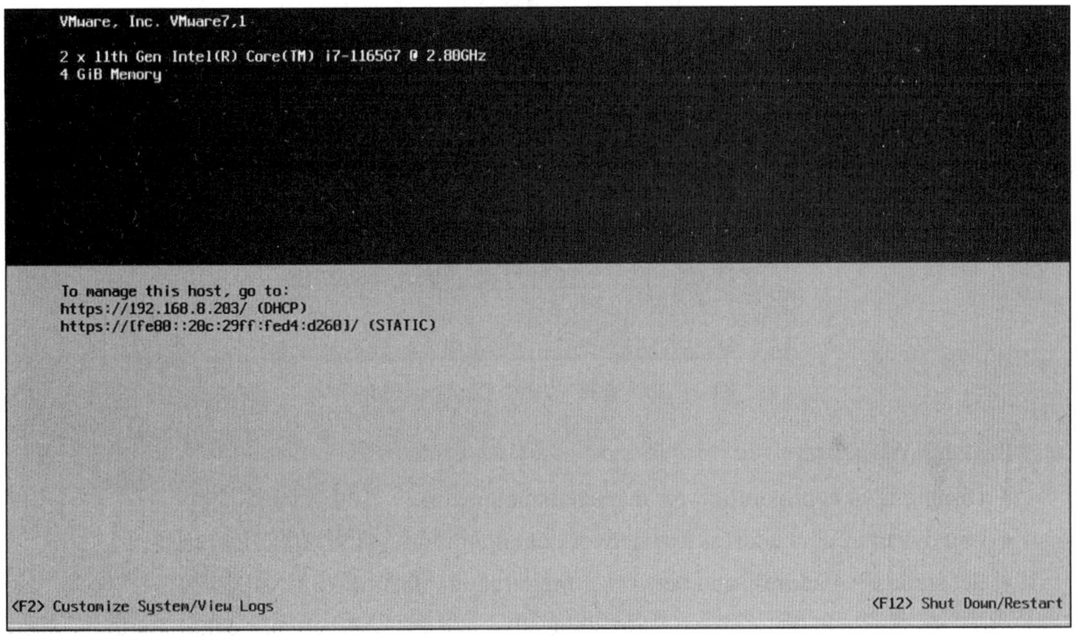

图 2－25 自动配置界面

11）ESXi 主界面，按“F2”键弹出登录框，弹出认证面板，输入“root”和“密码”，按“Enter”键或单击“<Enter> OK”，如图 2－26 所示。

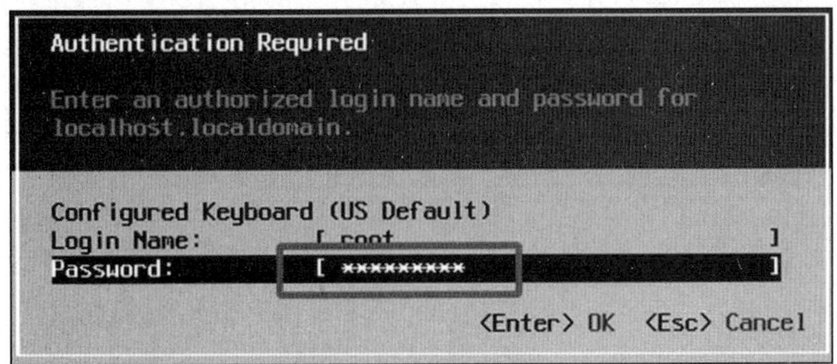

图 2－26 认证面板

12）进入界面后，选择“Configure Management Network”，配置静态 IP 地址作为 ESXi 的服务器地址，如图 2－27 所示。

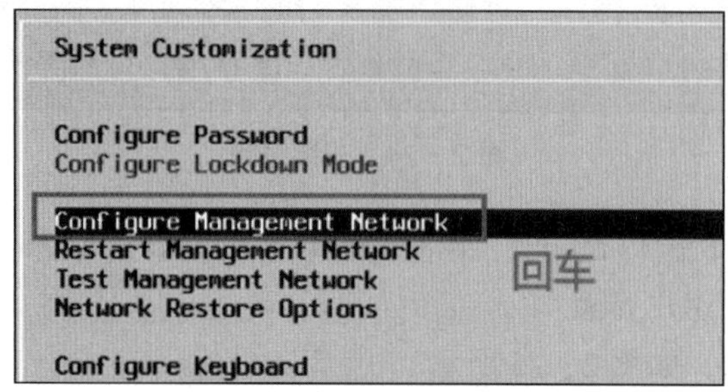

图 2－27　配置静态 IP 地址

13）选择“IPv4 Configuration”，如图 2－28 所示，进入 IP 地址配置界面。

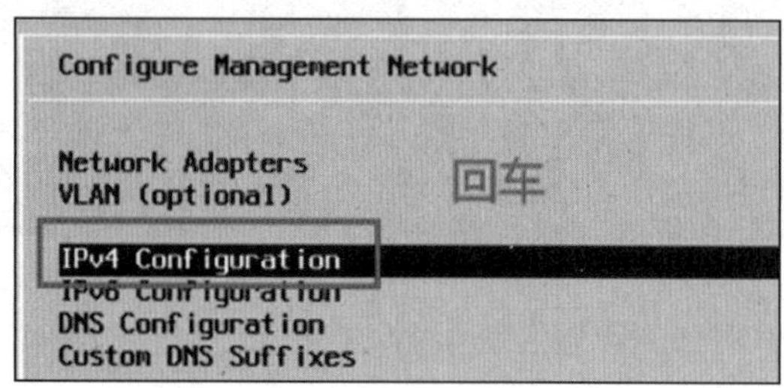

图 2－28　选择“IPv4 Configuration”

IPv4 的配置菜单如下：

- Disable IPv4 configuration for management network：禁用 IPv4 地址。
- Use dynamic IPv4 address and network configuration：配置动态 IPv4 地址。
- Set static IPv4 address and network configuration：配置静态 IPv4 地址。

利用键盘上下键，选择“Set static IPv4 address and network configuration:”后，利用空格键让“O”定位此地址，配置静态 IP 地址（192.168.8.66）、子网掩码（255.255.255.0）、网关（192.168.8.2），如图 2－29 所示。

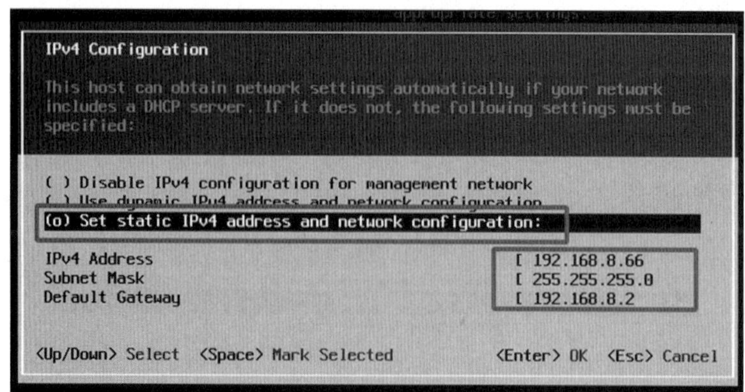

图 2－29　配置网络信息

14）选择“DNS Configuration”，如图 2－30 所示，进入 DNS 和主机名配置界面，配置 DNS 地址和主机名，然后按“Enter”键。

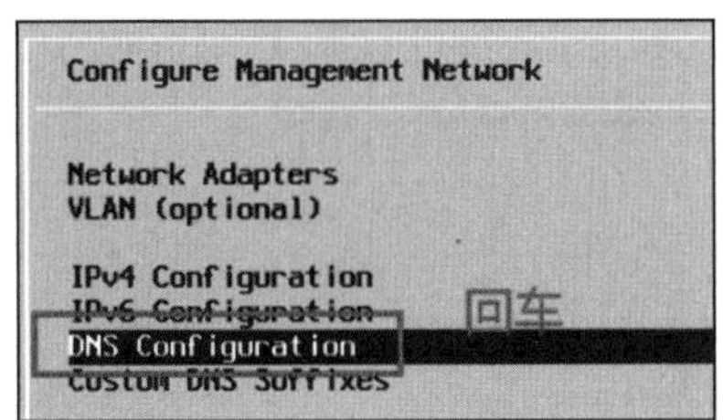

图 2－30　DNS 配置

15）网络配置完成后，按“Esc”键退出，最后单击“<Y> Yes”确定保存以上所有配置，如图 2－31 所示。

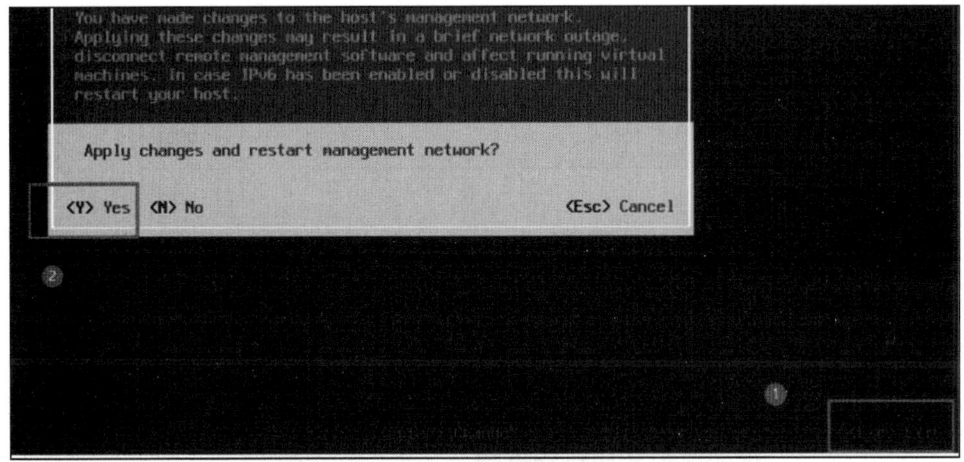

图 2－31　保存配置

保存后，进入如图 2－32 所示的界面。

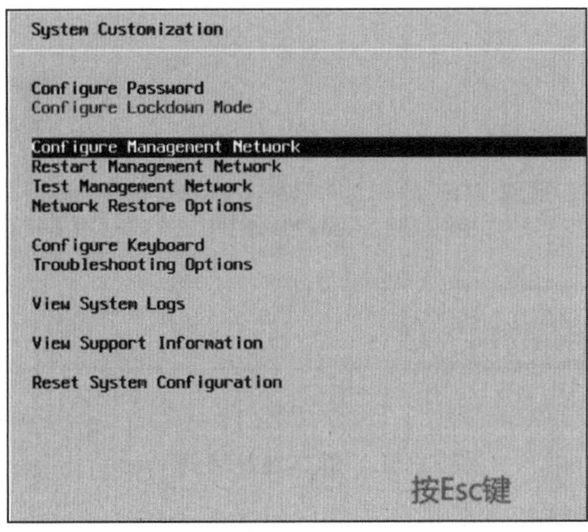

图 2－32　保存后的界面

16）静态地址访问 Web，在浏览器中输入 IPv4 地址（192.168.8.66），输入用户名和密码，选择“高级”和“继续访问 192.168.8.66（不安全）”，如图 2－33 所示。

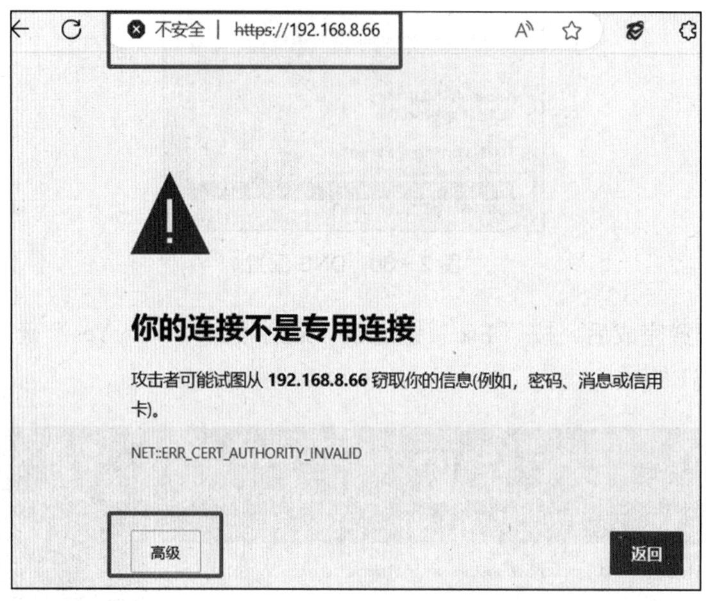

（a）

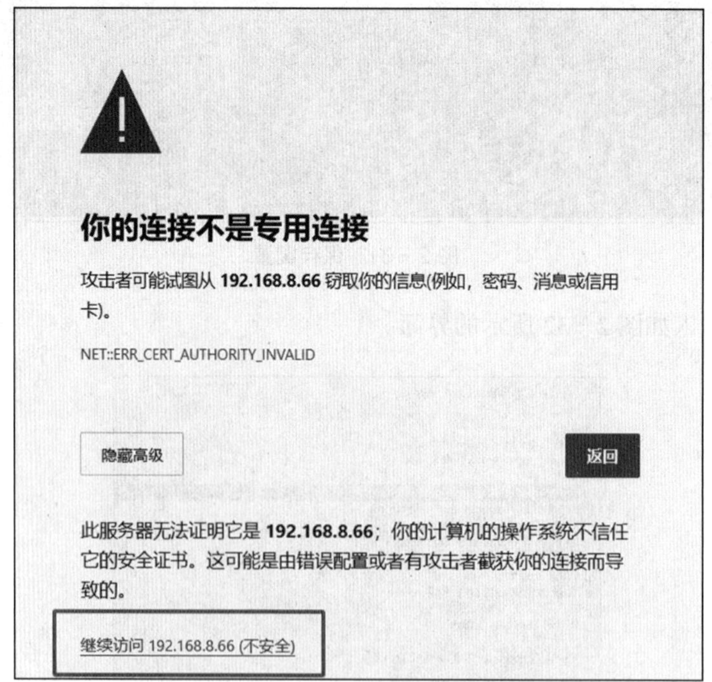

（b）

图 2－33　静态地址访问 Web

在登录界面（见图 2－34），输入用户名和刚才设置的密码。

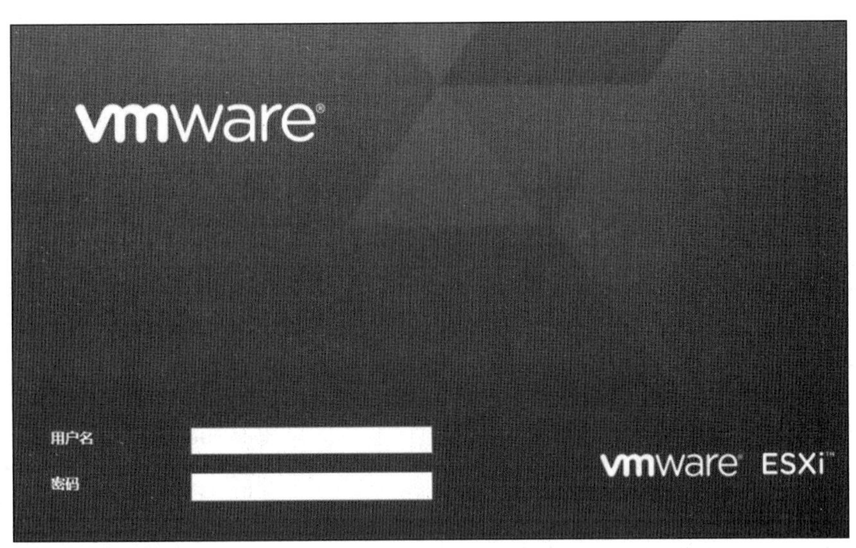

图 2-34 登录界面

登录后进入导航界面，如图 2-35 所示。

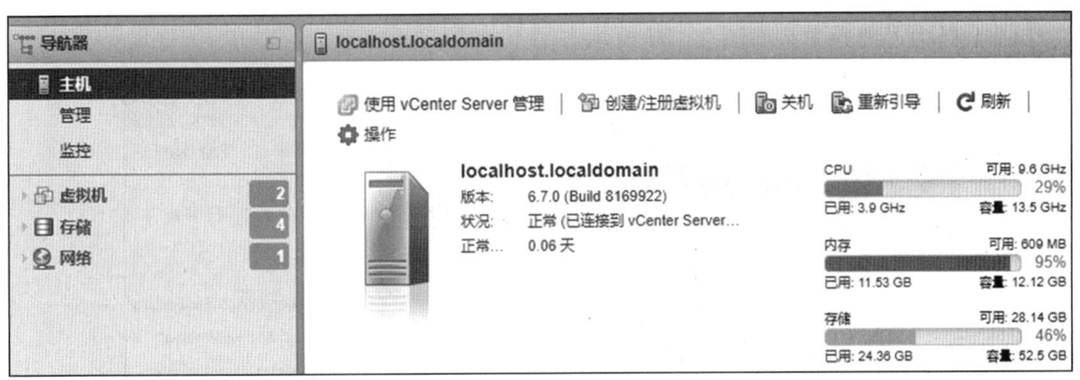

图 2-35 导航界面

任务 2.2 VMware ESXi 服务器中部署虚拟机

vSphere ESXi 是 VMware 公司推出的一套服务器虚拟化解决方案，能够提供虚拟化、管理、资源优化、应用程序可用性和操作自动化等功能，并且汇聚物理硬件资源，为数据中心提供虚拟资源。

ESXi 虚拟平台是 VMware 的强大平台，可以直接安装在物理机上，充分利用物理硬件的性能，虚拟出多个系统。ESXi 是配备了带 Web 管理后台的软件，适合安装在服务器上，管理员可以通过网页进行远程管理。

2.2.1 ESXi 界面

1. 主机界面

查看存储空间（可用“70.34GB”），如图 2－36 所示，若存储空间不够需要新添加一块硬盘或者添加共享存储，在后期使用。

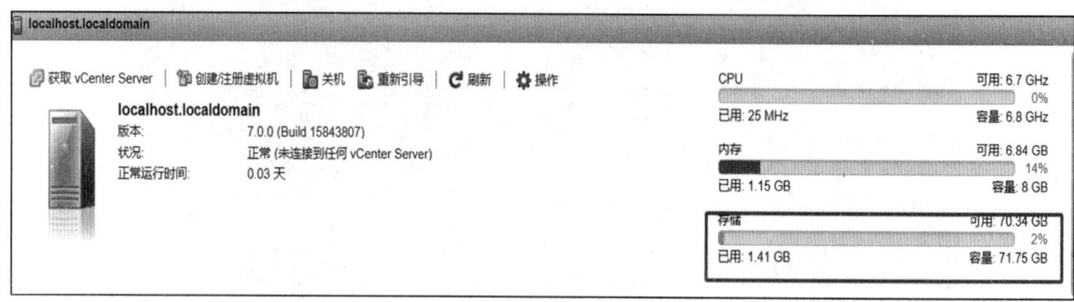

图 2－36　查看存储空间

2. 管理界面

（1）查看管理界面，如图 2－37 所示。

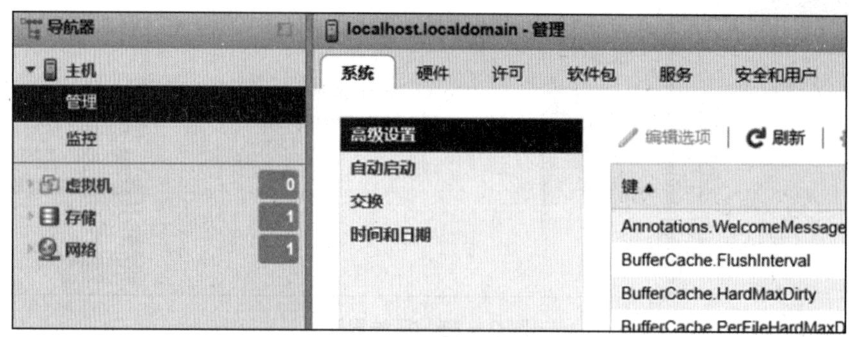

图 2－37　查看管理界面

（2）查看 ESXi 的许可，如图 2－38 所示。

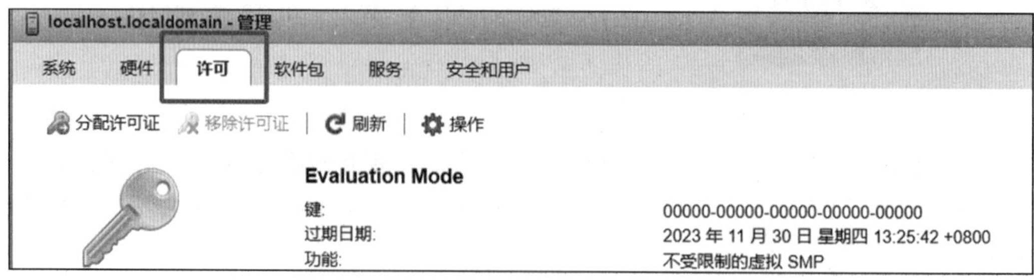

图 2－38　查看 ESXi 的许可

（3）查看软件包，软件包就是应用程序，如图 2－39 所示。

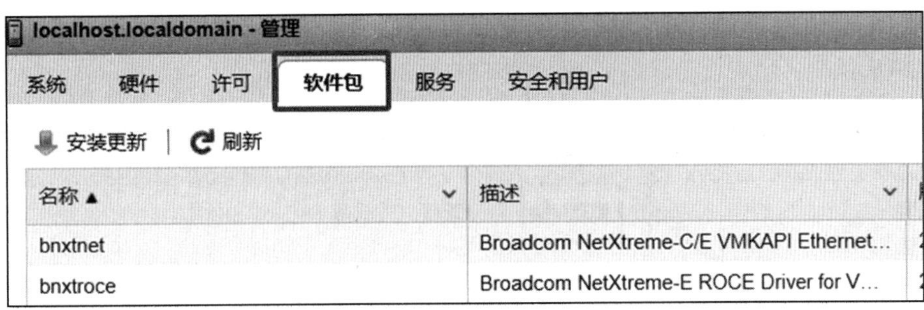

图 2-39　查看软件包

（4）查看服务，ESXi 的服务与 Windows 系统服务所代表的含义是一样的，如图 2-40 所示。

图 2-40　查看服务

（5）查看监控与性能，它监控的是物理虚拟机，如图 2-41 所示。

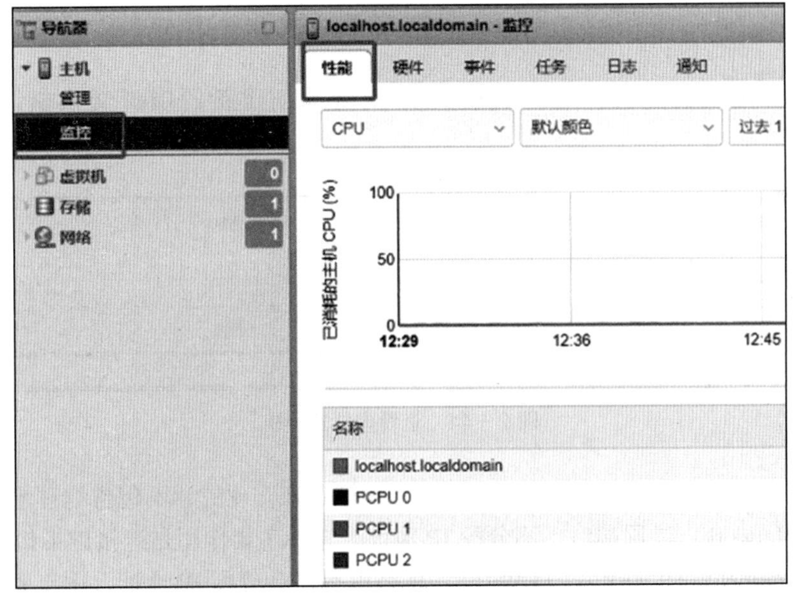

图 2-41　查看监控与性能

（6）查看数据存储，确认数据存储是本地磁盘，还是外挂的网络存储设备，如图 2－42 所示。

图 2－42　查看数据存储

（7）查看网络，网络与物理网卡是一块万兆全双工虚拟网卡，如图 2－43 所示。

图 2－43　查看网络

（8）查看虚拟交换机，可以在 ESXi 系统内部创建新的虚拟交换机，如图 2－44 所示。

图 2－44　查看虚拟交换机

虚拟网络链接是两个计算设备间通过网络虚拟化来实现的，不包含物理连接。

- VM Network：二层端口，不分配 IP 地址，它的主要作用是连接虚拟机。
- Management Network：三层端口，是路由接口，分配 IP 地址，用于管理网络，是 ESXi 主机的管理地址。

（9）查看端口组，Management Network 是进入路由的接口，如图 2－45 所示。

端口组 | 虚拟交换机 | 物理网卡 | VMkernel 网卡 | TCP/IP 堆栈 | 防火墙规则

添加端口组 | 编辑设置 | 刷新 | 操作

名称	活动端口	VLAN ID	类型	vSwitch
VM Network	2	0	标准端口组	vSwitch0
vMotion	1	0	标准端口组	vSwitch0
Management Network	1	0	标准端口组	vSwitch0

图 2－45　查看端口组

（10）查看物理适配器。核心端口通过交换机连接了一个物理网卡，VMkernel 网卡的核心端口与访问 ESXi 管理界面的 IP 地址相同，如图 2－46 所示。

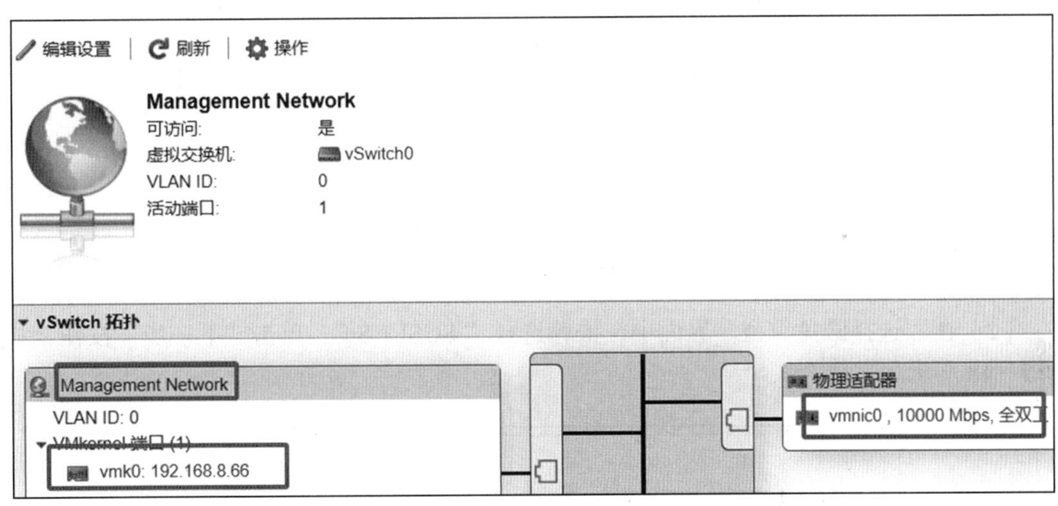

图 2－46　查看物理适配器

虚拟交换机是连接虚拟机与物理网络的桥梁，虚拟机通过物理网卡和外界互通。

2.2.2　创建虚拟机

虚拟机是通过软件模拟的、具有完整硬件系统功能的、运行在完全隔离环境中的完整计算机系统。在计算机中创建虚拟机时，把实体机的硬盘和内存容量设置为虚拟机的硬盘和内存容量。虚拟机有独立的 CMOS、硬盘和操作系统。接下来在 ESXi（如 192.168.8.66）中创建一个新的硬盘，然后在新硬盘中建立一个虚拟机。

添加容量硬盘

（1）单击“编辑虚拟机设置”，进行 VMware ESXi 虚拟机的设置；然后单击“添加”按钮，在“添加硬件向导”对话框中选择“硬盘”，单击“下一步”按钮，如图 2－47 所示。

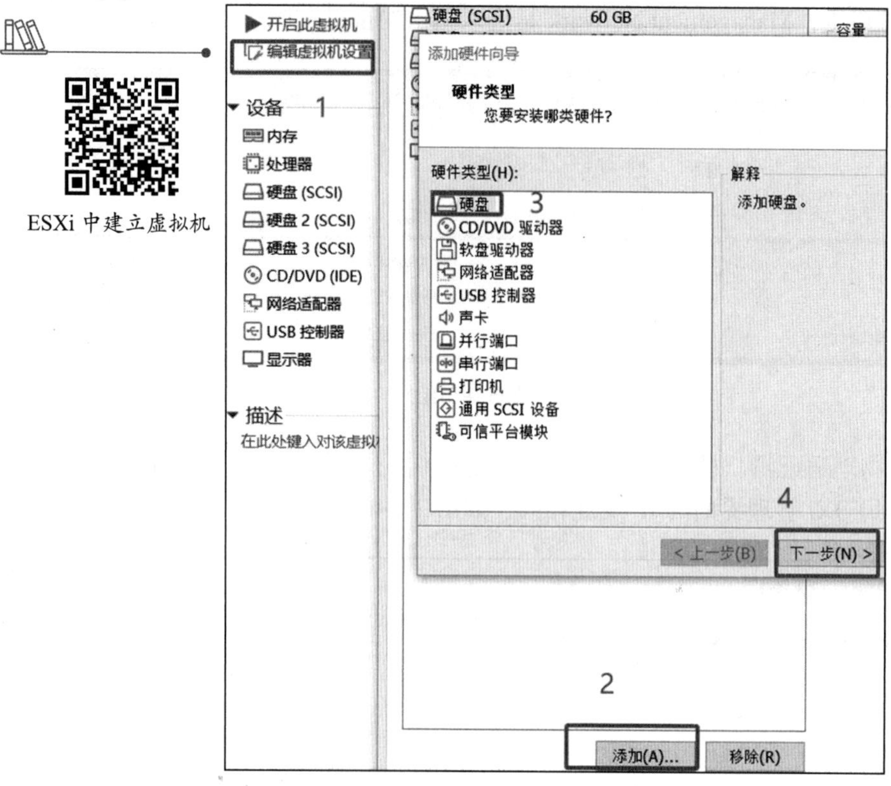

图 2-47　添加硬盘

（2）在“选择磁盘类型”界面中，推荐选择“ SCSI（S)”，单击“下一步”按钮，如图 2-48 所示。

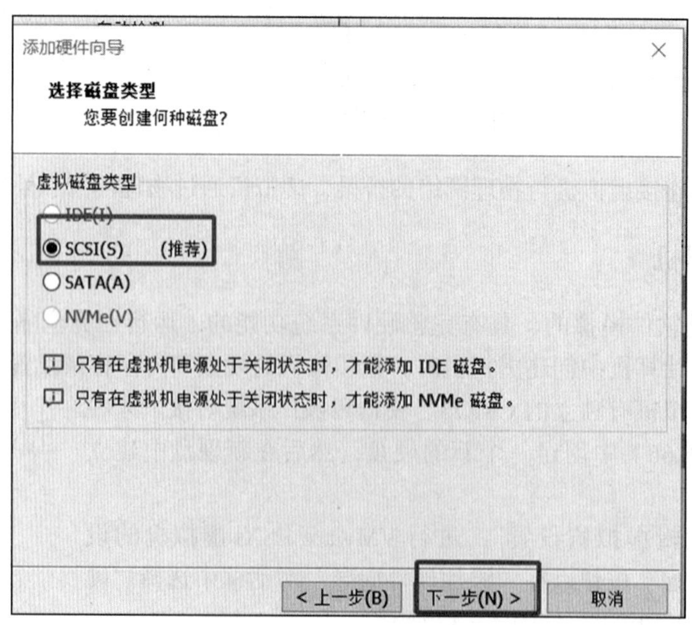

图 2-48　选择磁盘类型

（3）在“选择磁盘”界面中，选择“创建新虚拟磁盘（V）”，单击“下一步”按钮，如图2-49所示。

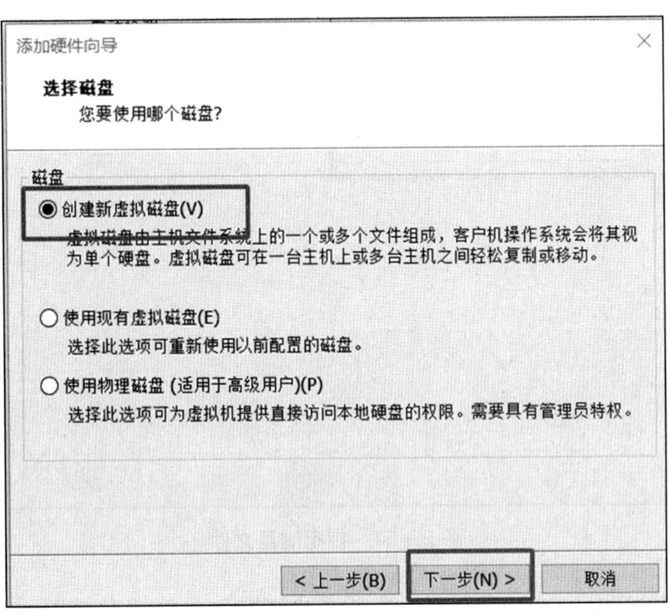

图2-49 创建新虚拟磁盘

（4）在“指定磁盘容量”界面中，设置容量，“最大磁盘大小”选择“40.0”GB，选择“将虚拟磁盘存储为单个文件（O）”，如图2-50所示。

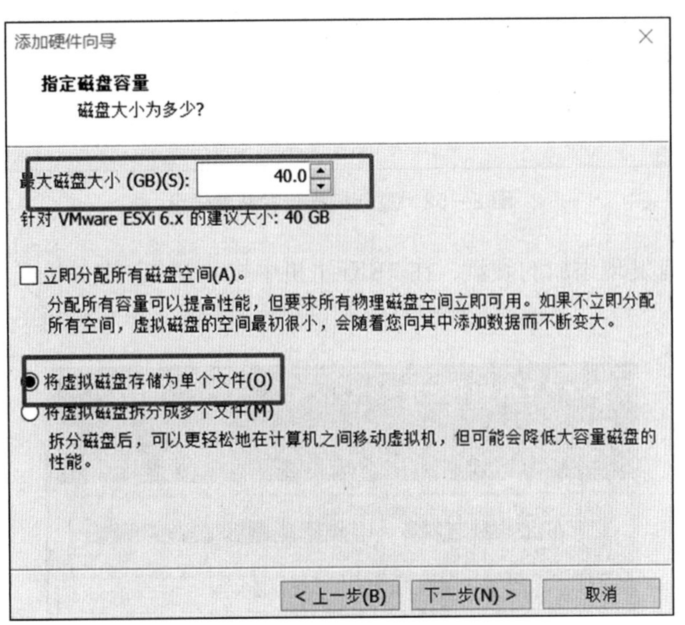

图2-50 指定磁盘容量

（5）指定磁盘文件，单击“完成”按钮，如图2-51所示。

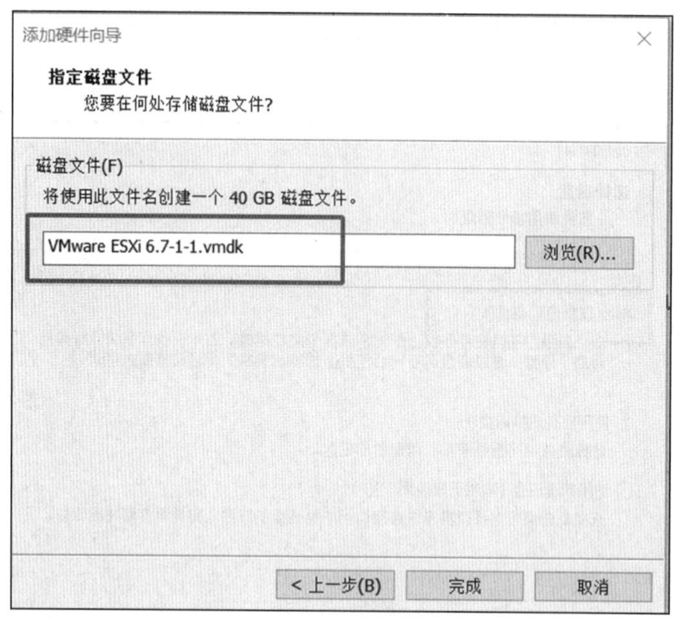

图 2－51　指定磁盘文件

（6）再打开浏览器（ESXi 界面），单击“导航器”中的“存储”，打开“设备”选项卡，单击“刷新”，重新扫描查看新建磁盘，如图 2－52 所示。

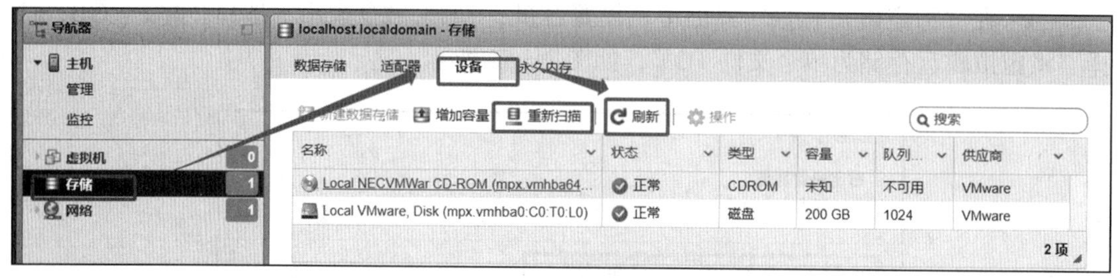

图 2－52　重新扫描查看新建磁盘

（7）如果没有发现添加的硬盘，在 ESXi 主机中按“F12”键关机或重启，输入密码，如图 2－53 所示。

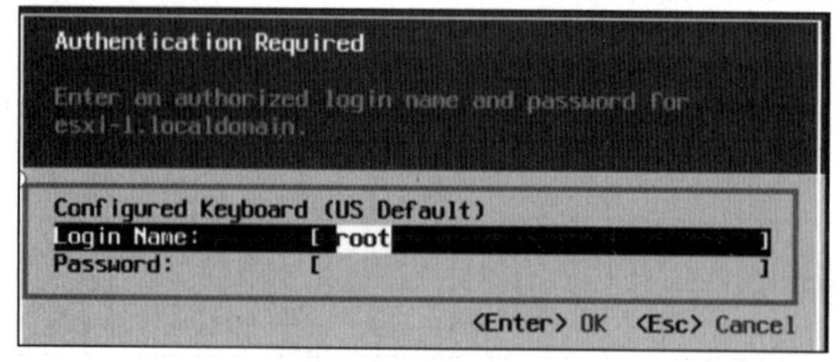

图 2－53　输入密码

（8）在浏览器中重新登录 Web 端 ESXi，在“设备”选项卡中可以看到磁盘新增成功，如图 2－54 所示。

图 2－54 查看新增磁盘

（9）在“导航器”中，单击“存储”，找到“数据存储”，在弹出的列表中选择“新建数据存储”，“选择创建类型”为“创建新的 VMFS 数据存储”，如图 2－55 所示。

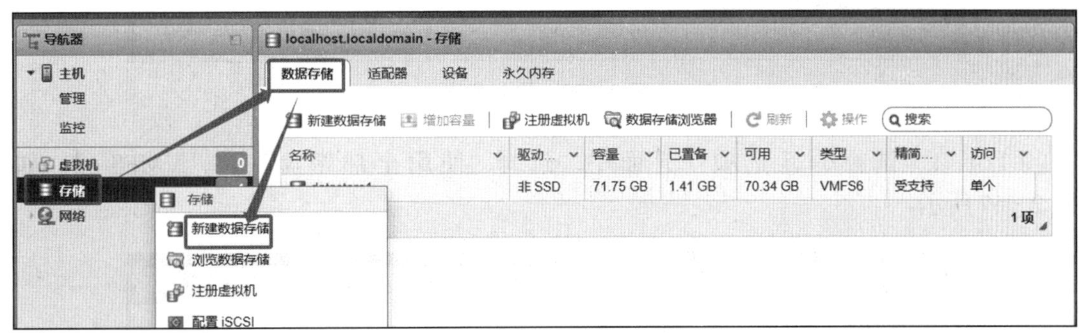

（a）

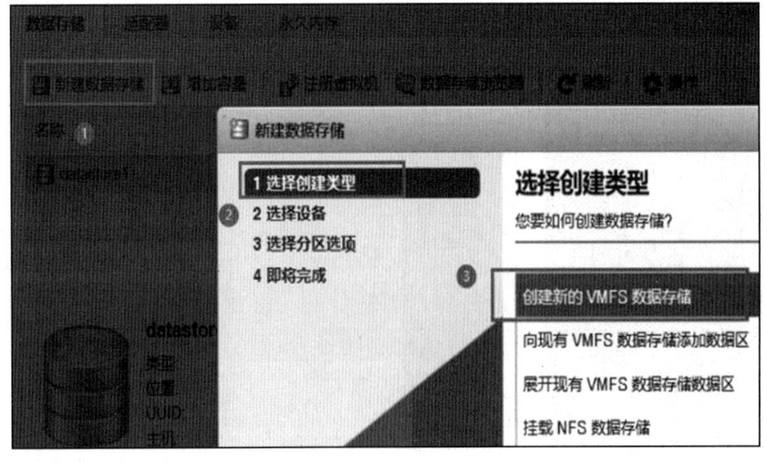

（b）

图 2－55 新建数据存储

（10）进行名称命名，这里“名称”输入“data”，如图 2－56 所示。

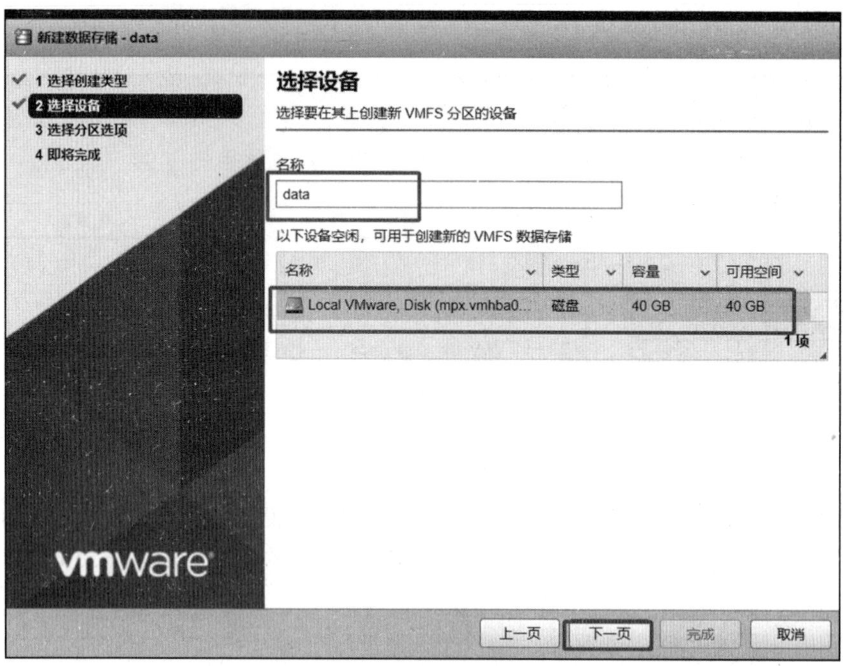

图 2－56　输入名称

（11）在“选择分区选项”界面中，选择“使用全部磁盘”和“VMFS 6”，如图 2－57 所示。

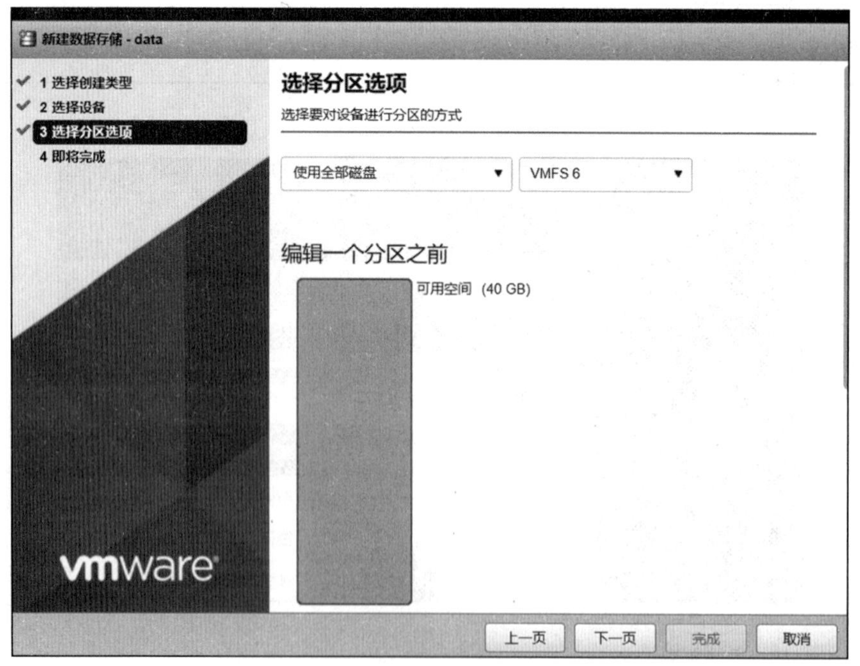

图 2－57　选择分区

（12）新建数据存储即将完成，如图 2－58 所示。

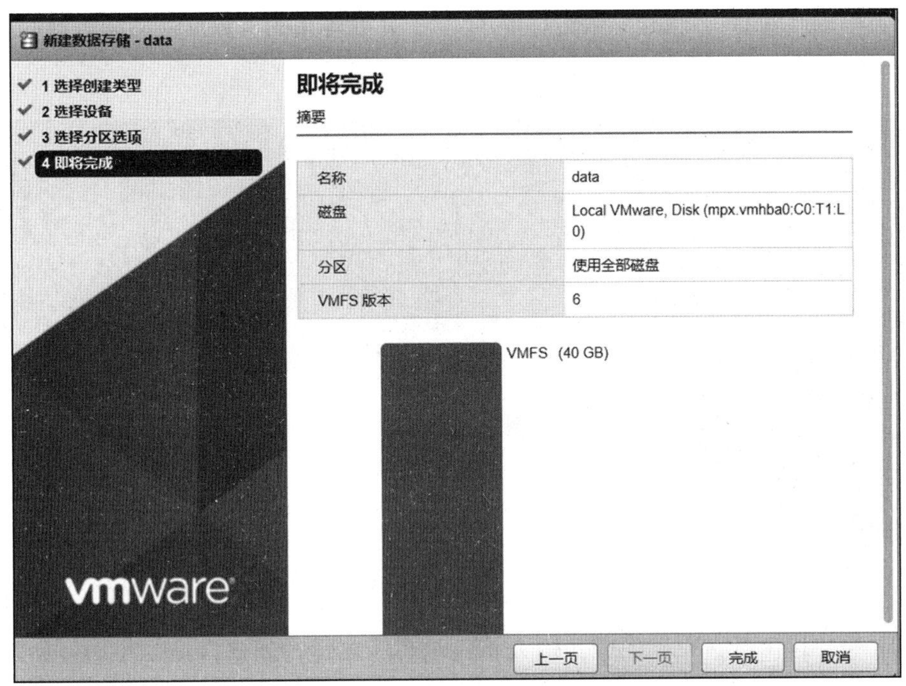

图 2-58 新建数据存储即将完成

（13）在“警告”提示对话框中，单击“是”按钮，如图 2-59 所示。

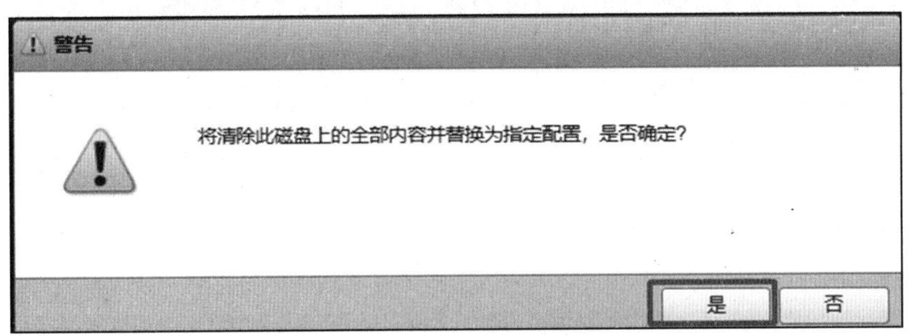

图 2-59 “警告”提示对话框

（14）新建“data”数据存储，如图 2-60 所示。

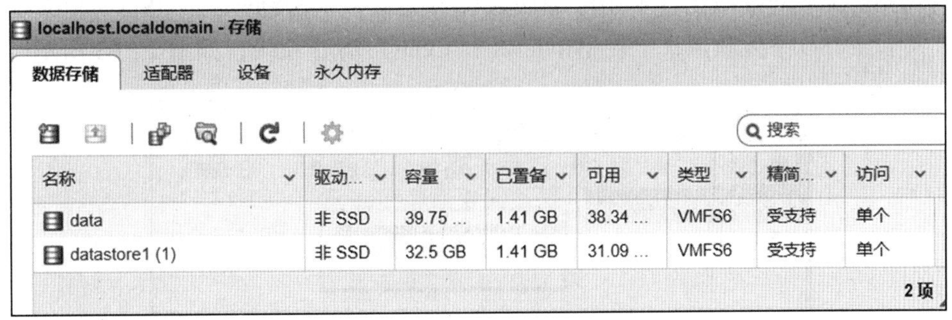

图 2-60 新建数据存储

（15）单击“data”，选择“数据存储浏览器”，在弹出的“数据存储浏览器”界面中，选择“创建目录”，如图 2－61 所示。

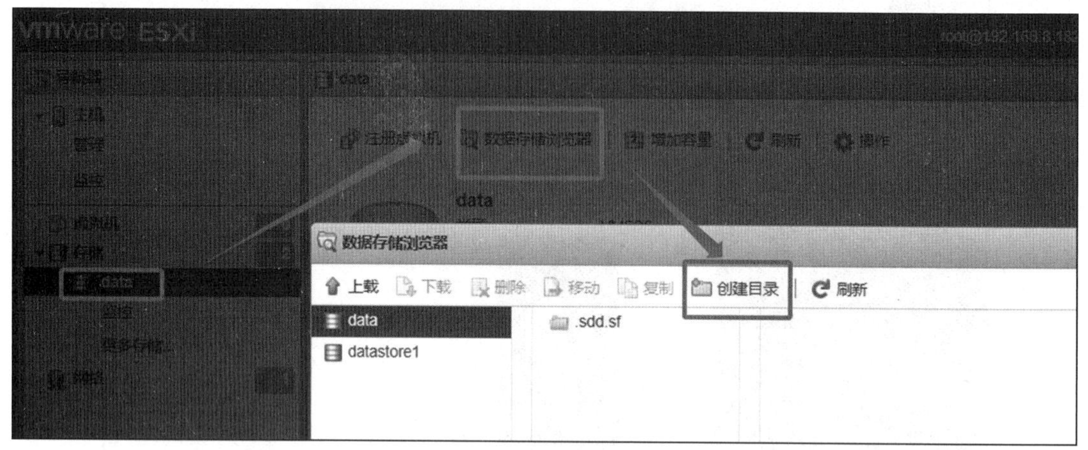

图 2－61　创建目录

（16）在“新建目录”界面中，输入目录名称，单击“创建目录”按钮，如图 2－62 所示。

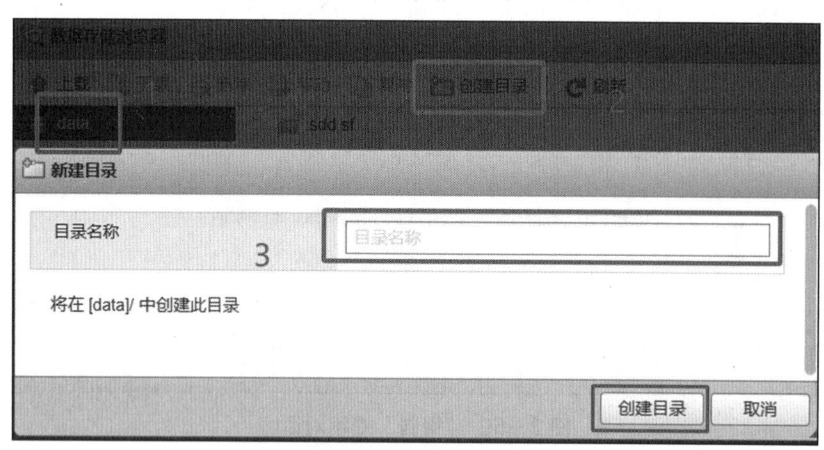

图 2－62　输入目录名称

（17）ESXi 是全虚拟化，不用考虑底层硬件架构，单击创建的“ISO”目录，单击“上载”，上传 ISO 系统映像，上传 Windows 和 CentOS 操作系统，如图 2－63 所示。

（a）

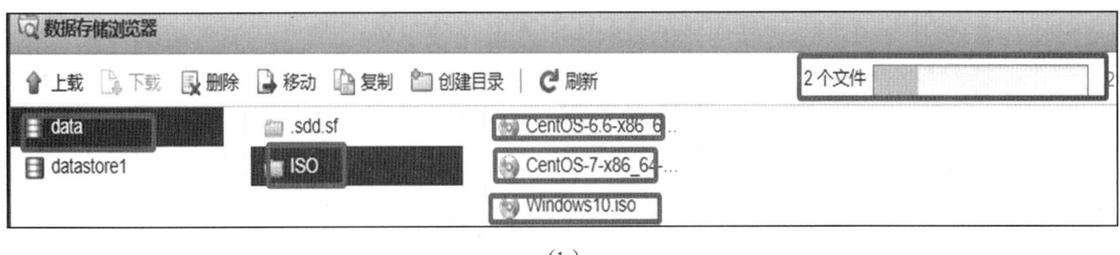

(b)

图 2-63 上传 Windows 和 CentOS 操作系统

（18）在导航器中，单击“虚拟机”，选择“创建 / 注册虚拟机”，在弹出的“新建虚拟机”对话框中，单击“选择创建类型”，选择“创建新虚拟机”，如图 2-64 所示。

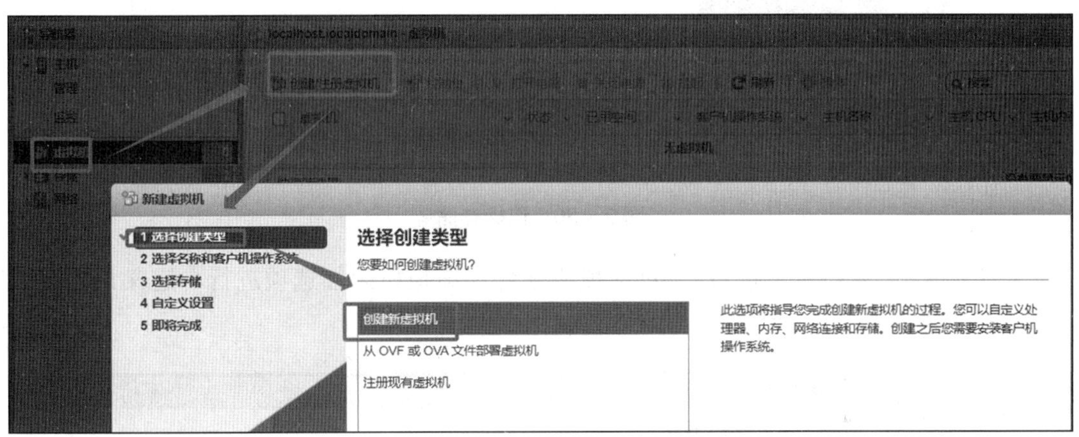

图 2-64 创建新虚拟机

（19）单击“2 选择名称和客户机操作系统”，“名称”输入“centos7”，选择客户机操作系统的兼容性、系列及版本，如图 2-65 所示。

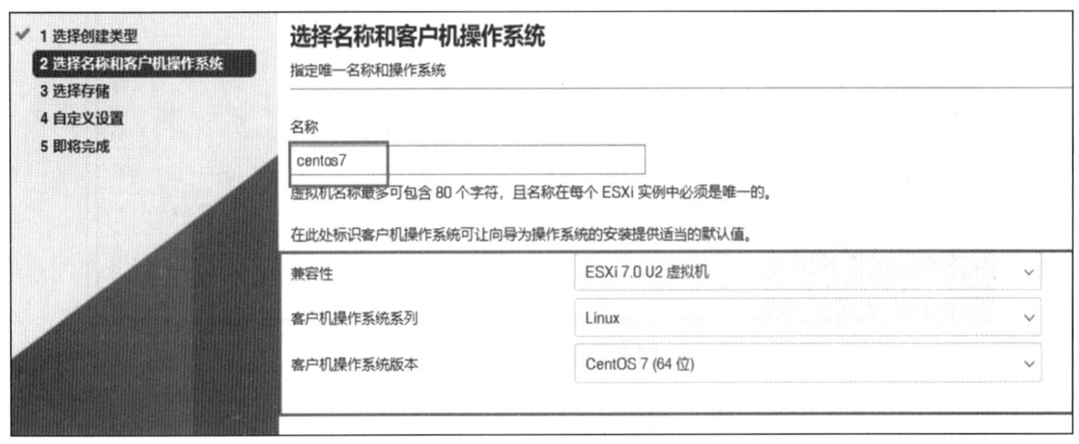

图 2-65 选择名称和客户机操作系统

（20）单击“3 选择存储”，选择“data（1）”，如图 2-66 所示。

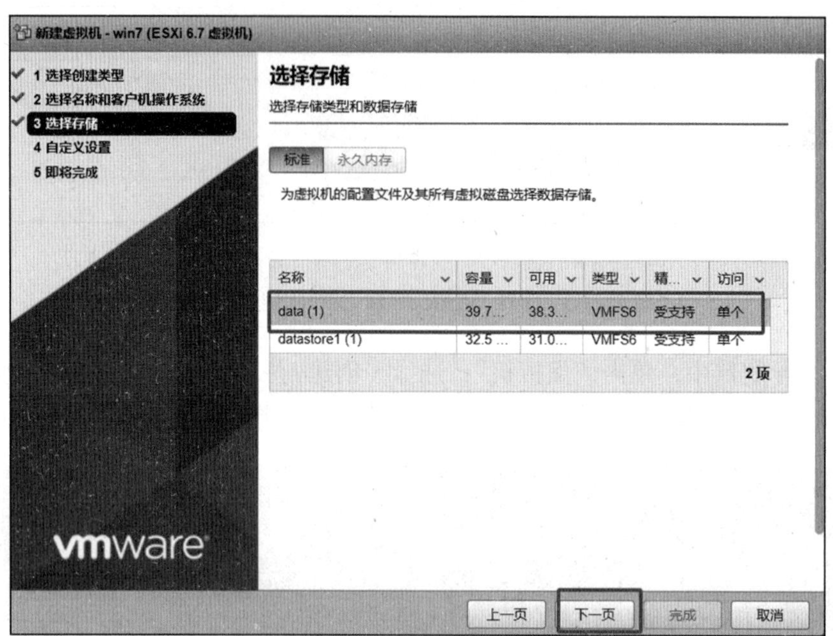

图 2-66　选择存储

（21）单击“4 自定义设置”，对虚拟机硬件和虚拟机附加选项进行自定义设置，如图 2-67 所示。

图 2-67　自定义设置

（22）新建虚拟机即将完成，如图 2-68 所示。

（23）单击虚拟机名称“centos7”，如图 2-69 所示。

（24）单击“CD/DVD 驱动器 1”，选择“数据存储 ISO 文件”，单击“浏览”按钮找到“data”中的镜像，再勾选“连接”复选框，挂 ISO 映像系统光盘，如图 2-70 所示。

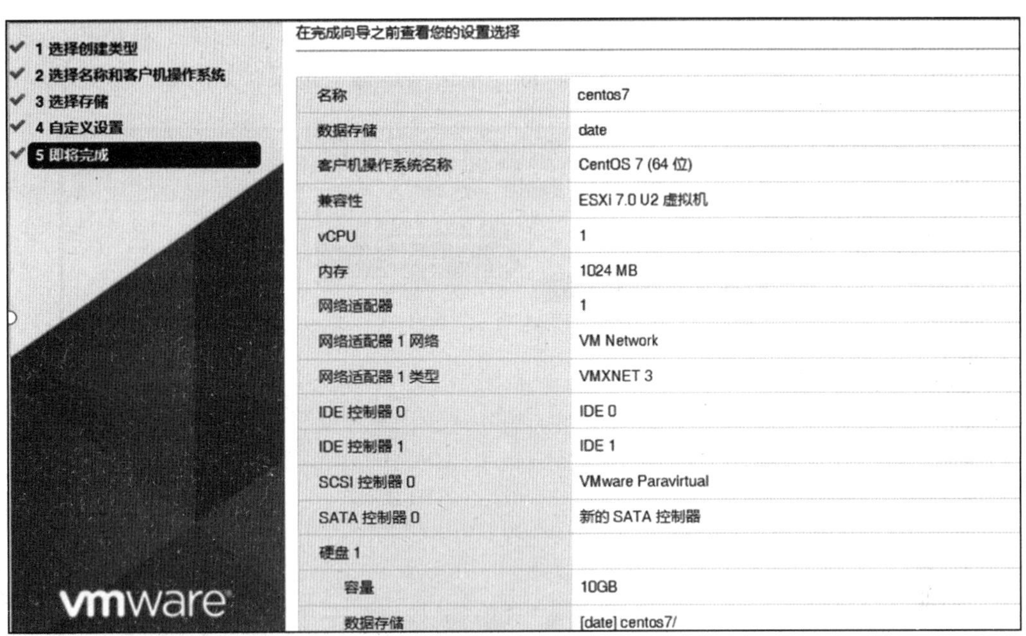

图 2－68 新建虚拟机即将完成

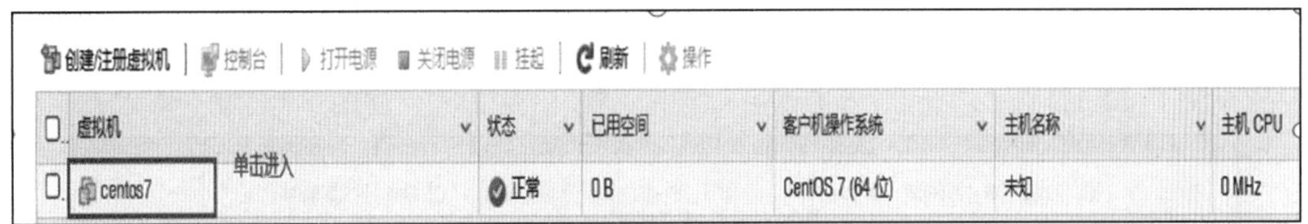

图 2－69 单击虚拟机名称“centos7”

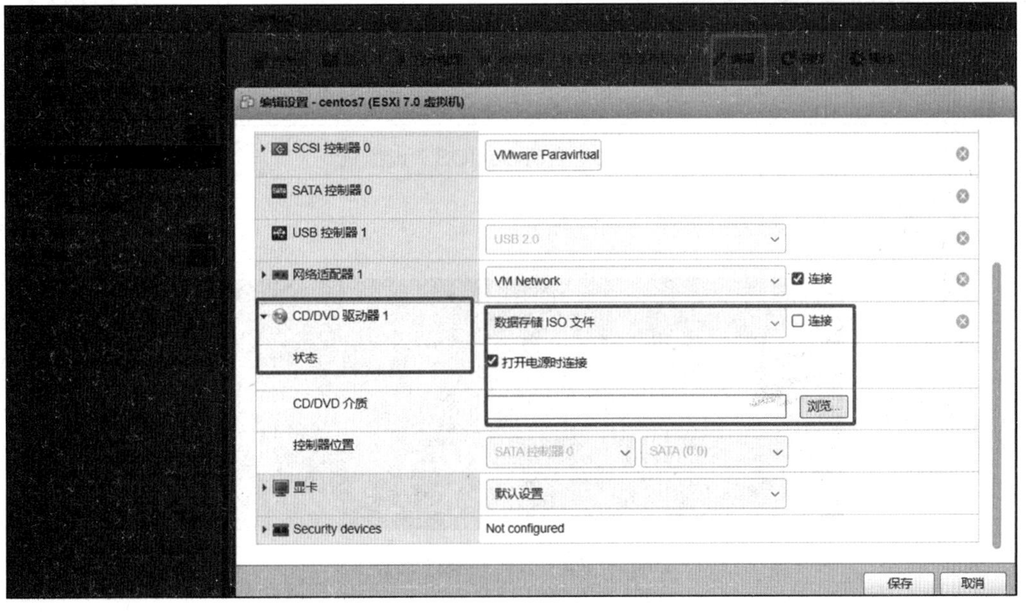

图 2－70 挂 ISO 映像系统光盘

（25）单击图 2－70 中的“浏览”按钮后弹出“数据存储浏览器”对话框，选择“data”→“ISO”目录，选择 CentOS 7 映像，单击“选择”按钮，如图 2－71 所示。

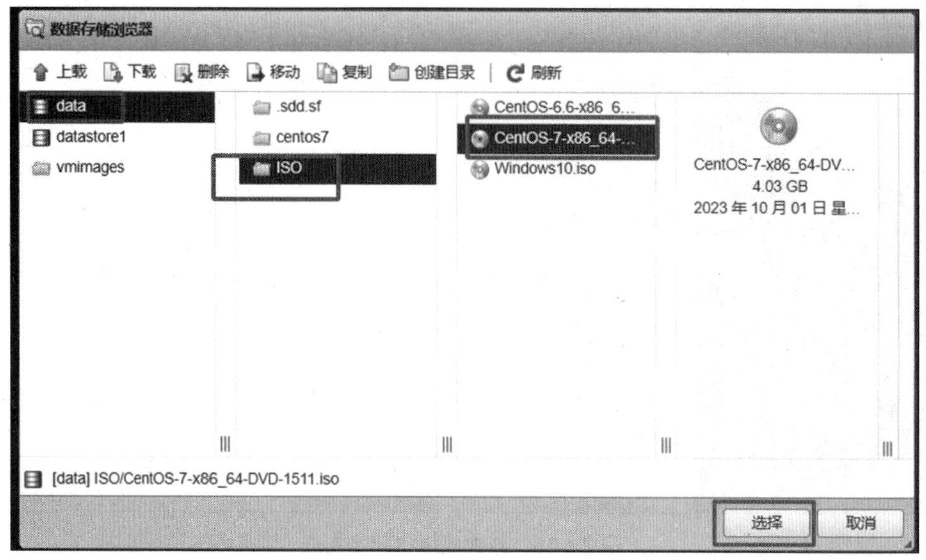

图 2－71　选择 CentOS 7 映像

（26）启动 CentOS 7 虚拟机，如图 2－72 所示。

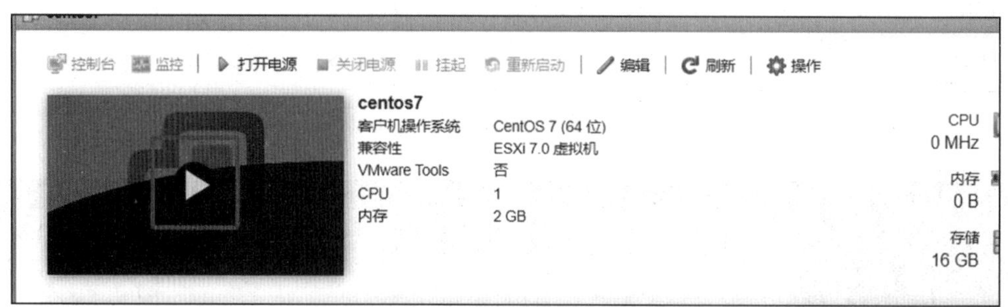

图 2－72　启动 CentOS 7 虚拟机

（27）选择 Install 安装，如图 2－73 所示。

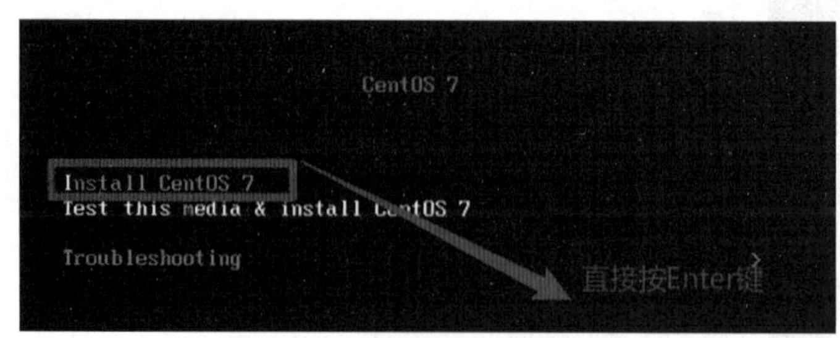

图 2－73　选择 Install 安装

（28）安装过程，如图 2－74 所示。

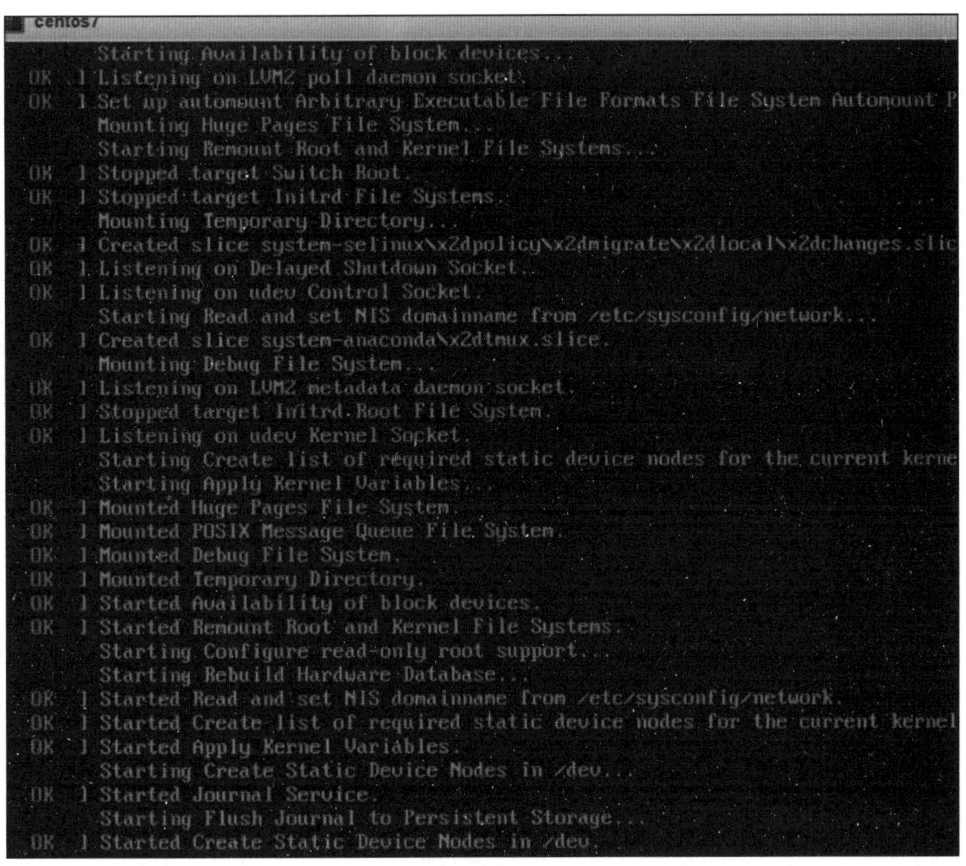

图 2－74 安装过程

(29) 语言支持选择“简体中文（中国）”，如图 2－75 所示。

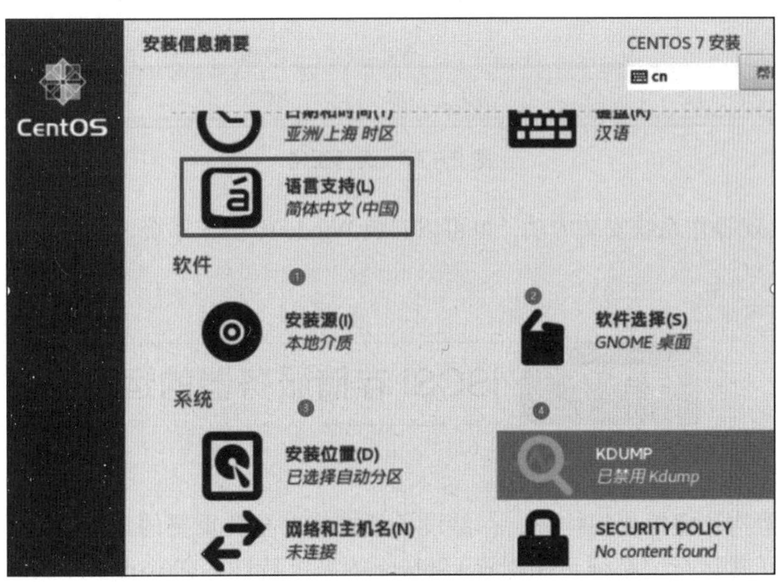

图 2－75 选择语言支持

配置基本信息：

- 安装源：选择 done。
- 软件选择：选择 GNOME 桌面，图形化界面（可以选择最小化安装）。
- 根据需要禁用 Kdump。
- 选择自动分区。

（30）安装成功，如图 2－76 所示。

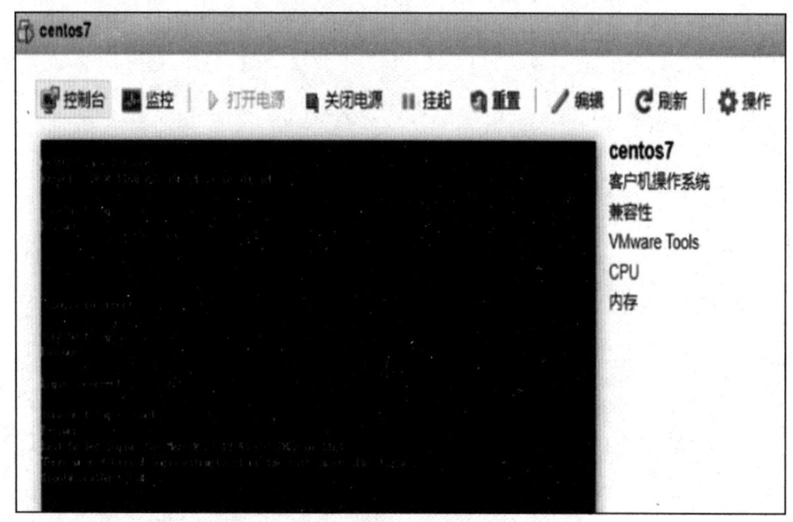

图 2－76　安装成功

（31）运行正常，如图 2－77 所示。

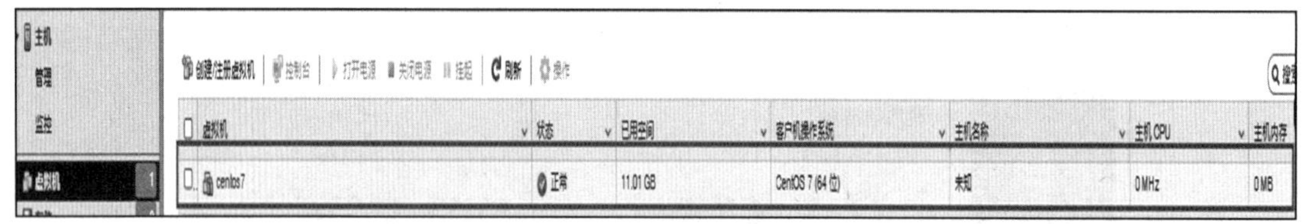

图 2－77　运行正常

此时 Linux 操作系统安装成功，也可以安装 Windows 操作系统，为后期的操作做准备。

任务 2.3　iSCSI 存储服务器的运维

在传统架构和虚拟化架构中，存储设备都扮演着至关重要的角色。为了确保这些存储设备能够正常运行，必须正确配置 vSphere 的高级特性，如 vSphere vMotion、vSphere DRS 以及 vSphere HA 等。本任务将介绍 vSphere 存储、iSCSI SAN，学习如何使用

StarWind 和 Openfile 搭建 iSCSI 目标存储服务器，添加基于 iSCSI 流量的 VMkernel 端口，并配置 ESXi 主机。

2.3.1 iSCSI 存储服务器概述

IBM 发明的 iSCSI 是一种基于以太网的存储协议，旨在解决存储资源共享的问题，除此之外，还有 SUN 的 NFS 协议。前者在客户机上呈现的是一个块设备，而后者是一个目录树。

1. iSCSI

iSCSI（Internet Small Computer System Interface，Internet 小型计算机系统接口），又称为 IP-SAN，是基于 TCP/IP 的协议。iSCSI 能实现在 IP 网络上运行 SCSI 协议，提供了一种基于网络的存储解决方案。

（1）iSCSI 服务架构。

iSCSI Initiator（客户端）：iSCSI 发起器是安装在计算机上的软件或硬件设备，是主机或计算机系统通过 iSCSI 协议与远程存储设备进行通信的关键。主机或计算机系统通过网络发送 iSCSI 命令和数据来访问远程存储。iSCSI 服务器与 iSCSI 存储设备之间的连接方式有以下两种：

1）基于软件的方式（iSCSI Initiator 软件）。

在 iSCSI 服务器上安装 Initiator，将以太网卡虚拟为 iSCSI 卡，接收和发送 iSCSI 数据报文，实现主机和 iSCSI 存储设备之间 iSCSI 协议和 TCP/IP 协议传输功能。

2）硬件 iSCSI HBA（Host Bus Adapter）卡方式，即 iSCSI Initiator 硬件。

iSCSI Target（服务端）：是远程存储设备或存储服务器。它通过 iSCSI 协议接收发起器的请求，通常都是收费的。当接收到 iSCSI 命令时，iSCSI Target 将其转换为存储设备能够理解的本地 iSCSI 命令，并执行相应的数据传输操作，最终将数据返回给发起器。

iSCSI Initiator 和 Target 之间的网络连接：通过 TCP/IP 协议来实现。

iSCSI Initiator 驱动程序（iSCSId）：它是在主机操作系统上运行的软件组件，负责将 iSCSI 命令和数据传送给网络，并处理从网络接收到的响应。

iSCSI Target 软件（Target.service，Targetcli）：它是在远程存储设备上运行的软件组件，负责接收并处理来自 iSCSI 发起器的请求，并将这些请求转换为本地存储设备可以执行的具体操作。

存储设备：存储设备包括磁盘阵列、磁盘存储系统或其他支持 SCSI（Small Computer System Interface）协议的存储设备，如 LVM 等。iSCSI Target 通过这些本地存储设备提供存储服务。

（2）SCSI。

SCSI 是块数据传输协议，是存储设备最基本的标准协议。SCSI 结构基于客户 / 服务器模式，特别适用于设备间距离较近、通过 SCSI 总线直接连接的应用环境。SCSI 的主要功能是在 TCP/IP 网络上的主机系统（启动器 Initiator）和存储设备（目标器 Target）间进行大量数据的封装和可靠传输过程。

（3）FC。

FC 是光纤通道（Fibre Channel）的简称，是一种适用于千兆数据传输的、成熟而安全的解决方案。与传统的 SCSI 技术相比，FC 提供更高的数据传输速率、更远的传输距离、更多的设备连接支持、更稳定的性能、更简易的安装。

（4）DAS。

DAS 是直连式存储（Direct-Attached Storage）的简称，是指将存储设备通过 SCSI 接口或光纤通道直接连接到一台计算机上。但这种存储方式能通过与其连接的主机进行访问，不能实现数据与其他主机的共享。DAS 会占用服务器操作系统资源，如 CPU 资源、I/O 资源等，并且数据量越大，占用操作系统资源就越多。

（5）NAS。

NAS 是网络接入存储（Network-Attached Storage）的简称，它通过网络交换机连接存储系统和服务器，建立专门用于数据存储的私有网络。用户通过 TCP/IP 协议访问数据，采用业界标准的文件共享协议，如 NFS、HTTP、CIFS 来实现基于文件级的数据共享。

（6）SAN。

SAN 是存储区域网络（Storage Area Network）的简称，它是一种通过光纤交换机、光纤路由器、光纤集线器等设备将磁盘阵列、磁带等存储设备与相关服务器连接起来的高速专用子网。

2. iSCSI 的组成

一个简单的 iSCSI 系统主要由以下几部分组成：

（1）iSCSI Initiator 或者 iSCSI HBA。

（2）iSCSI Target。

（3）以太网交换机。

（4）一台或者多台服务器。

3. iSCSI 的原理

要理解 iSCSI 的原理，首先要理解 iSCSI 的层次结构，如图 2-78 所示。

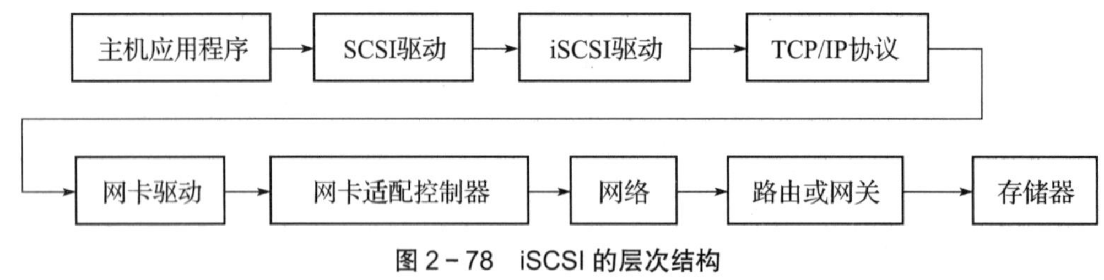

图 2-78 iSCSI 的层次结构

SCSI 驱动的底层是 iSCSI 驱动，它使用 iSCSI 软件提供的块设备。这些块设备在磁盘中显示为如 sdb、sdc 等的标识符。在使用这些设备之前，需要对它们进行分区和格式化。

iSCSI 发起者和 iSCSI 目标分别有 IP 地址和 iSCSI 限定名称（iSCSI Qualified Name，IQN）。iSCSI 限定名称是 iSCSI 发起者、目标或 LUN 的唯一标识符。

IQN 格式：“iqn”+“.”+“年月”+“.”+“颠倒的域名”+“：”+“设备的具体名称”，颠倒域名是为了避免可能出现的冲突。例如：iqn.2008-08.com.vmware：esxi，如图 2-79 所示。

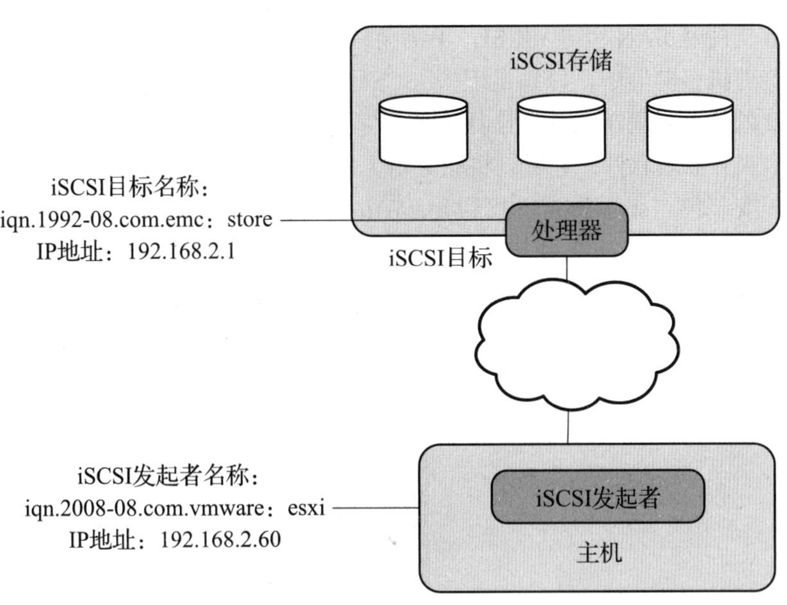

图 2－79　IQN 格式

iSCSI 支持两种目标发现方法：静态发现和动态发现。

静态发现：手工配置 iSCSI 目标和 LUN。

动态发现：由发起者向 iSCSI 目标发送一个 iSCSI 标准的 Send Targets 命令，对方会将所有可用目标和 LUN 报告给发起者。

4. vSphere 数据存储

vSphere 数据存储的类型包括 VMFS、NFS 和 RDM。

（1）VMFS：vSphere 虚拟机文件系统（vSphere Virtual Machine File System），适用于 vSphere 部署通用配置方法，类似于 Windows 的 NTFS 和 Linux 的 EXT4。VMFS 创建可供一个或多个虚拟机使用的共享存储池，简化了存储环境的管理。

（2）NFS：网络文件系统（Network File System），允许系统在网络上共享目录和文件。通过 NFS，用户和程序可以像访问本地文件一样访问远程系统上的文件。

（3）RDM：裸设备映射（Raw Device Mappings），让运行在 ESXi 主机上的虚拟机直接访问和使用存储设备。

2.3.2　StarWind iSCSI 存储服务器的部署

StarWind iSCSI 是运行在 Windows 操作系统上的 iSCSI 目标服务器软件（可以安装在 Windows 服务器操作系统上，也可以安装在 Windows 7/8/10 桌面操作系统上）。

StarWind 独立于硬件，适合网吧、企业虚拟磁盘的数据管理。

StarWind 快照功能允许用户轻松地为关键数据预定快照或备份，所有备份数据都可以被轻松找回。

在灾难恢复和备份方面，StarWind 与 Microsoft VSS（Volume Shadow Copy Services）兼容，可以实现动态卷快照和自动增量备份，无须人工备份。

StarWind 支持从 SAN 引导 iSCSI，不需要在客户端机器上安装硬盘驱动器。StarWind 安装在服务器随机存储器中，以满足虚拟 iSCSI 磁盘的读写需求。

StarWind 的特点是简单快捷，操作方便。它可以在 Windows Server 环境中进行测试安装。作为一个服务器端软件，它可以将服务器上的磁盘虚拟化并共享给网络上的其他设备。

（1）解压安装包“starwind”，找到 StarWind 安装程序，如图 2－80 所示。

（2）运行图 2－80 中的文件“starwind.6.0.5713.exe”，安装 StarWind，单击“Next”按钮，位置默认，如图 2－81 所示。

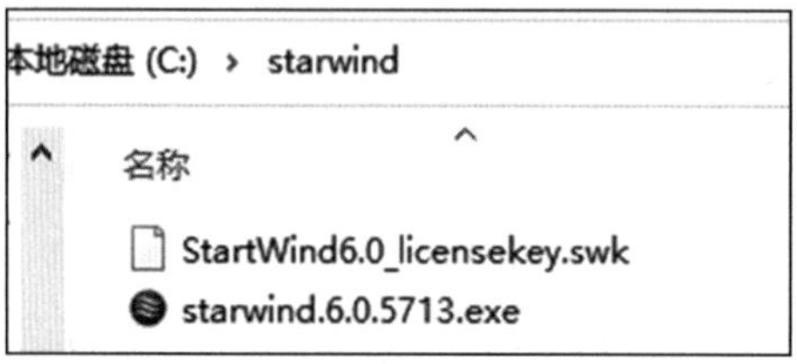

本地磁盘 (C:) › starwind
名称
StartWind6.0_licensekey.swk
starwind.6.0.5713.exe

图 2－80　StarWind 安装程序

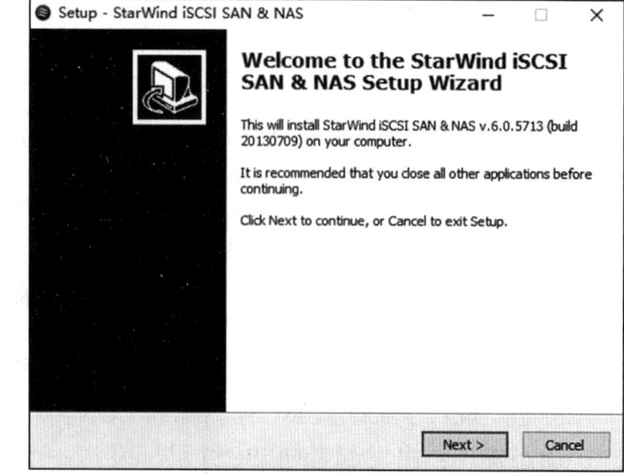

图 2－81　安装 StarWind

（3）在“License Agreement”对话框中，选择“I accept the agreement”，如图 2－82 所示。单击“Next”按钮，选择默认的安装路径，如图 2－83 所示。

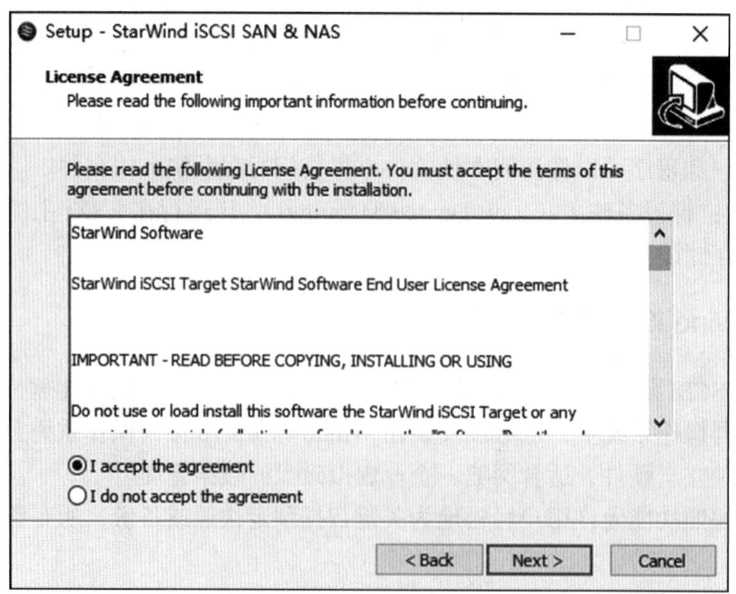

图 2－82　同意许可

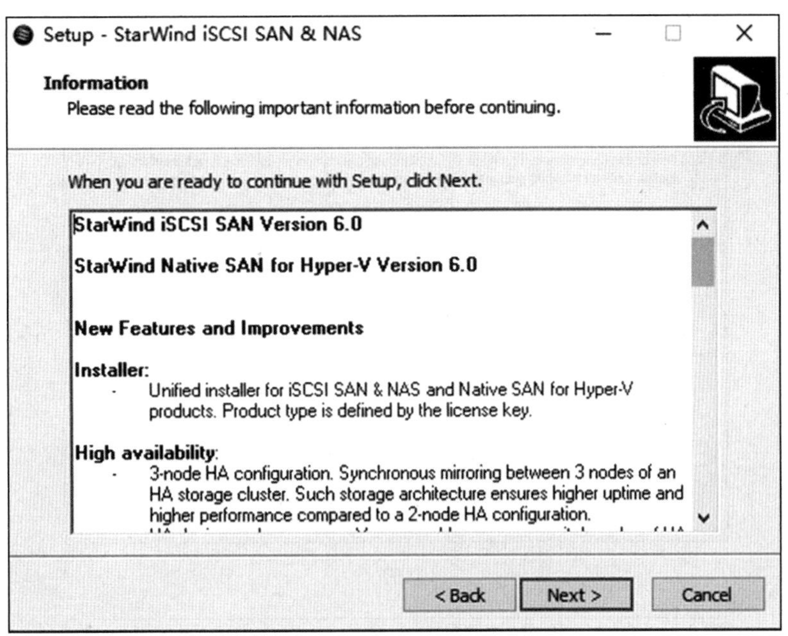

(a)

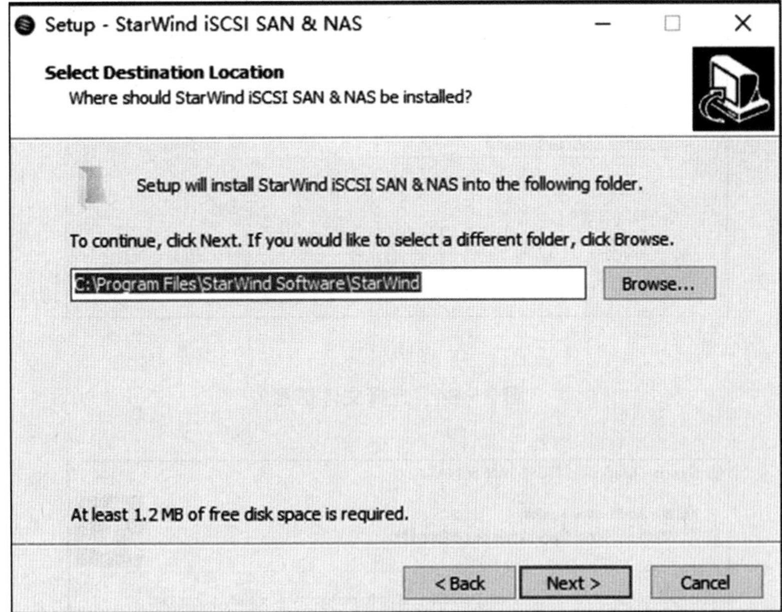

(b)

图 2-83　安装路径

（4）在“Select Components”界面中，勾选“Full installation”下面的复选框。在“Select Start Menu Folder”下面选择默认，如图 2-84 所示。在“Select Additional Tasts”界面中，勾选“Create a desktop icon”复选项，如图 2-85 所示。

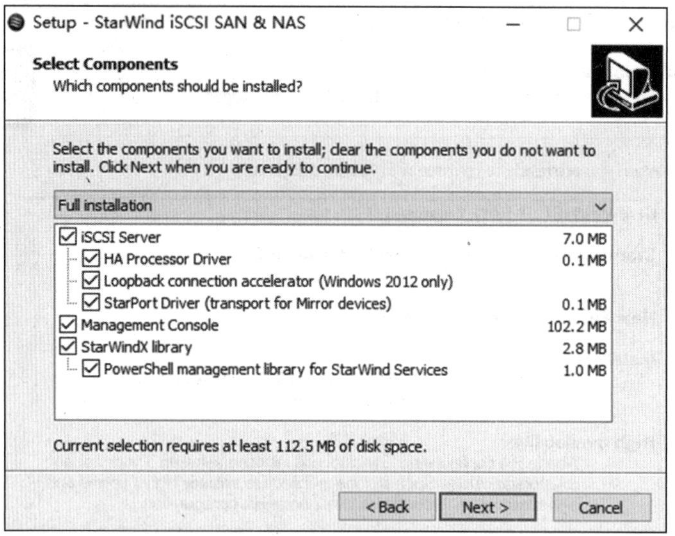

(a)

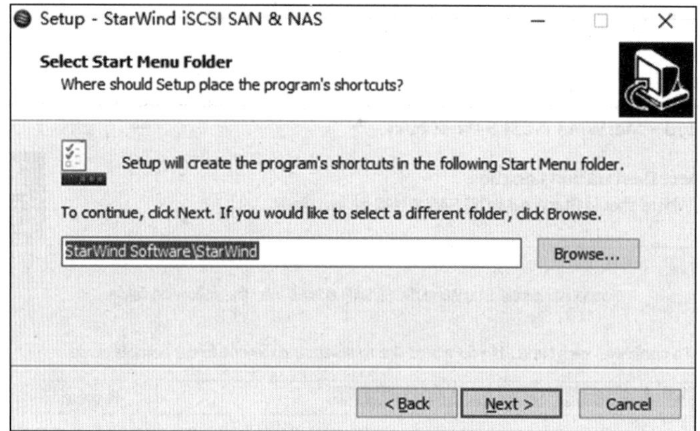

(b)

图 2-84　选择文件信息

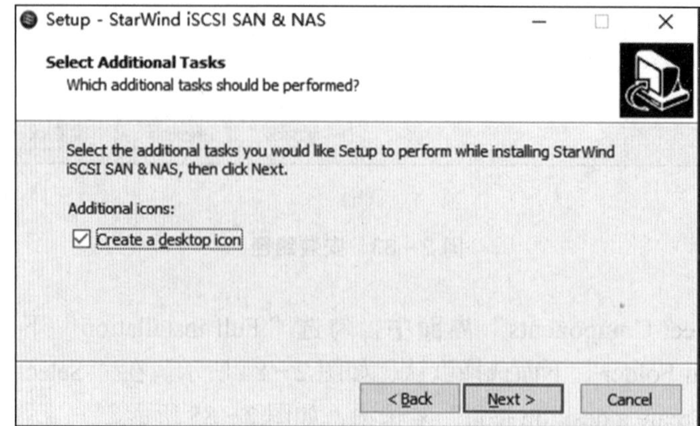

图 2-85　勾选“Create a desktop icon”复选框

（5）在“License key”界面中，均选择第一个选项，如图 2－86 所示。

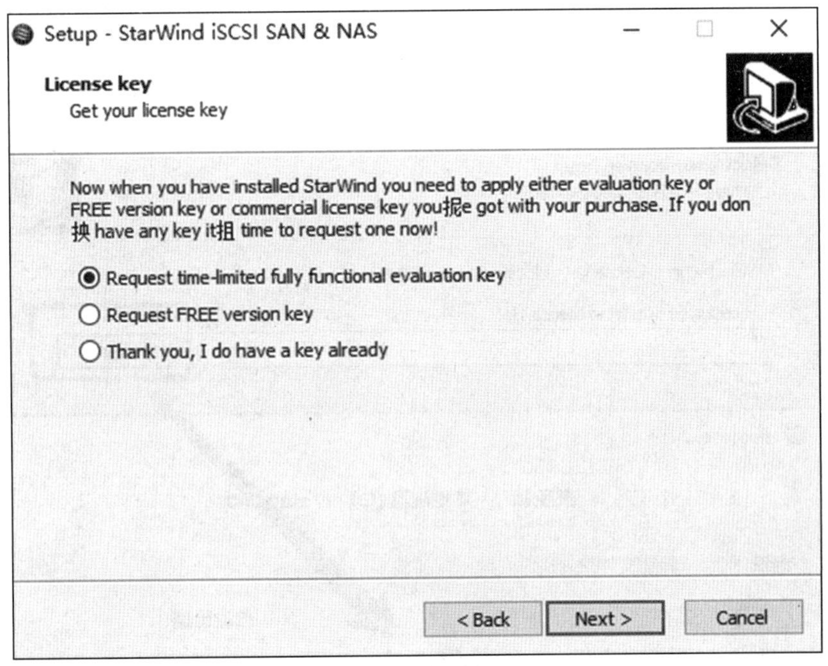

（a）

（b）

图 2－86　License key

1）在“select your license key”界面中，单击“Browse...”按钮，弹出“新建文

件夹”界面，找到并选择安装包中的key文件，即“StartWind6.0_licensekey.swk”，如图2-87所示。要有授权密钥，可在StarWind官方网站中申请一个免费的密钥，然后选择“Thank you，I do have a key already”。

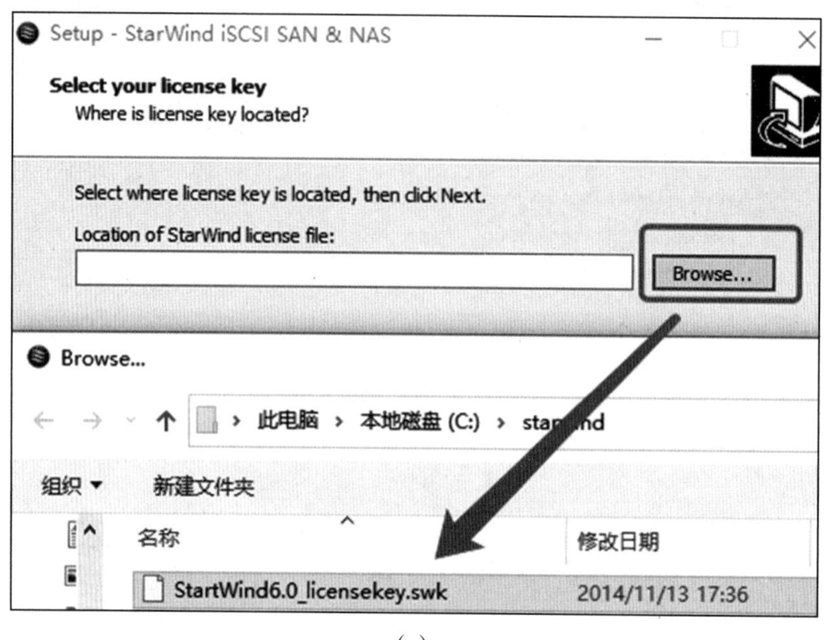

(a)

(b)

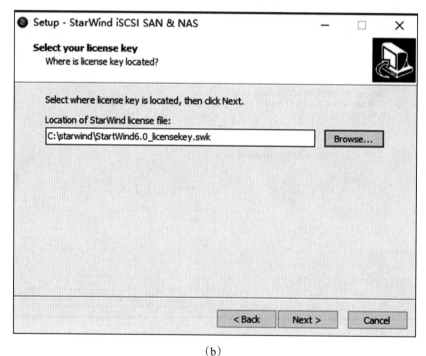

图2-87　找到key文件

2）单击“Next”按钮，进入“Ready to Install”界面，如图 2-88 所示。

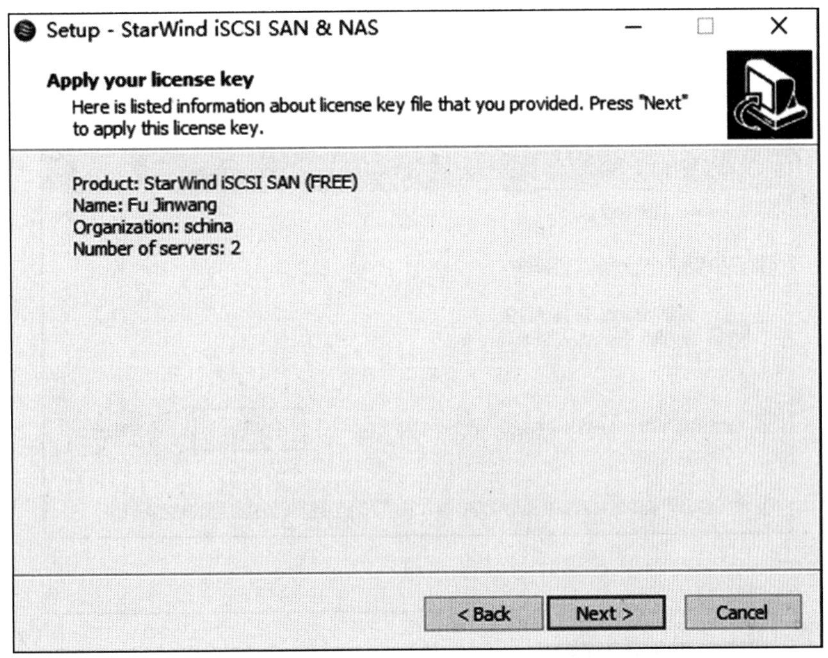

（a）

Setup - StarWind iSCSI SAN & NAS

Ready to Install

Setup is now ready to begin installing StarWind iSCSI SAN & NAS on your computer.

Click Install to continue with the installation, or click Back if you want to review or change any settings.

Destination location:
C:\Program Files\StarWind Software\StarWind

Setup type:
Full installation

Selected components:
iSCSI Server
HA Processor Driver
Loopback connection accelerator (Windows 2012 only)
StarPort Driver (transport for Mirror devices)
Management Console
StarWindX library

< Back　Install　Cancel

（b）

图 2-88　进入“Ready to Install”界面

3）单击“Install”按钮，开始安装，等待一段时间后，安装完成，如图 2-89 所示。

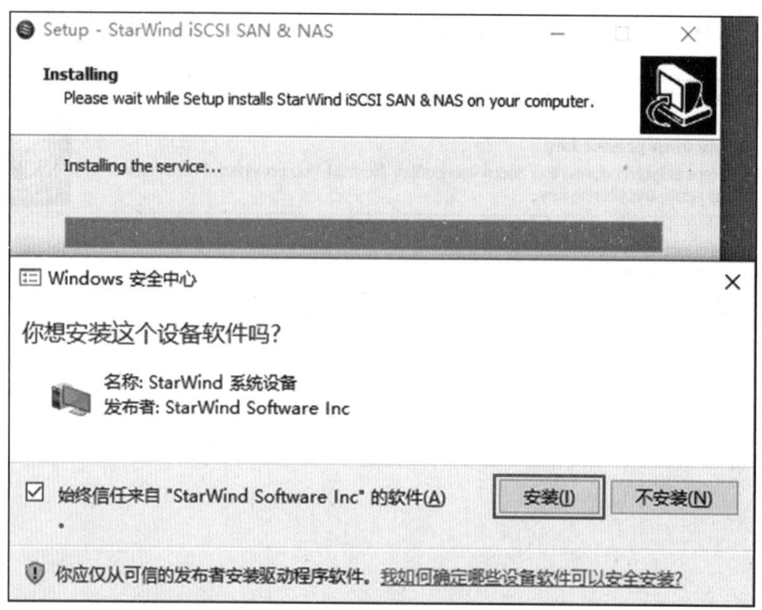

(a)

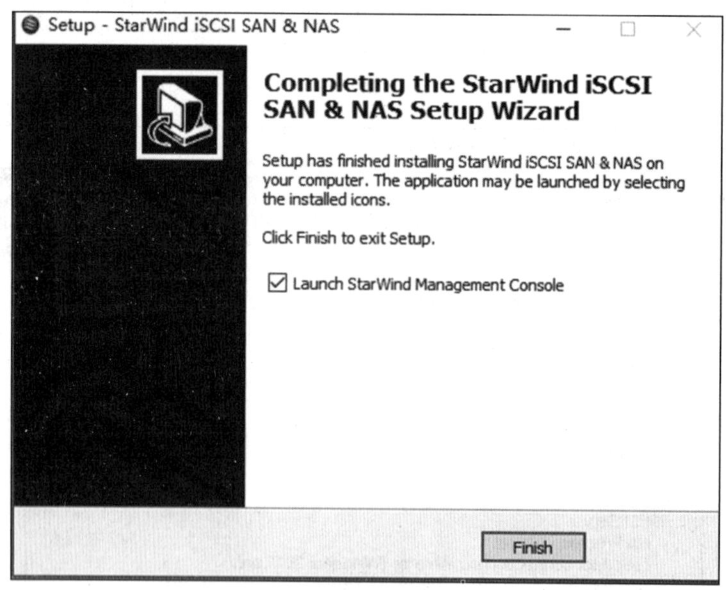

(b)

图 2-89 安装完成

部署服务端
StarWind iSCSI

（6）部署服务端 StarWind iSCSI。

1）打开 StarWind 软件，自动打开“StarWind Management Console”界面，如图 2-90 所示，并连接到本机的“StarWind Servers”，若没有连接到“StarWind Servers”，则选中计算机名，单击“Connect”按钮。

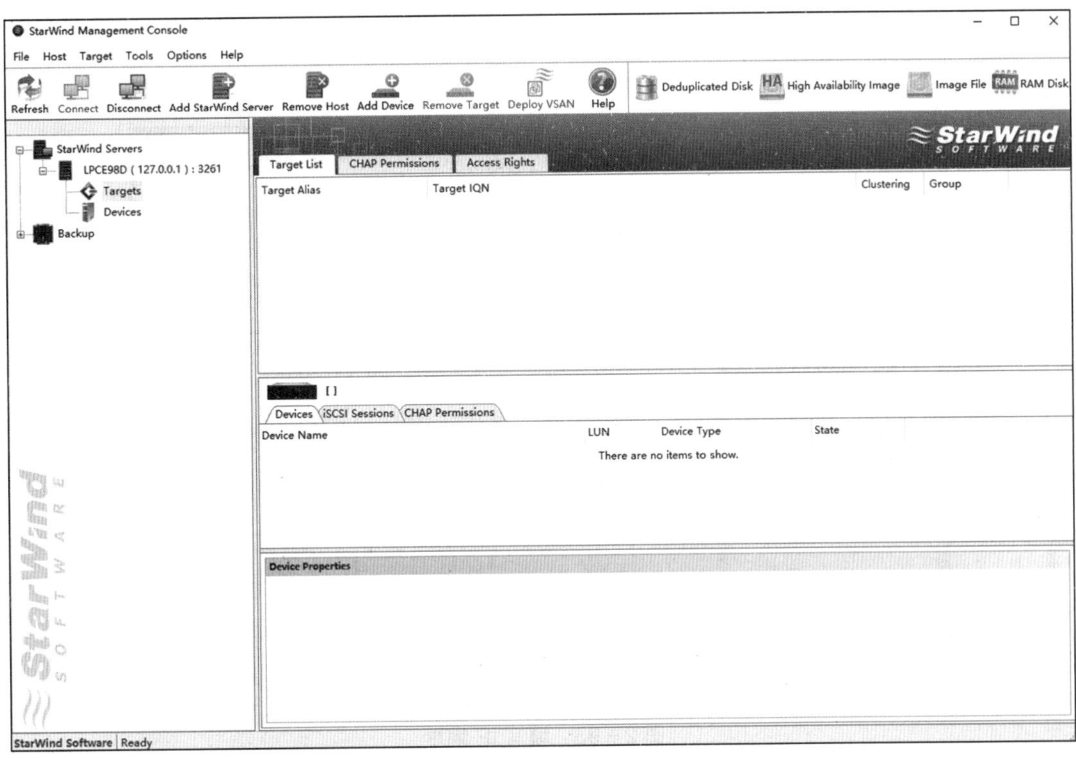

图 2－90 “StarWind Management Console”界面

2）新建 StarWind Server。右击“StarWind Servers”，在弹出的快捷列表中选择“Add StarWind Server”，如图 2－91 所示。

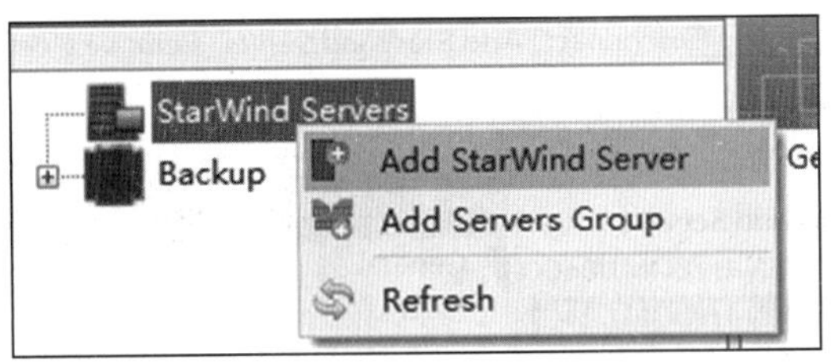

图 2－91 新建 StarWind Server

3）在 Windows Server 中，通过 cmd 命令行输入 ipconfig 查看 IP 地址，如图 2－92 所示。

图 2－92 查看 IP 地址

4）在“Host”下面的输入框中，填写 Windows Server 的 IP 地址，端口“Port”不要改，单击“OK”按钮，如图 2-93 所示。

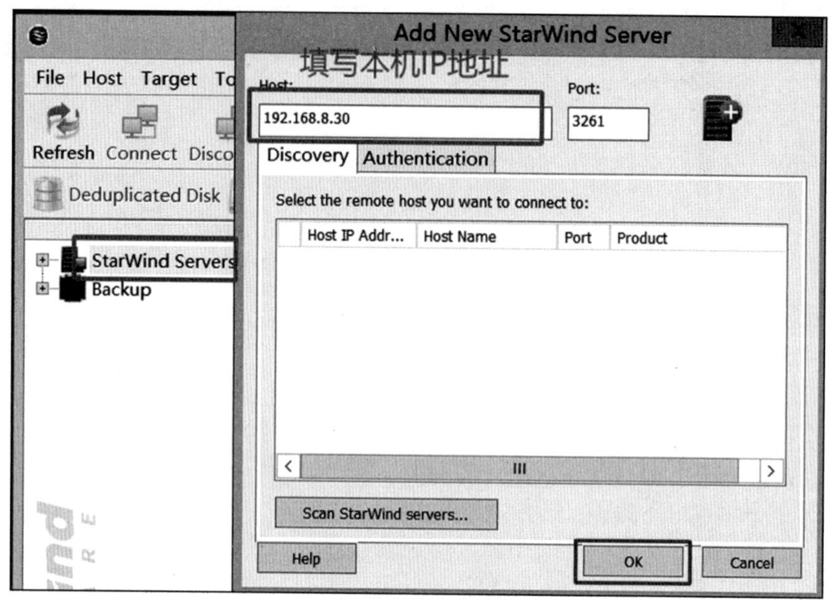

图 2-93　填写 IP 地址

5）新建成功后，选择 Server，双击或单击“Connect”，如图 2-94 所示。

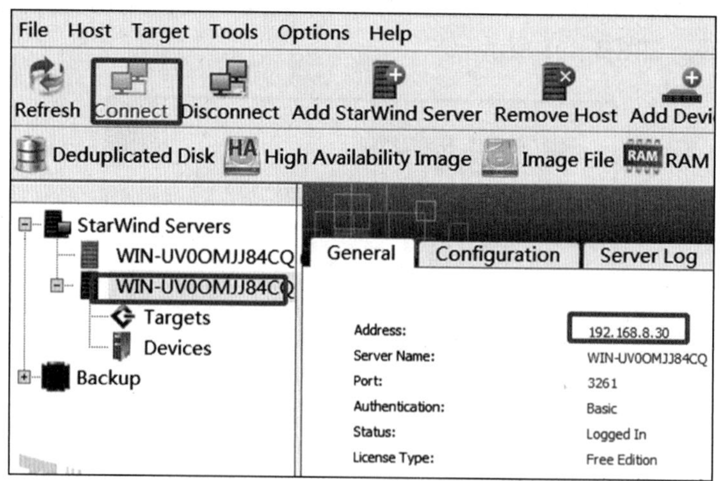

图 2-94　双击或单击“Connect”

6）新建 Target。右击“Targets”，在弹出的快捷列表中选择“Add Target”，添加 iSCSI 目标，如图 2-95 所示。

7）填写 Target 名称，勾选“Allow multiple concurrent iSCSI connections (clustering)”复选框，允许多个 iSCSI 发起者连接到这个 iSCSI 目标，如图 2-96 所示。确认创建 iSCSI 目标 ForESXi，最后单击“Finish”按钮。

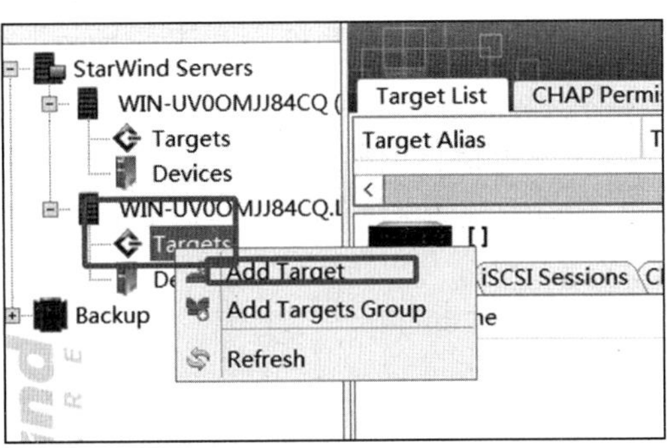

图 2－95　新建 Target

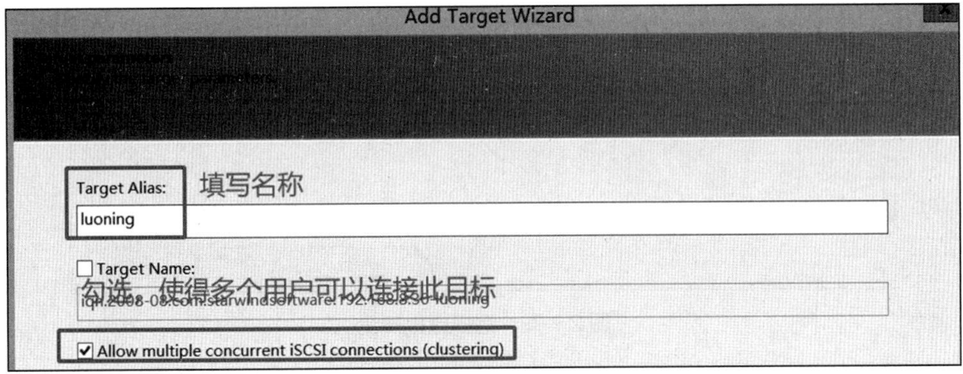

图 2－96　填写 Target 名称

创建 iSCSI 目标结果，如图 2－97 所示。

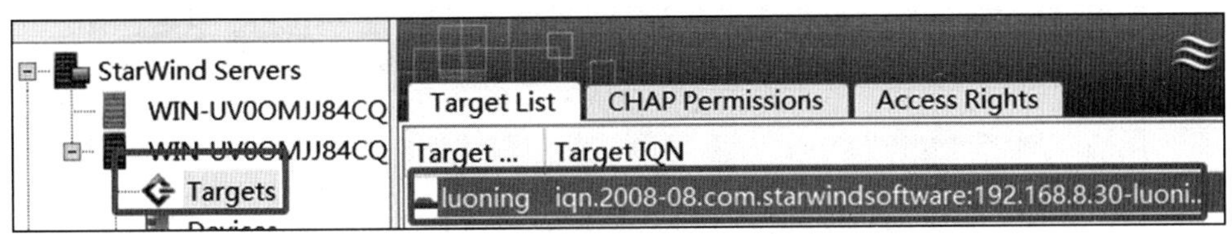

图 2－97　创建 iSCSI 目标结果

8）添加 Device 存储盘。右击“ Devices”，在弹出的快捷列表中选择“ Add Device”，添加 Device 存储盘，如图 2－98 所示。

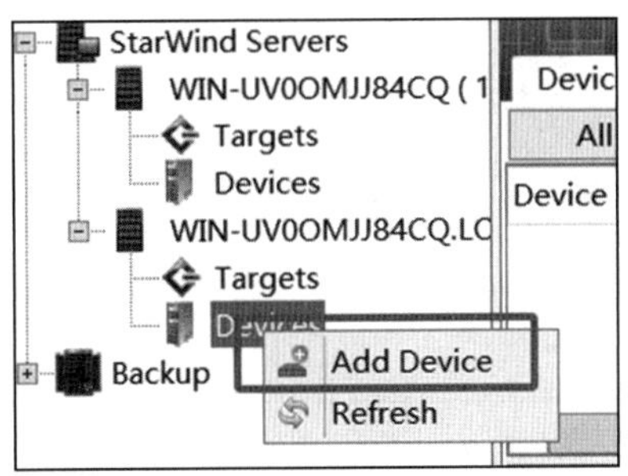

图 2－98　添加 Device 存储盘

9）选择虚拟硬盘。选择“Virtual Hard Disk”，单击“Next”按钮，如图 2-99 所示。

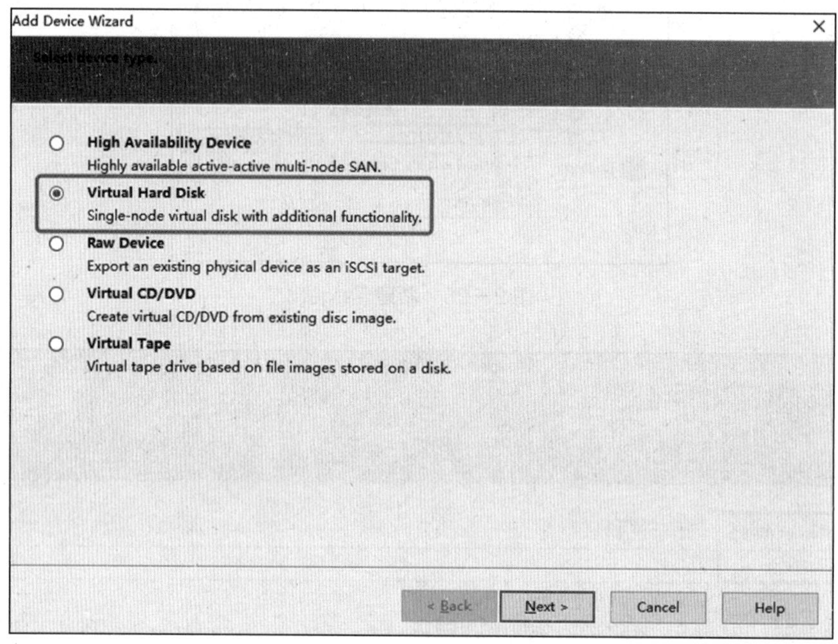

图 2-99　选择虚拟硬盘

10）选择镜像文件。选择“Image File device”，使用磁盘文件作为虚拟硬盘，如图 2-100 所示。

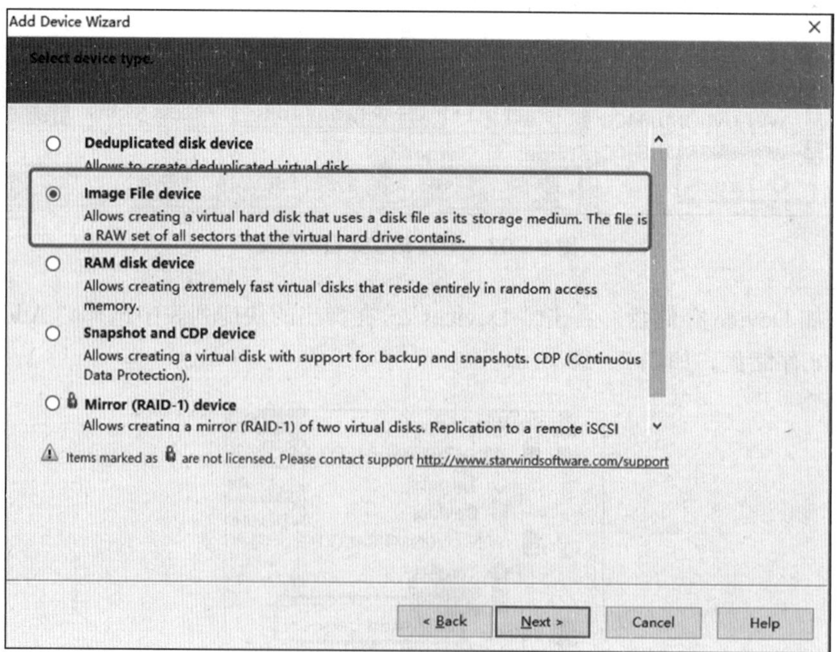

图 2-100　选择镜像文件

11）创建新虚拟硬盘。选择“Create new virtual disk”，创建新虚拟硬盘，如图 2－101 所示。

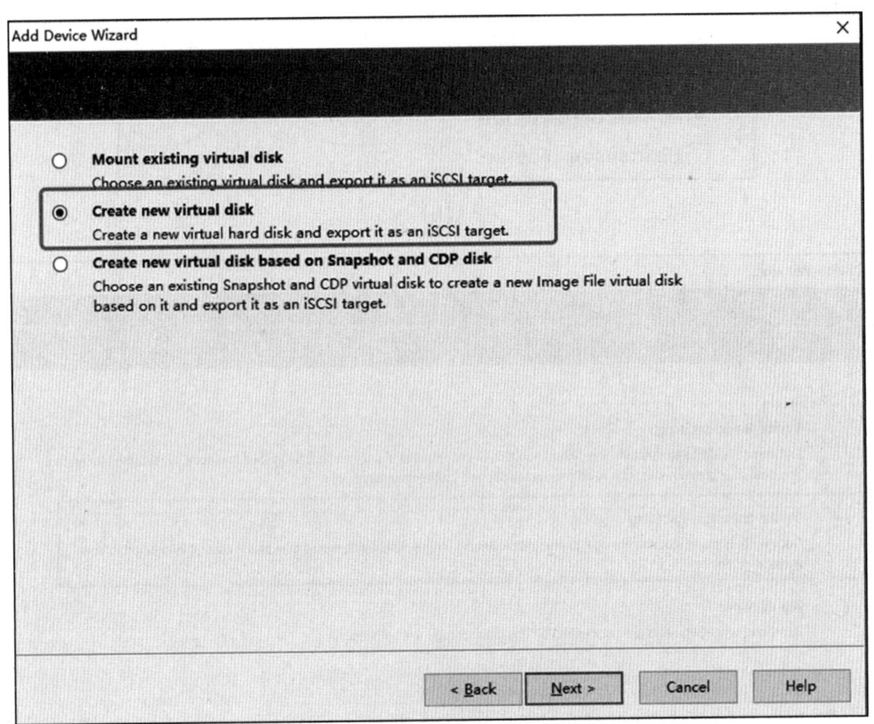

图 2－101 创建新虚拟硬盘

12）配置虚拟硬盘。配置虚拟硬盘文件为 e:\iscsi.img（名字可以改），大小可以设置为“90GB”（为了后期 ESXi 的存储连接使用，建议 50GB 以上），可以选择是否压缩（Compressed）、加密（Encrypted）、清空虚拟磁盘文件（Fill with zeroes），注意确认本机磁盘要有足够空间。选择刚创建的虚拟磁盘文件，默认使用“Asynchronous mode”异步模式，“Cache mode”选择“Write-through caching”，如图 2－102 所示。

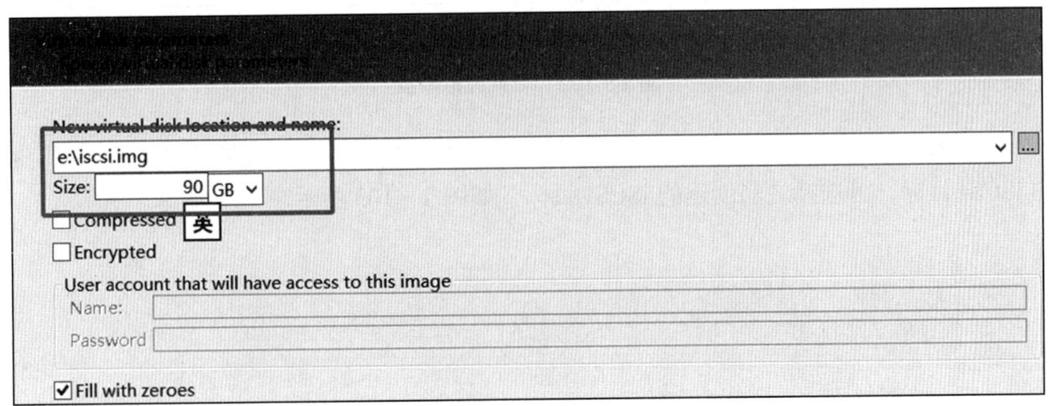

（a）

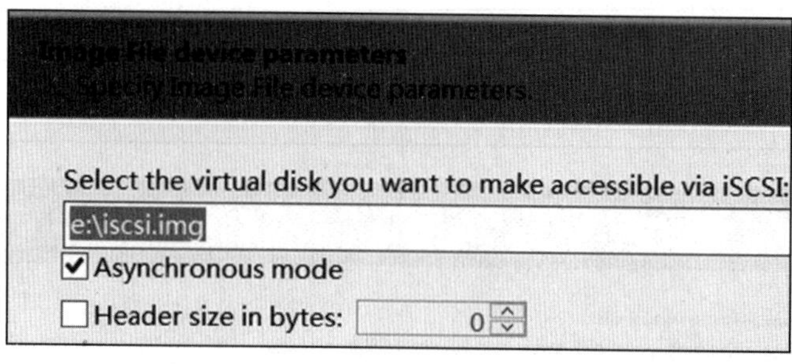

(b)

Add Device Wizard
Image File device cache parameters
Specify Image File device cache parameters.
Cache mode
Write-back caching
Data write is done to the memory, and then the client request is completed. Modified memory blocks are stored to the disk later. Each result of a read request is cached in the memory too.
Write-through caching
Data write is done synchronously to the memory and to the disk. Each result of a read request is cached in the memory too.
No caching
Read and write requests are processed by the disk storage without caching.
Set the maximum available cache size
Cache size (MB) 128
< Back　Next >　Cancel　Help

(c)

图 2－102　配置虚拟硬盘

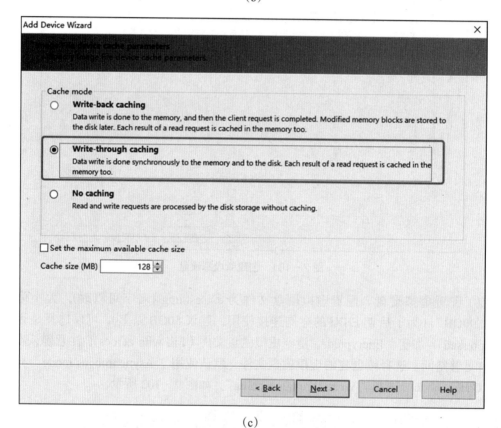

13）选择已有 Target。选择“Attach to the existing target”，将虚拟硬盘关联到已存在的 iSCSI 目标，可选择之前创建的 iSCSI 目标，如图 2－103 所示。

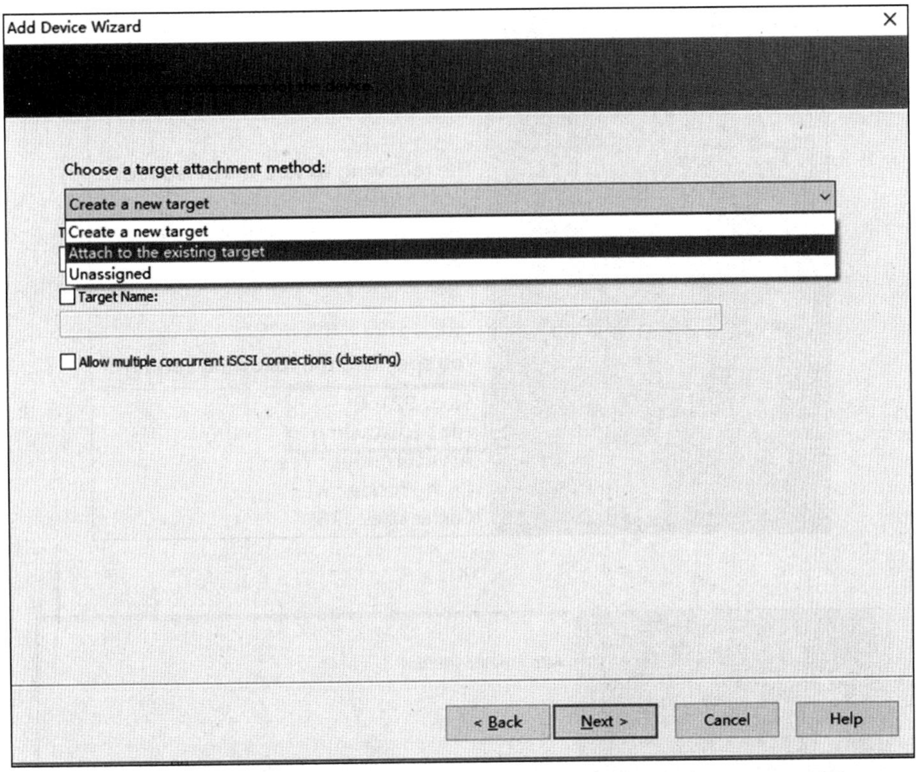

(a)

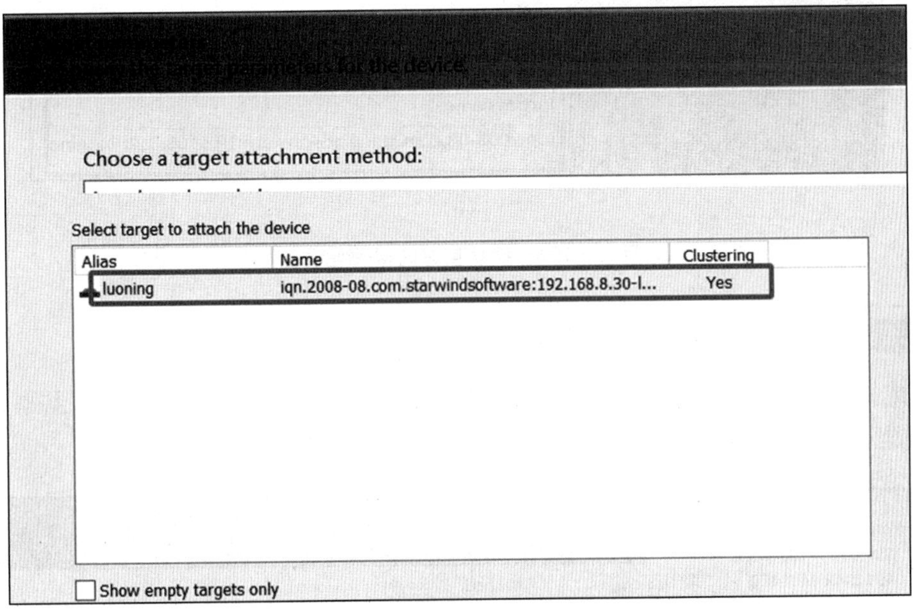

(b)

图 2－103 选择已有 Target

14）确认创建虚拟硬盘设备，如图 2－104 所示。

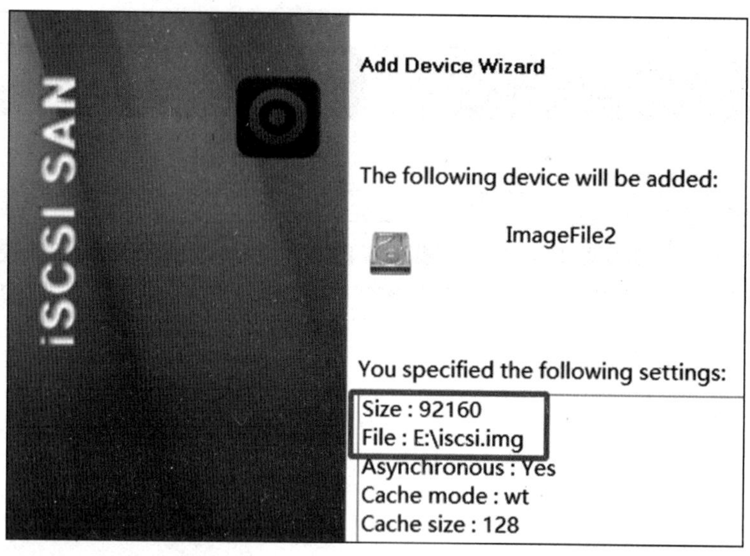

(a)

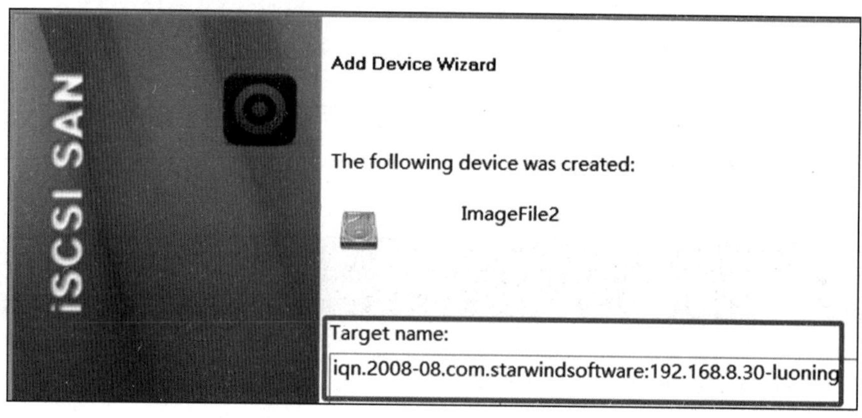

(b)

图 2－104　确认创建虚拟硬盘设备

提示 若添加多个共享盘，可重复上述操作添加 Device。

完成操作后，相关信息将显示在如图 2－105 所示的完成界面，StarWind 共享存储服务端配置完成。创建虚拟硬盘设备，设备关联到之前创建的 iSCSI 目标。

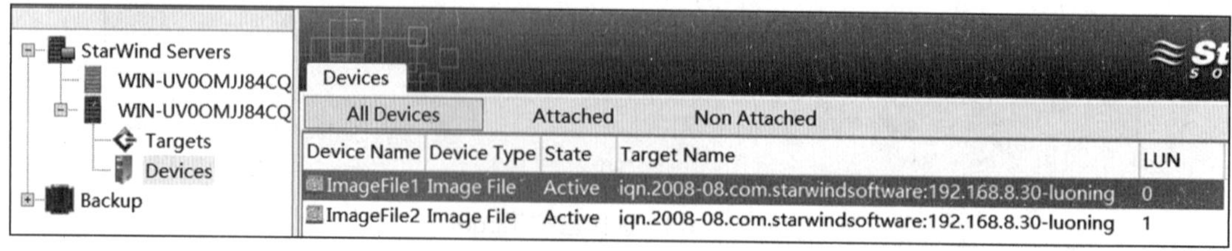

图 2－105　完成界面

15）设置访问权限。

StarWind 默认允许所有 iSCSI 发起者连接。为了安全起见，只允许 ESXi 主机连接到 iSCSI 目标。

选择“Targets”→“Access Rights”，在空白处右击，在弹出的快捷列表中选择“Add Rule”，添加访问权限规则，如图 2－106 所示。

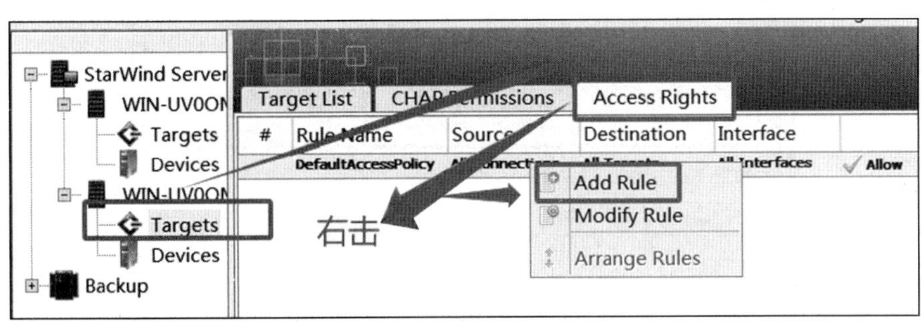

图 2－106　添加访问权限规则

输入“Rule Name”名称，在“Source”选项卡中单击“Add”按钮，选择“Add IP Address”，添加 IP 地址，输入 ESXi 主机 IP 地址 192.168.8.66（提示：ESXi 可以通过此 IP 地址连接设置好的 Targets 客户端），勾选“Set to Allow”复选框，允许多个 ESXi 主机，将每个 ESXi 主机的 IP 地址添加到 Source 列表，如图 2－107 所示。

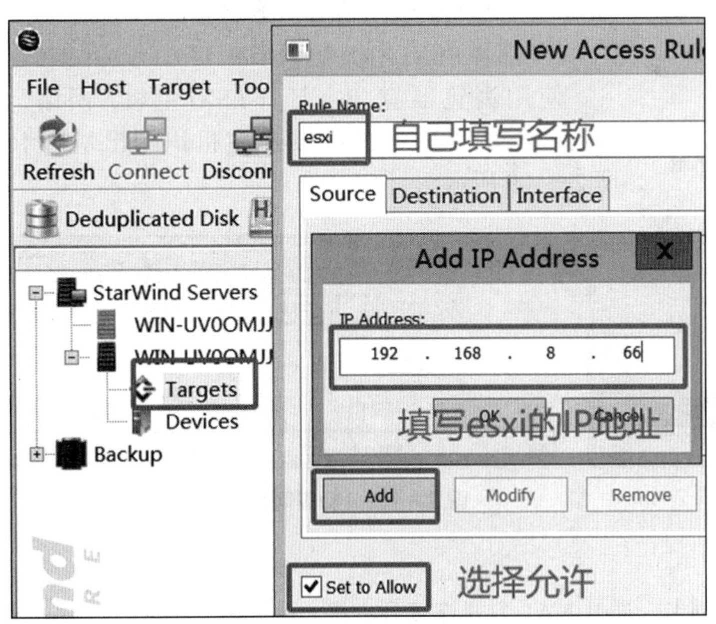

图 2－107　添加 IP 地址

打开“Destination”选项卡，单击“Add”按钮，选择创建的 iSCSI 目标，如图 2－108 所示。

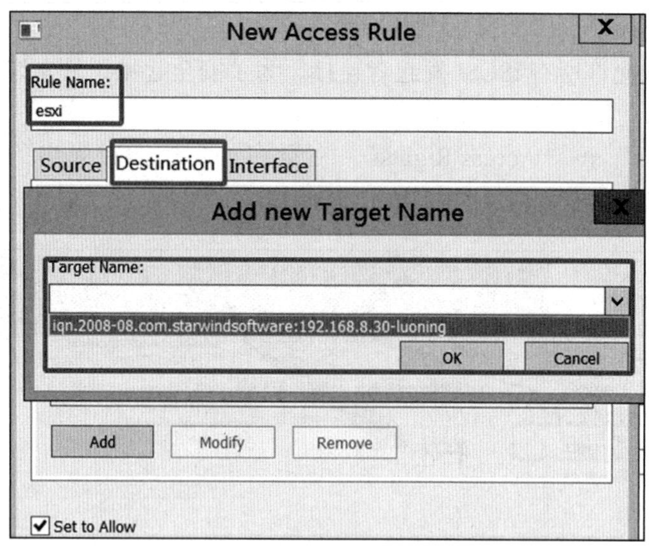

图 2－108　打开“Destination”选项卡

16）修改默认策略。

右击“DefaultAccessPolicy”，选择“Modify Rule”，取消勾选“Set to Allow”复选框。

（7）部署 ESXi 主机 iSCSI 适配器。

部署 ESXi 主机虚拟网络与 iSCSI 存储

在 ESXi 中部署前期在 Windows Server 中配置的 StarWind iSCSI 目标服务器作为存储服务器。

1）部署 ESXi 主机虚拟网络。

使用浏览器登录，打开 ESXi 主机“网络”菜单项的“物理网卡”选项卡，看到 ESXi 主机识别出块网卡“vmnic0”，如图 2－109 所示。

图 2－109　物理网卡

- vmnic0。

ESXi 主机网卡，通过 NAT 方式连接到本机。

- VM Network。

虚拟机端口组，用于虚拟机对外连接。这个端口组会在安装 ESXi 时自动创建。

- vSwitch0。

vSwitch0 虚拟交换机，是在安装 ESXi 时自动创建的。ESXi 主机只有一个网卡，管理流量和虚拟机流量通过 vSwitch0 虚拟交换机，从 vmnic0 传送到外部网络。

- 标准交换机。

vSphere 虚拟交换机分为标准交换机和分布式交换机两种。

vSwitch0 是标准交换机，为虚拟机提供流量管理功能。

ESXi 管理流量和虚拟机流量等数据通过标准交换机传送到外部网络。

- 端口和端口组。

端口和端口组是虚拟交换机上的逻辑对象，为 VMkernel 或 VM 虚拟机提供特定服务。虚拟交换机包含 VMkernel 端口和 VM 虚拟机端口组。

- VMkernel 端口。

VMkernel 端口是为 VMkernel 端口配置 IP 地址的特定虚拟交换机端口，用来支持 ESXi 管理访问、vMotion 虚拟机迁移、iSCSI 存储访问、vSphere FT 容错等特性。VMkernel 端口也被称为 vmknic。

- 虚拟机端口组。

虚拟机端口组是在虚拟交换机上定义的一组具有相同网络配置的端口。这些端口不需要单独配置 IP 地址，而是共享相同的网络设置。它们被设计用来连接多个虚拟机，使这些虚拟机之间能够相互访问，并且允许虚拟机访问外部网络。

- VMkernel 端口组。

ESXi 主机使用端口组来配置 IP 地址，这些端口组工作在第三层，通常被称为“网络接口”。而 VMkernel 端口组是用于连接虚拟机的端口组，不需要配置 IP 地址，工作在第二层。

2）添加端口组，如图 2－110 所示。

在 ESXi 主机中有默认的“vSwitch0”虚拟交换机，利用默认的虚拟交换机可创建端口组。

打开“端口组”选项卡，单击“添加端口组”，在名称处填写新添加端口组的名称，虚拟交换机选择“vSwitch0”，最后单击“添加”按钮。可在“端口组”选项卡中查看新添加的端口组。

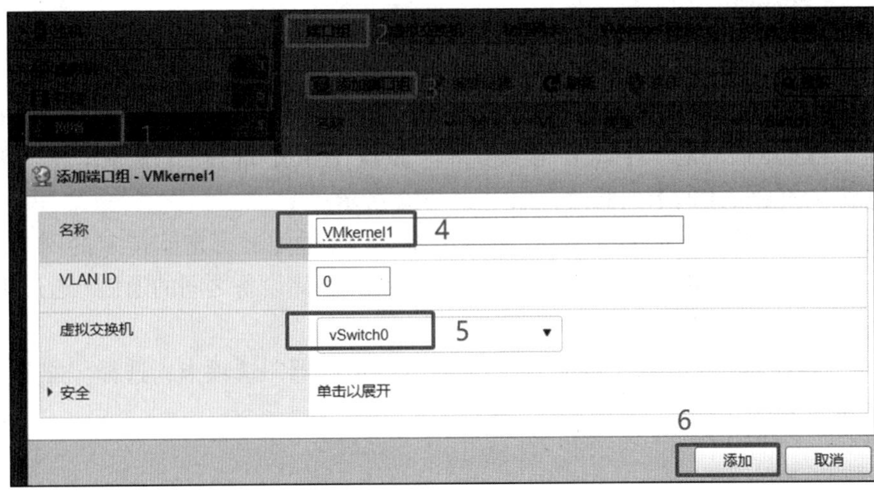

（a）

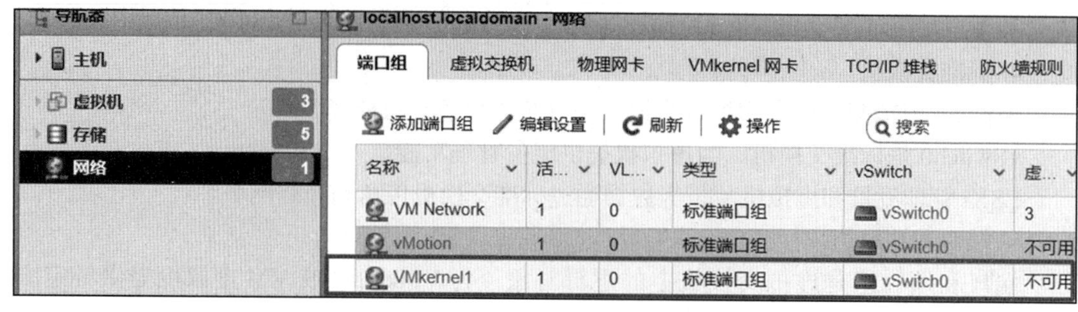

（b）

图 2－110　添加端口组

3）编辑端口组 VMkernel。

VMkernel 提供处理 vSphere vMotion、IP 存储、Fault Tolerance、vSAN 等服务的标准系统流量与主机的连接。在源目标 vSphere Replication 主机上创建 VMkernel 隔离复制数据流量的适配器。

在“端口组”选项卡中右击“VMkernel1”，在弹出的快捷列表中选择“编辑设置”，如图 2－111 所示。

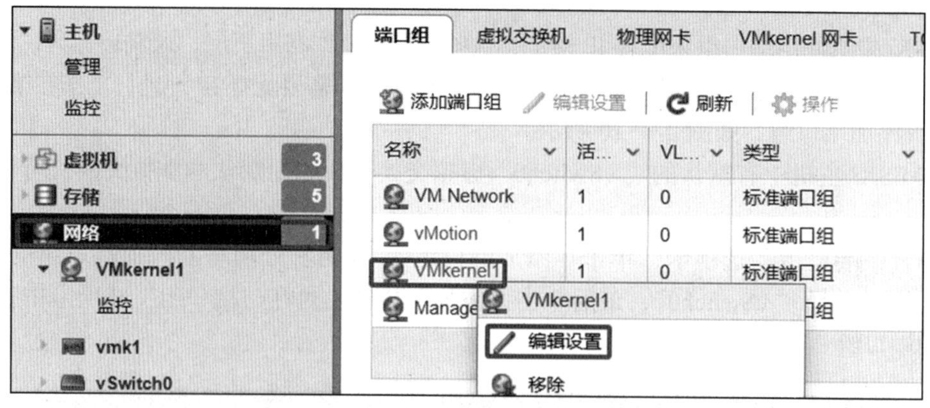

图 2－111　编辑设置端口组

在“IPv4 设置”中选择“静态”，填写其 ESXi 主机的 IP 地址为“192.168.8.67”，子网掩码为“255.255.255.0”，TCP/IP 堆栈选择“默认 TCP/IP 堆栈”，服务勾选“管理”复选框，完成 VMkernel1 网卡的修改，如图 2－112 所示。

使用 iSCSI 存储时，需要在 ESXi 主机上将 iSCSI 适配器绑定到特定的网络端口组。此操作是为了确保 iSCSI 通信（即 ESXi 主机与 iSCSI 存储设备之间的通信）通过正确的网络路径进行，如图 2－113 所示。

4）在“导航器”中选择“存储”，然后打开“适配器”选项卡，选择“配置 iSCSI”，如图 2－114 所示。

编辑设置 - vmk1

端口组	VMkernel1
MTU	1500
IP 版本	IPv4 和 IPv6
IPv4 设置	
配置	DHCP 静态
地址	192.168.8.67
子网掩码	255.255.255.0
IPv6 设置	单击以展开
TCP/IP 堆栈	默认 TCP/IP 堆栈
服务	vMotion 置备 Fault Tolerance 日志记录 管理 复制 NFC 复制

保存 取消

图 2-112 完成 VMkernel1 网卡的修改

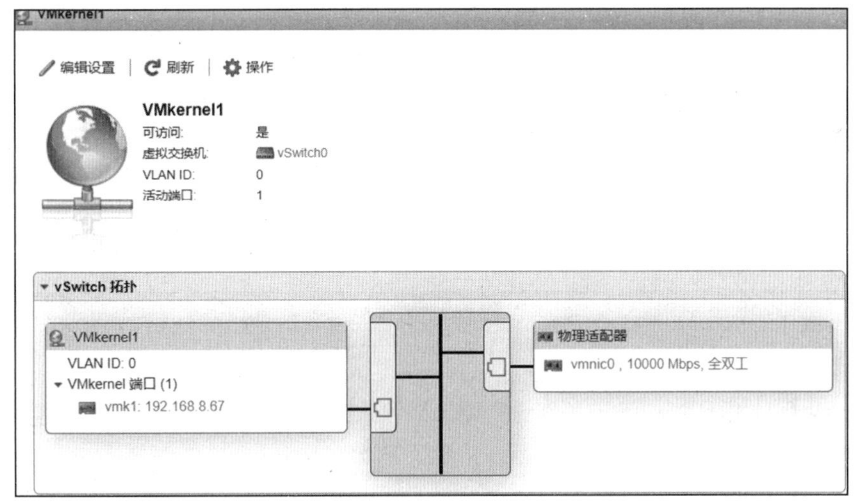

图 2-113 iSCSI 存储网络端口组

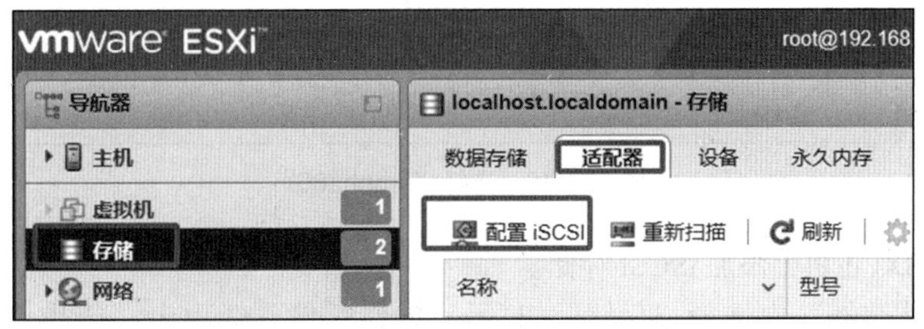

图 2-114 配置 iSCSI

在“网络端口绑定”处添加端口绑定，选择“vmk1”的iSCSI存储端口组，添加动态目标，在地址栏输入iSCSI存储器的IP地址“192.168.8.30”(这是Windows系统中安装StarWind服务端的系统的IP地址)，单击“保存配置”按钮，完成iSCSI适配器的添加，如图2-115所示。

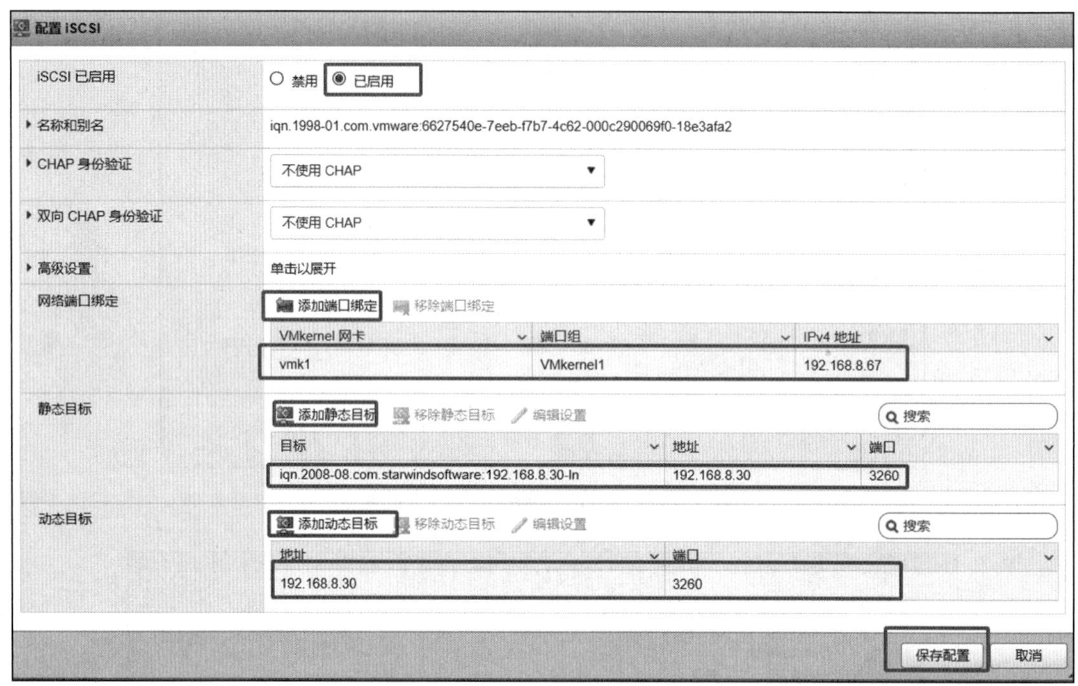

图2-115　添加iSCSI适配器

5）在“存储”菜单中打开“适配器”选项卡，选择“vmhba65”，如图2-116所示。

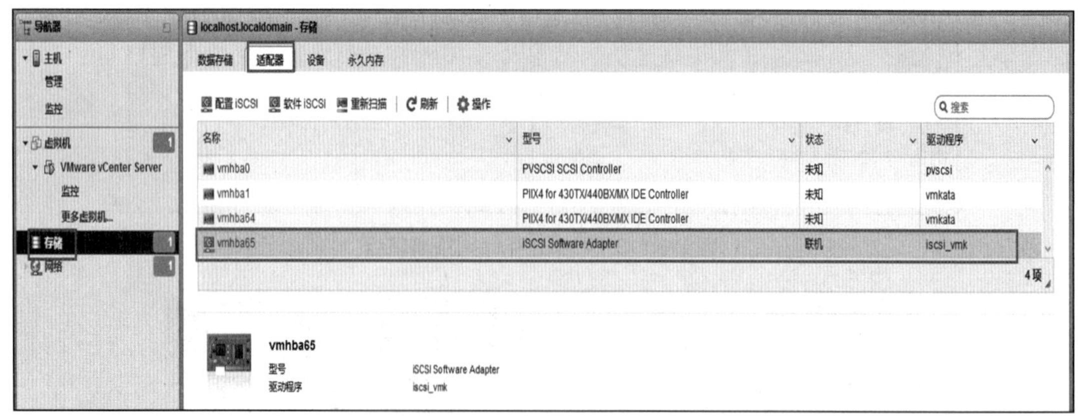

图2-116　选择“vmhba65”

6）在ESXi主机上添加iSCSI存储。

①在“导航器”中选择“存储”，打开“数据存储”选项卡，选择“新建数据存

储”→“1 选择创建类型”→“创建新的 VMFS 数据存储”，如图 2-117 所示。

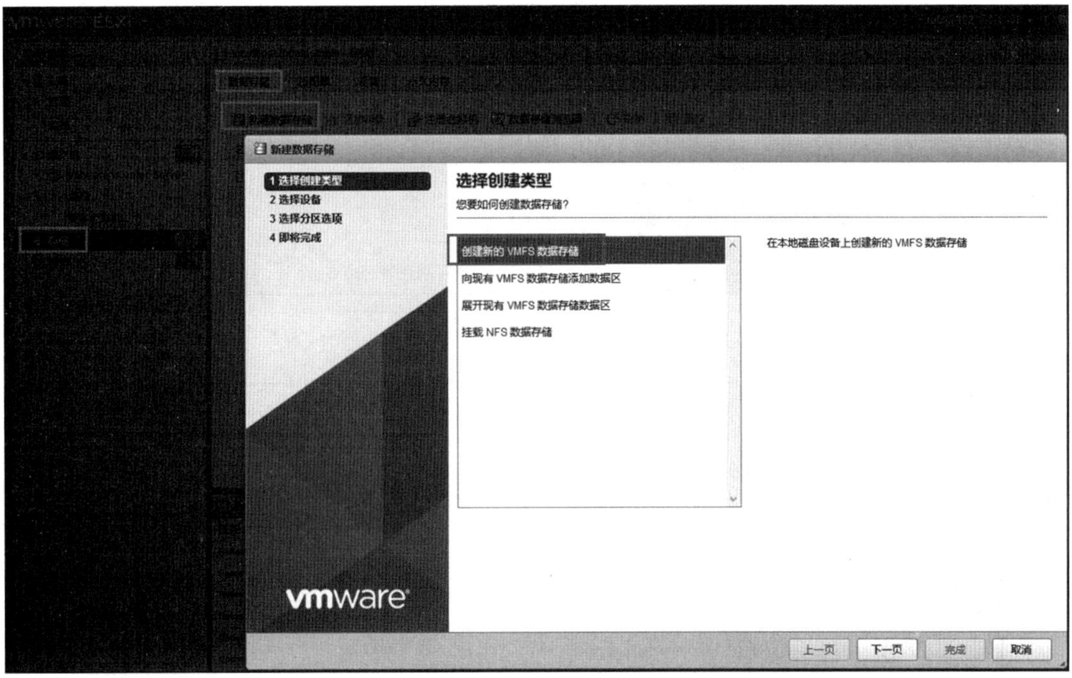

图 2-117 新建数据存储

②在“选择设备”界面，输入数据存储名称，选中创建新的 VMFS 数据存储，如图 2-118 所示。

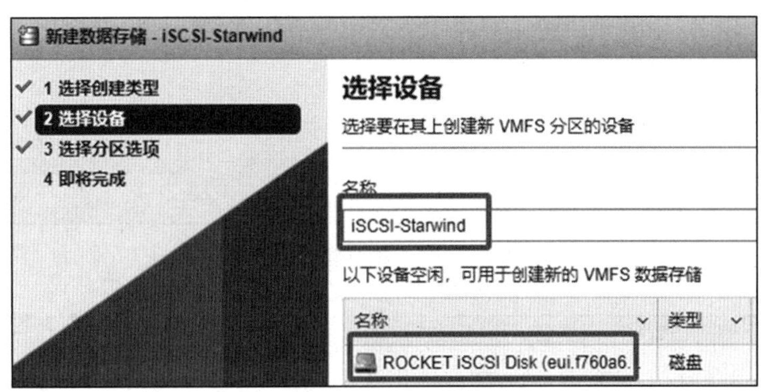

图 2-118 选择设备

③选择分区选项，使用全部磁盘，文件系统版本为“VMFS 6”，如图 2-119 所示。

④进入“新建数据存储”的“即将完成”界面，如图 2-120 所示。

⑤确认警告信息，如图 2-121 所示。

⑥查看已添加好的 iSCSI 数据存储，如图 2-122 所示。

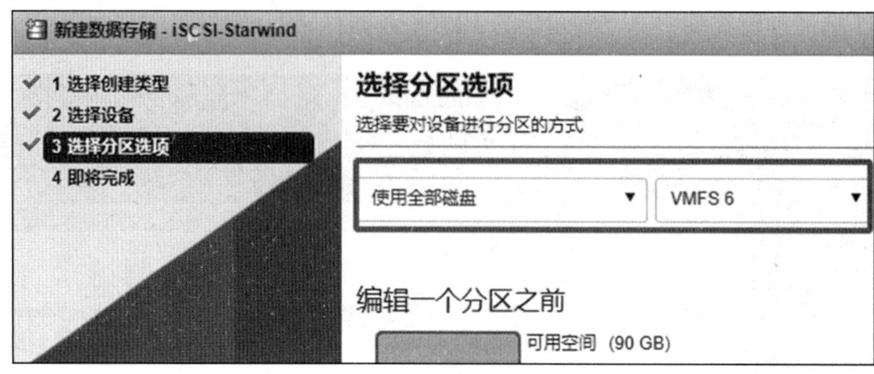

图 2-119　选择分区选项

图 2-120　"即将完成"界面

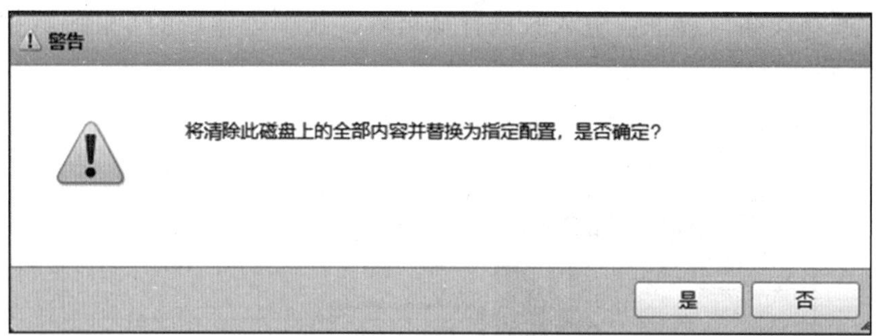

图 2-121　确认警告信息

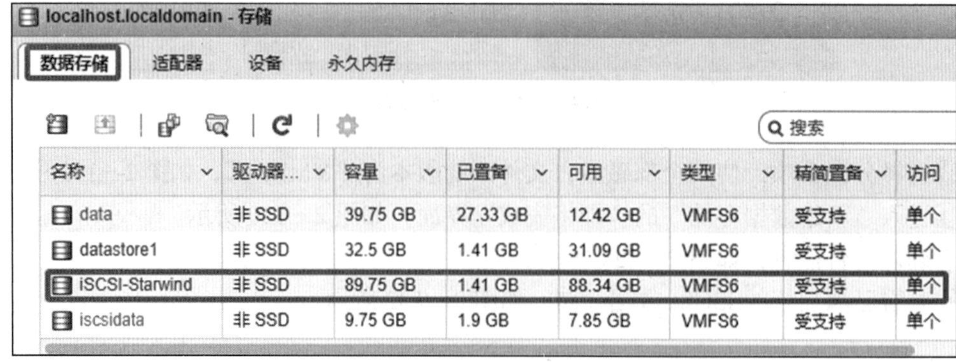

图 2-122　查看已添加好的 iSCSI 数据存储

7）iSCSI 共享存储。

创建新虚拟机时，选择使用 iSCSI 共享存储。

①在“导航器”中，选择“虚拟机”，然后单击“创建 / 注册虚拟机”，选择“1 选择创建类型”→“创建新虚拟机”，如图 2－123 所示。

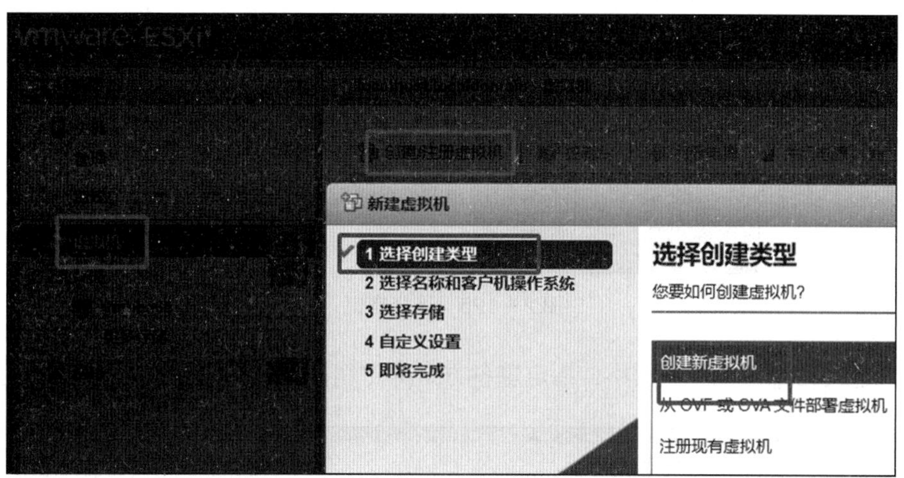

图 2－123　创建新虚拟机

②选择名称和客户机操作系统。输入名称，安装“win10”操作系统，兼容性选择“ESXi 6.7 虚拟机”，客户机操作系统系列选择“Windows”，客户机操作系统版本选择“Microsoft Windows 10（64 位）”，如图 2－124 所示。

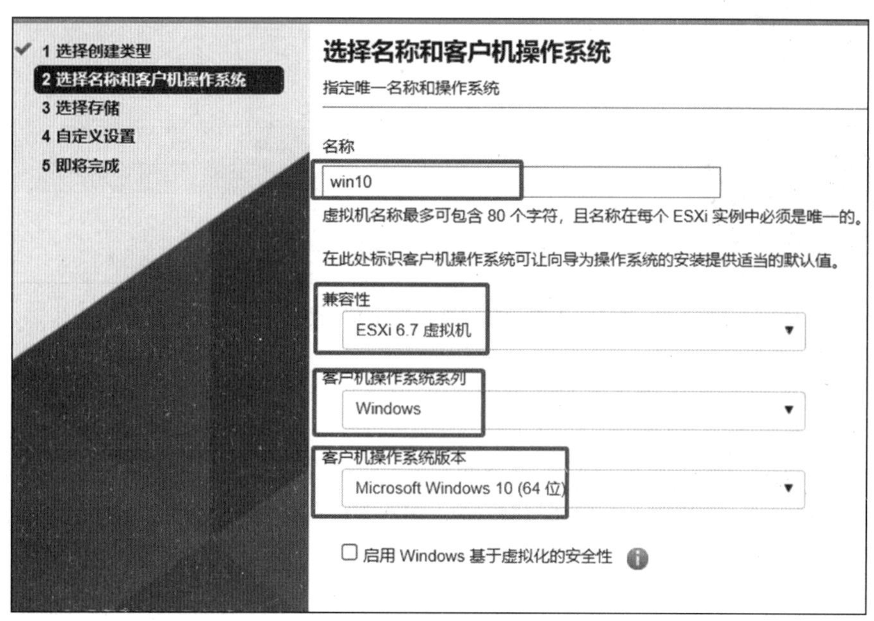

图 2－124　选择名称和客户机操作系统

③选择存储。将虚拟机保存在“iSCSI-Starwind”存储中，如图 2－125 所示。

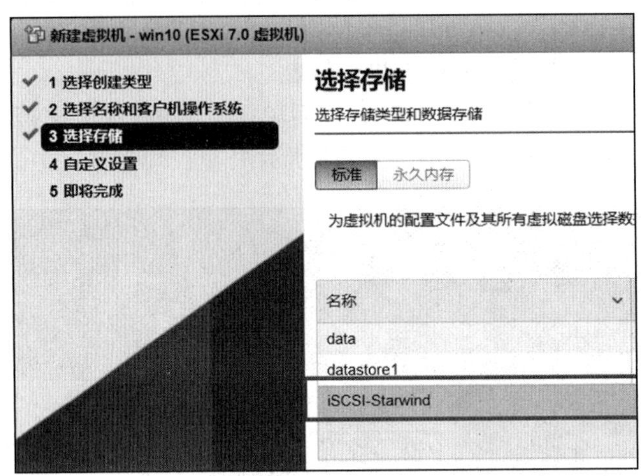

图 2－125　选择存储

④自定义设置虚拟硬盘大小，指定置备方式为“精简置备”，如图 2－126 所示。

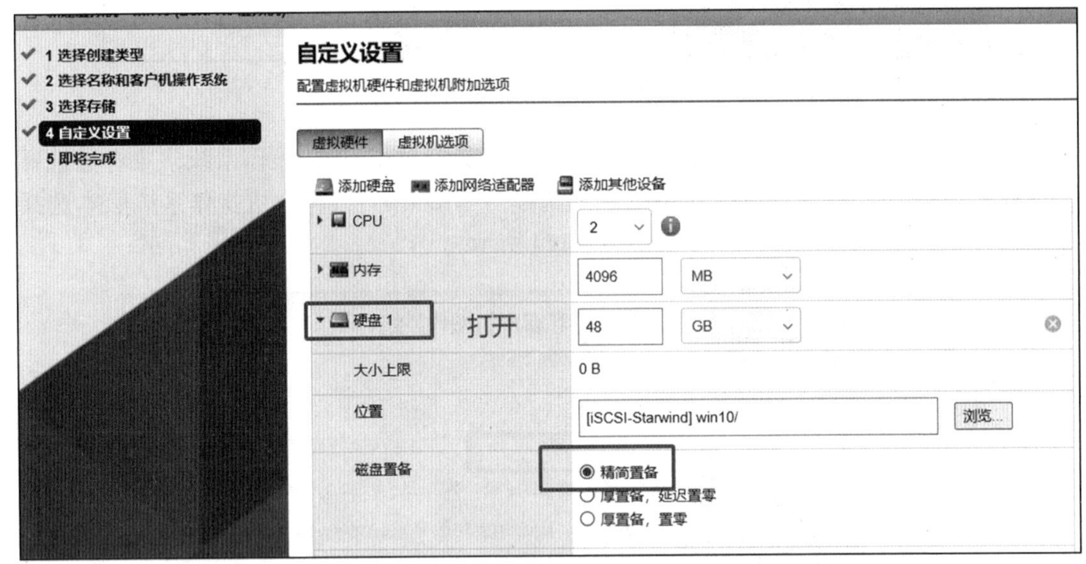

图 2－126　自定义设置虚拟硬盘大小

在 VMware ESXi 中，虚拟硬盘主要有三种格式：

- 厚置备延迟置零（Zeroed Thick）。

在创建过程中为虚拟硬盘分配所需空间，不会擦除物理设备上保留的任何数据，以后从虚拟机首次执行写操作时会按需将其置零，可理解为立刻分配指定大小的空间，空间内的数据暂时不清空，以后按需清空。

- 厚置备置零（Eager Zeroed Thick）。

创建支持群集功能（如 Fault Tolerance）的厚磁盘，在创建过程中为虚拟磁盘分配所需的空间。这种格式在创建过程中会将物理设备上保留的数据置零。创建这种格式的硬磁盘所需的时间可能会比创建其他类型的硬盘长，可以理解为立刻分配指定大小的空间，并将该空间内的所有数据清空。

● 精简置备（Thin）。

最初，精简置备的硬盘只使用该硬盘最初所需要的数据存储空间。如果以后精简硬盘需要更多空间，则它可以增加到为其分配的最大容量，可以理解为该硬盘文件指定增加最大空间，要增加时检查是否超过限额。

创建虚拟机时，硬盘类型建议选择精简置备，安装好系统后，硬盘只使用最初所需要的数据存储空间，如果硬盘容量不足，除了扩容以外还可以先暂时关闭不再使用的机器来释放空间，这样可以达到节省硬盘空间的目的。

⑤单击“iSCSI-Startwind”，选择“数据存储浏览器”，弹出界面，在iSCSI存储中创建新的虚拟机文件，如图2-127所示。

图 2-127 数据存储浏览器

将虚拟机文件保存在iSCSI存储上，虚拟机硬盘不在ESXi主机上保存。虚拟机CPU、内存等硬件资源在ESXi主机上运行，虚拟机硬盘保存在网络存储上，计算、存储资源分离。

任务 2.4 vCenter Server 的部署与运维

VMware vCenter Server 是 VMware vSphere 平台的组成之一，是管理ESXi主机的重要工具。它将单点登录、资产管理和管理网页客户端集成至单一的主机中。

vCenter Server 提供了ESXi主机管理、虚拟机管理、模板管理、虚拟机部署、任务调度、统计与日志、警报与事件管理等特性，vCenter Server 还提供了很多适应现代数据中心的高级特性，如在线迁移（vSphere vMotion）、分布式资源调度（vSphere DRS）、高可用性（vSphere HA）及物理机与虚拟机之间的转换等。

VMware vCenter Server 安装

2.4.1 VMware vCenter Server 的安装

（1）从官方网站下载“VMware-VCSA-all-6.7.0-9451876.iso”光盘映像文件，如图2-128所示。

VMware-VCSA-all-6.7.0-9451876.iso	2023/10/4 13:46	光盘映像文件	3,562,340...
Wireshark-win64-3.6.0.msi	2021/11/24 17:40	Windows Install...	49,560 KB

图 2-128 下载光盘映像文件

（2）右击操作系统，在弹出的快捷列表中选择“装载”，如图 2－129 所示。

图 2－129　选择“装载”

（3）选择“vcsa-ui-installer”，如图 2－130 所示。双击打开安装程序“installer.exe”，如图 2－131 所示。

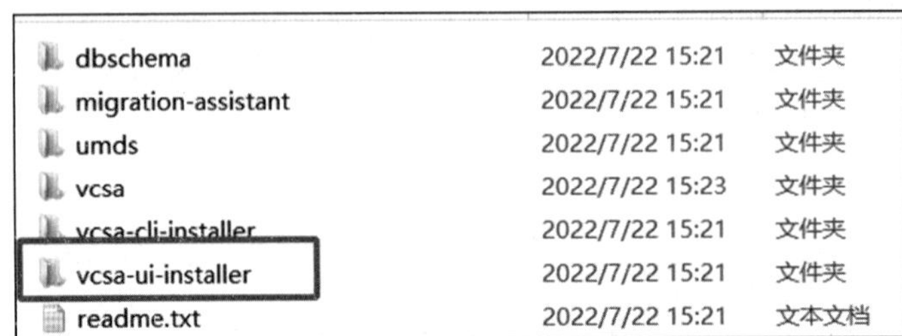

dbschema	2022/7/22 15:21	文件夹
migration-assistant	2022/7/22 15:21	文件夹
umds	2022/7/22 15:21	文件夹
vcsa	2022/7/22 15:23	文件夹
vcsa-cli-installer	2022/7/22 15:21	文件夹
vcsa-ui-installer	2022/7/22 15:21	文件夹
readme.txt	2022/7/22 15:21	文本文档

图 2－130　选择“vcsa-ui-installer”

名称	修改日期	类型
locales	2022/7/22 15:21	文件夹
resources	2022/7/22 15:21	文件夹
swiftshader	2022/7/22 15:21	文件夹
chrome_100_percent.pak	2022/5/10 17:36	PAK 文件
chrome_200_percent.pak	2022/5/10 17:36	PAK 文件
d3dcompiler_47.dll	2022/5/10 17:36	应用程序扩展
ffmpeg.dll	2022/5/10 17:36	应用程序扩展
icudtl.dat	2022/5/10 17:36	DAT 文件
installer.exe	2022/5/10 17:36	应用程序
libEGL.dll	2022/5/10 17:36	应用程序扩展

图 2－131　打开安装程序

（4）单击“Install”进行安装，如图 2－132 所示。

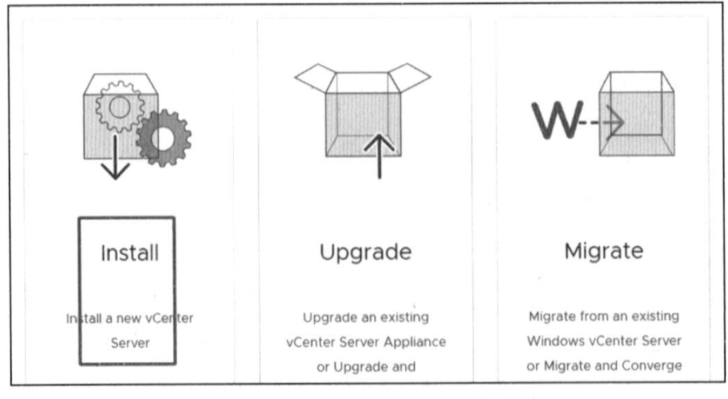

图 2－132　单击“Install”进行安装

（5）在“Introduction”界面中单击“NEXT”按钮进入下一步，如图 2－133 所示。

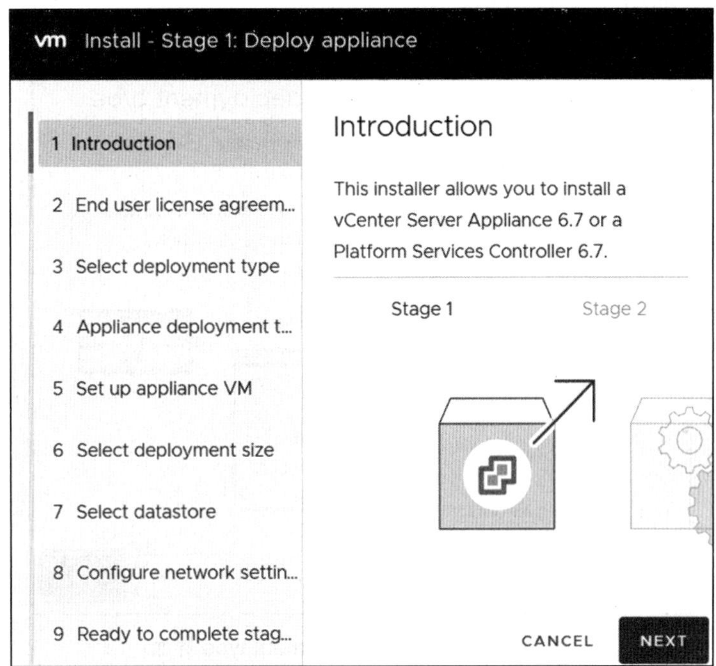

图 2－133 “Introdction”界面

（6）勾选接受许可协议条款，单击“NEXT”按钮，如图 2－134 所示。

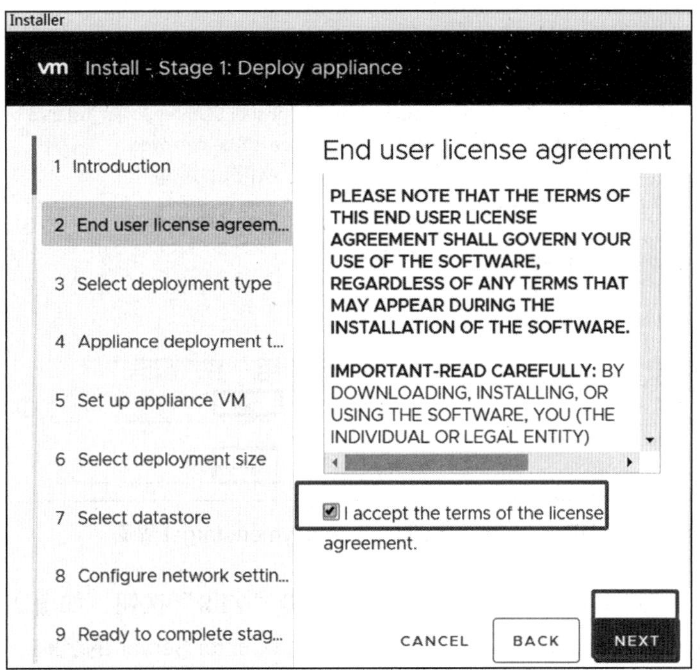

图 2－134 接受许可协议条款

在“Select deployment type”界面中，单击“Embedded Platform Services Controller”下方的单选按钮，如图 2-135 所示。

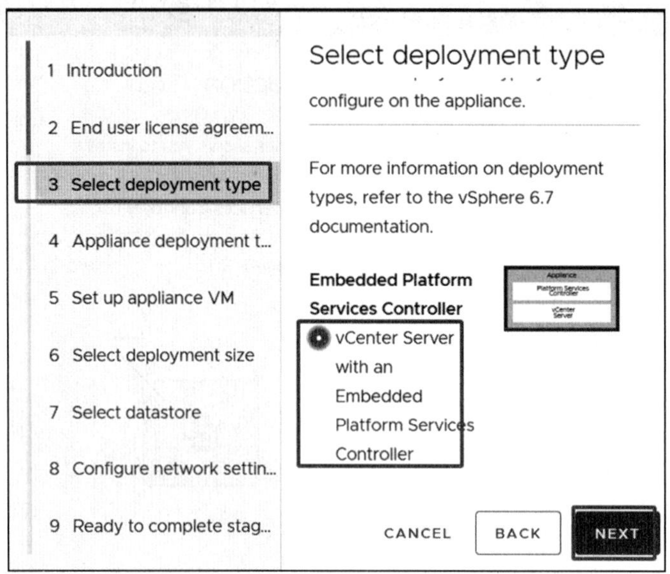

图 2-135　Select deployment type 界面

（7）在“Appliance deployment target”界面中，填写 ESXi 主机名或 IP 地址（如 ESXi 的 IP 地址是“192.168.8.66”），输入用户名“root”和密码（ESXi 的密码），端口采用默认值，如图 2-136 所示。

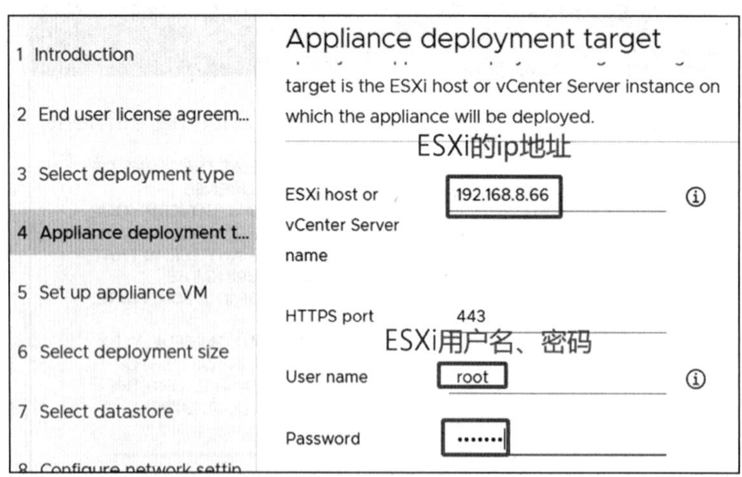

图 2-136　Appliance deployment target 界面

（8）在“Certificate Warning”对话框中，单击“YES”按钮，如图 2-137 所示。

（9）在“Set up appliance VM”界面中，设置 vCenter Server 的名称、密码（含大小写字母、特殊字符、数字），密码是登录 VC 控制台 root 的密码，如图 2-138 所示。

图 2－137　Certificate Warning 对话框

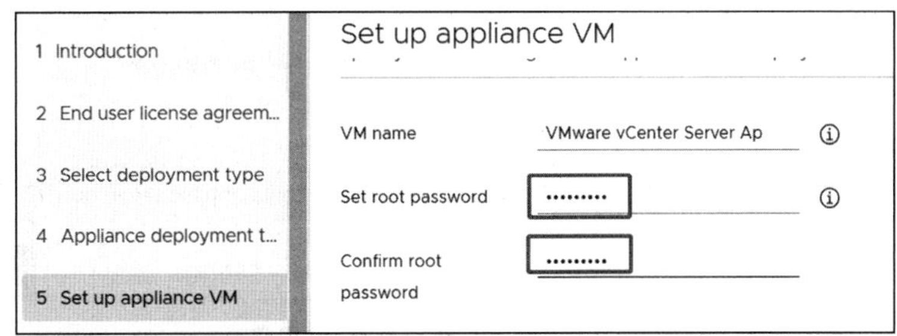

图 2－138　Set up appliance VM 界面

（10）部署内存。在“Select deployment size”界面中，“Deployment size”选择“Tiny”(若这里内存无法选择，可以修改配置文件)，如图 2－139 所示。

提示 ESXi 内存不足，要增加内存到 10GB 以上。

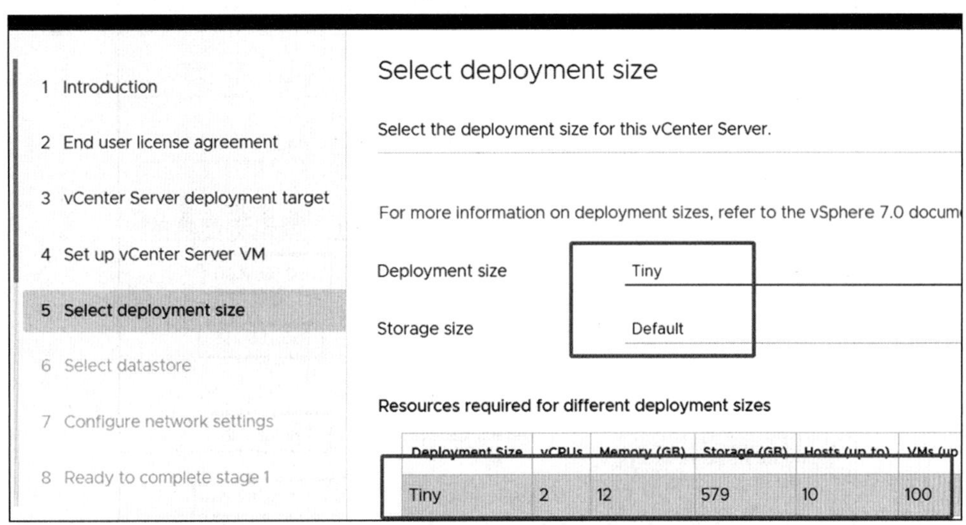

图 2－139　Select deployment size 界面

（11）在“Select datastore”界面中选择在 ESXi 主机的存储位置，这里选择“data”，勾选“Enable Thin Disk Mode”复选框，如图 2－140 所示。

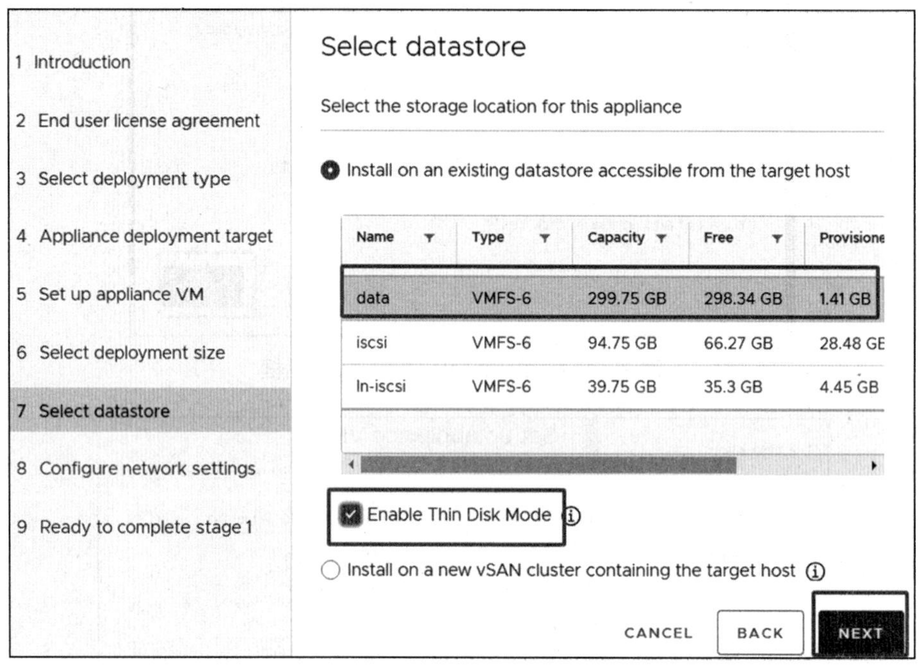

图 2－140　Select datastore 界面

（12）配置 vCenter Server 的网络信息，如图 2－141 所示。若第二个模块出现错误，可以将原 DNS 的值 114.114.114.114 修改成 8.8.8.8，打开浏览器删除原来安装的 vCenter，再重新安装一次。

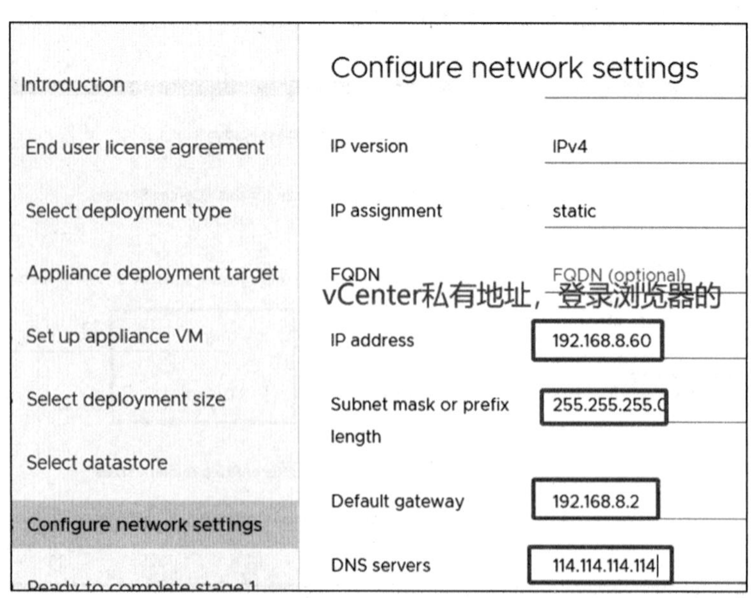

图 2－141　配置 vCenter Server 的网络信息

（13）在“Ready to complete stage 1”界面中，查看配置完成后的信息，如图 2－142 所示。

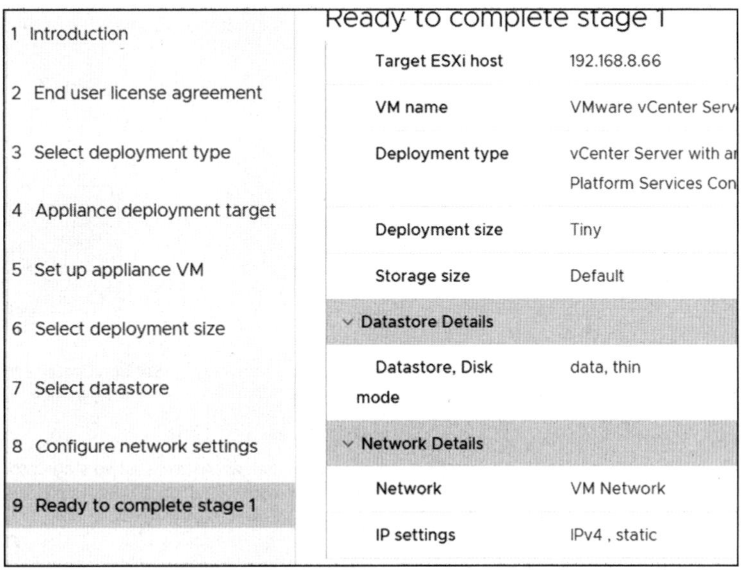

图 2－142 查看配置完成后的信息

（14）安装过程，如图 2－143 所示。

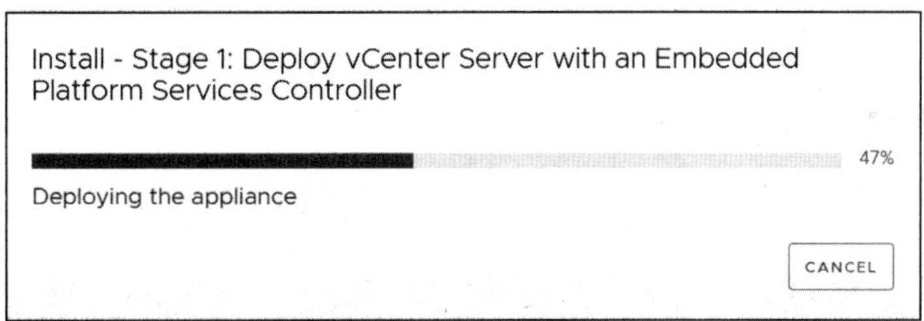

图 2－143 安装过程

（15）单击“CONTINUE”按钮继续，进入下一阶段，如图 2－144 所示。

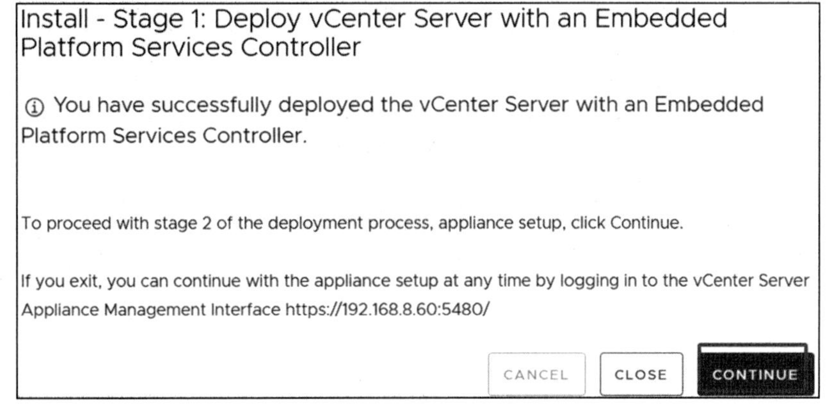

（a）

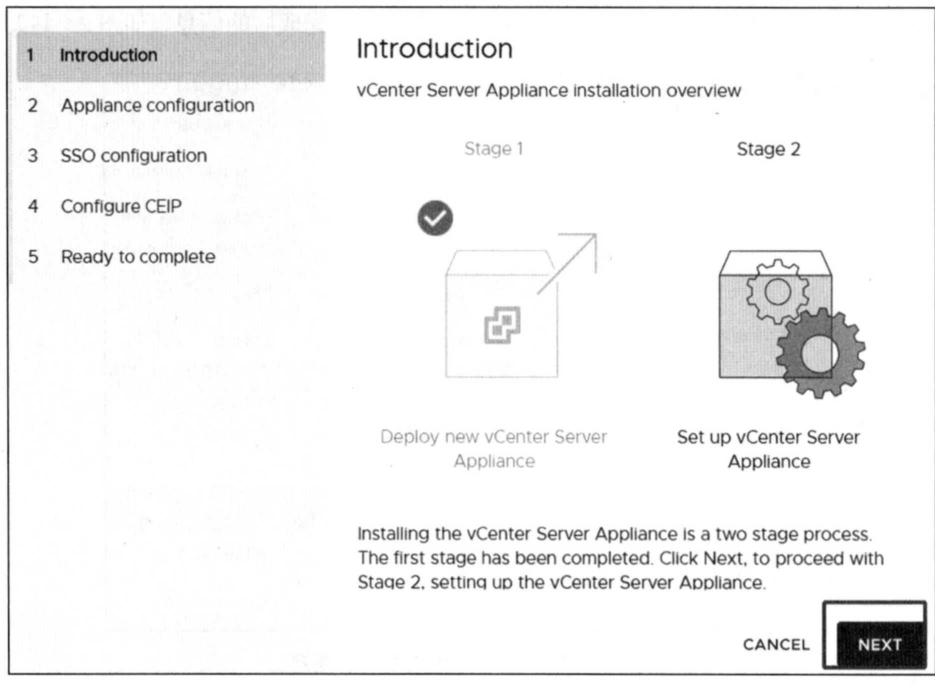

（b）

图 2-144　进入下一阶段

（16）时间同步。在“vCenter Server Configuration”界面中，选择与 ESXi 主机同步，“SSH access”选择“Enable”，如图 2-145 所示。

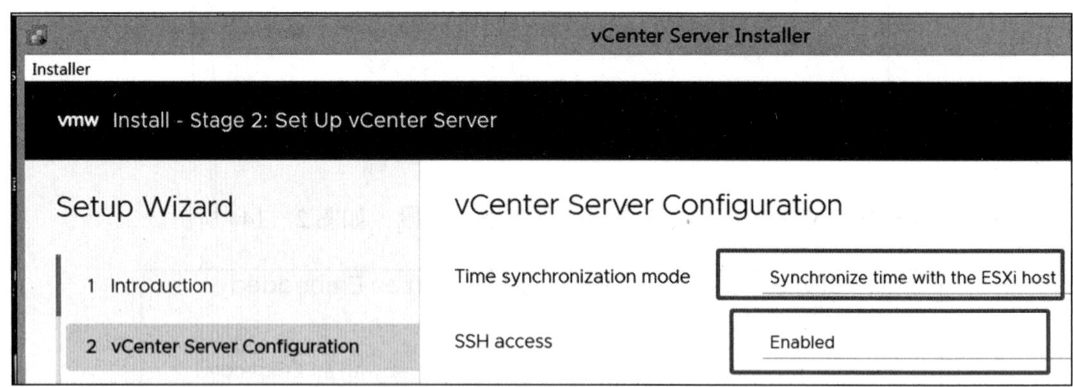

图 2-145　时间同步

（17）配置 SSO 信息。Single Sign-On domain name 填写“vsphere.local”，Single Sign-On username 是“administrator”，password 要求包含大小写字母、特殊字符、数字（如 Admin@123），如图 2-146 所示。

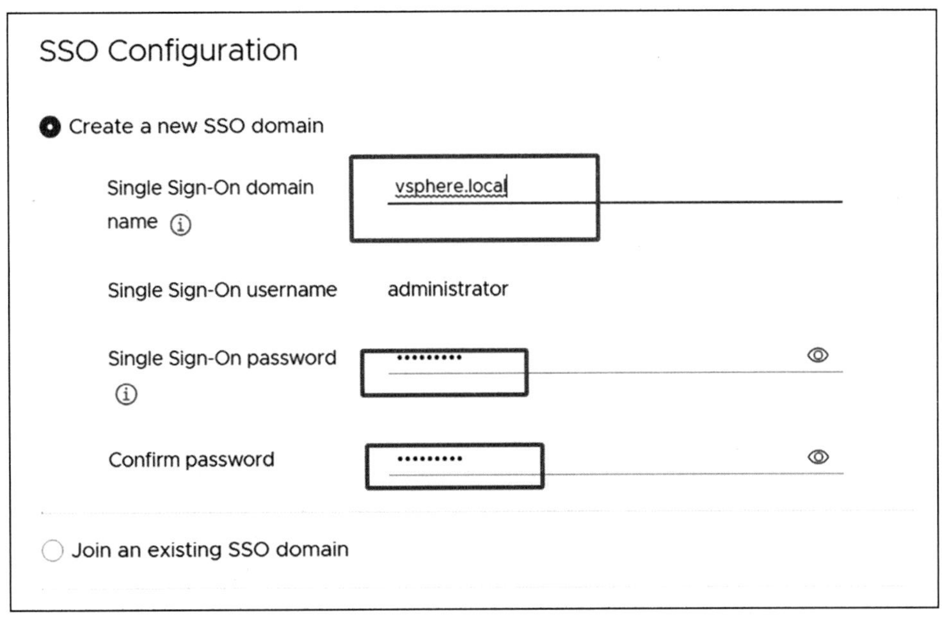

图 2－146　配置 SSO 信息

（18）选择是否参与客户体验，这里可以不选，如图 2－147 所示。

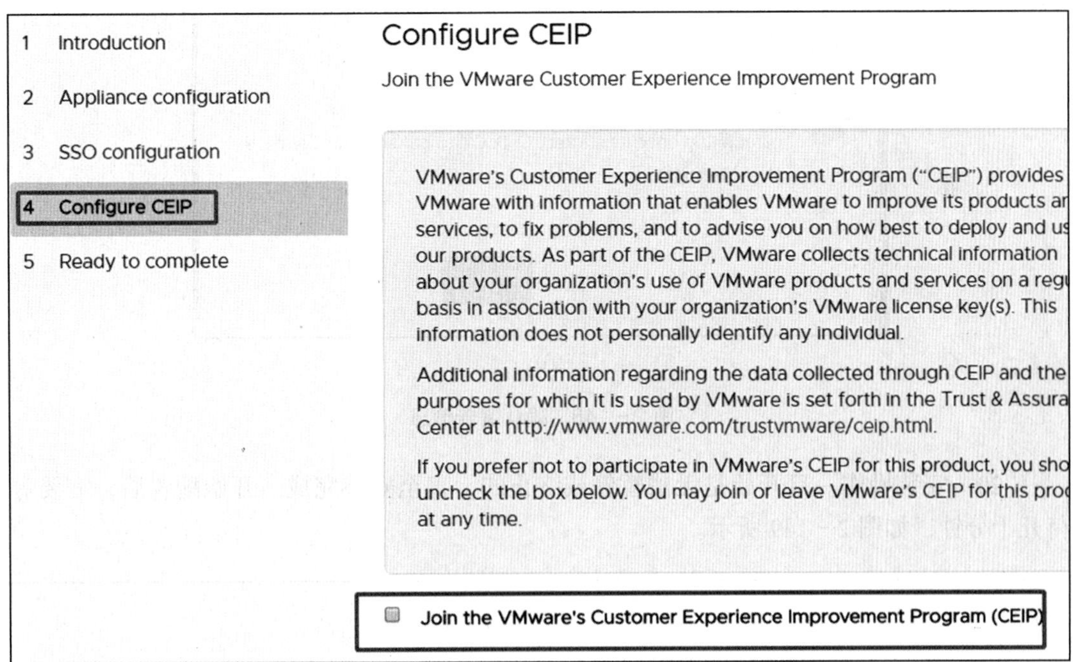

图 2－147　选择是否参与客户体验

（19）单击“FINISH”按钮，并确认警告信息，如图 2－148 所示。

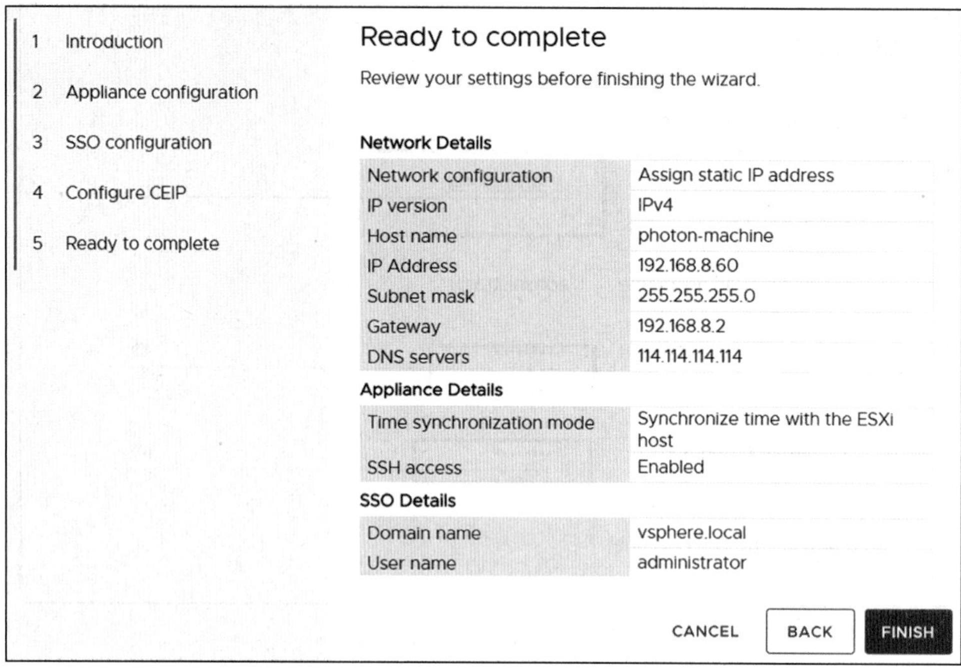

(a)

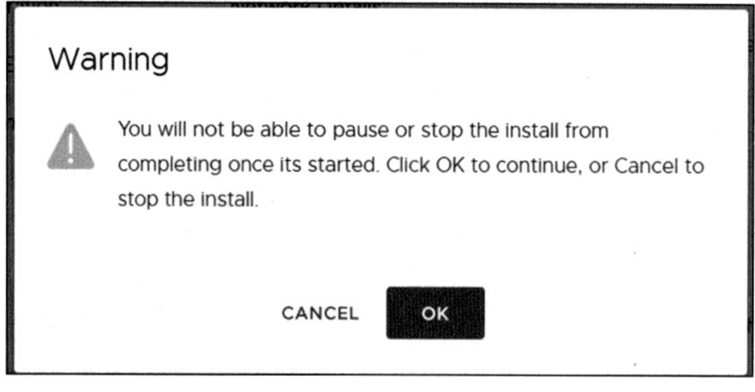

(b)

图 2-148　确认警告信息

（20）安装操作一旦开始是无法暂停或终止的，直至安装完成。开始配置后，需要等待几十分钟，如图 2-149 所示。

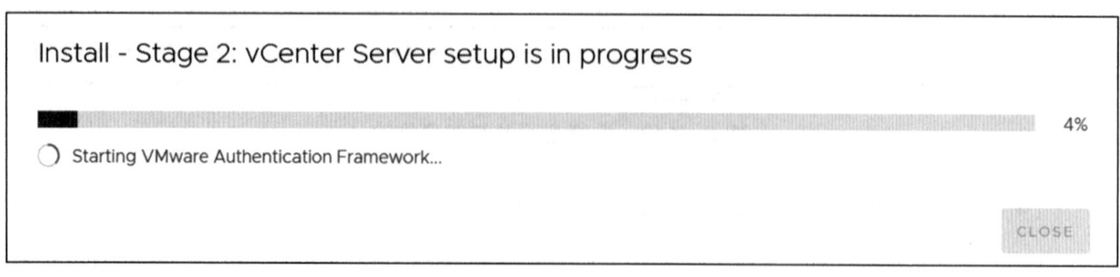

图 2-149　开始配置

（21）在浏览器中输入 vCenter 安装完成的 IP 地址“192.168.8.60”，服务开启比较慢，需要等待（可能会是十几分钟），选择“隐藏高级”，单击“继续访问 192.168.8.60（不安全）”，如图 2－150 所示。

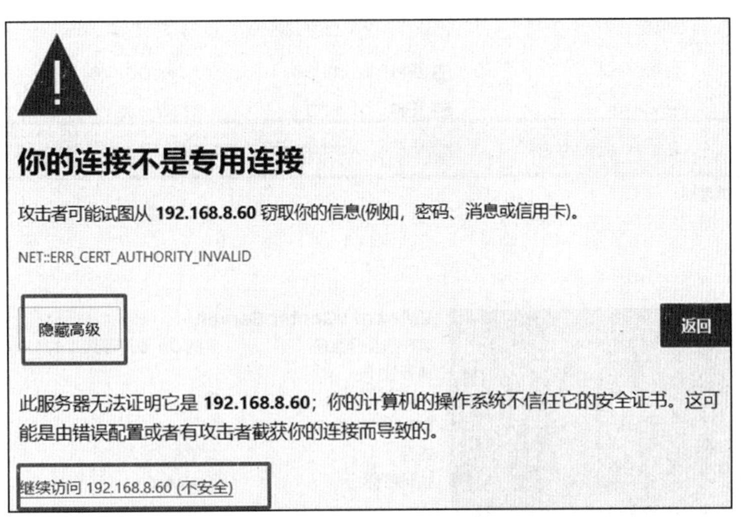

图 2－150　隐藏高级并继续访问

访问 IP 地址后的页面，如图 2－151 所示。

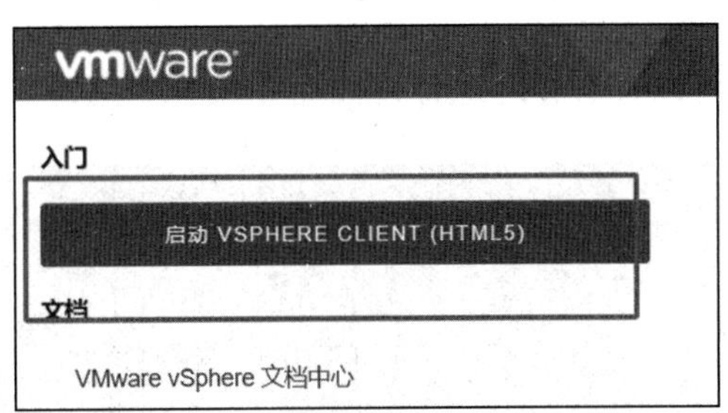

图 2－151　访问 IP 地址后的页面

在登录界面输入用户名和密码，密码是单点登录时配置的 SSO 信息，如图 2－152 所示。

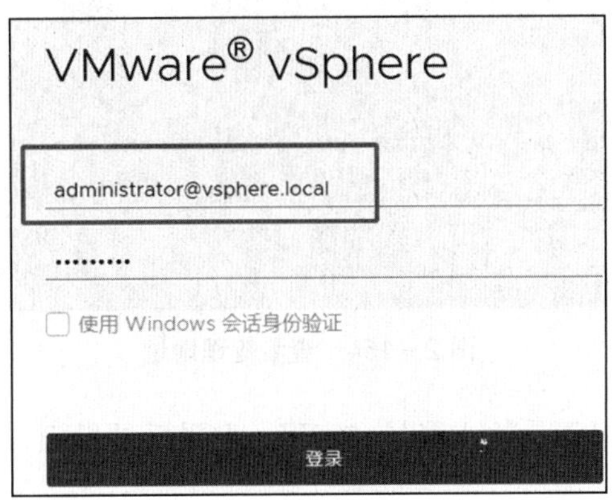

图 2－152　登录界面

（22）在 ESXi 管理界面，配置 vCenter Server 的虚拟机，如图 2－153 所示。

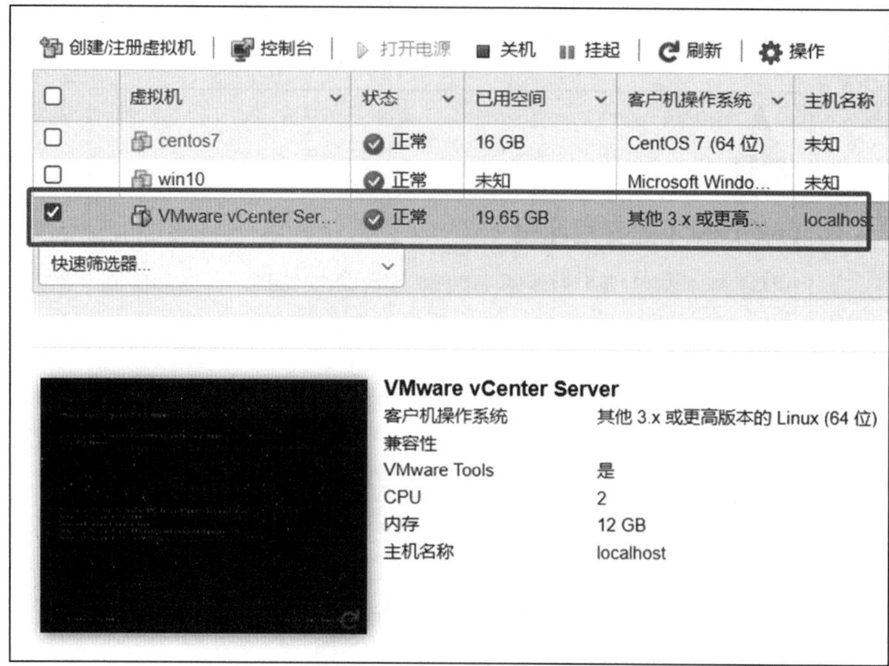

图 2－153　配置 vCenter Server 的虚拟机

（23）开机完成后，可以查看管理地址，如图 2－154 所示。

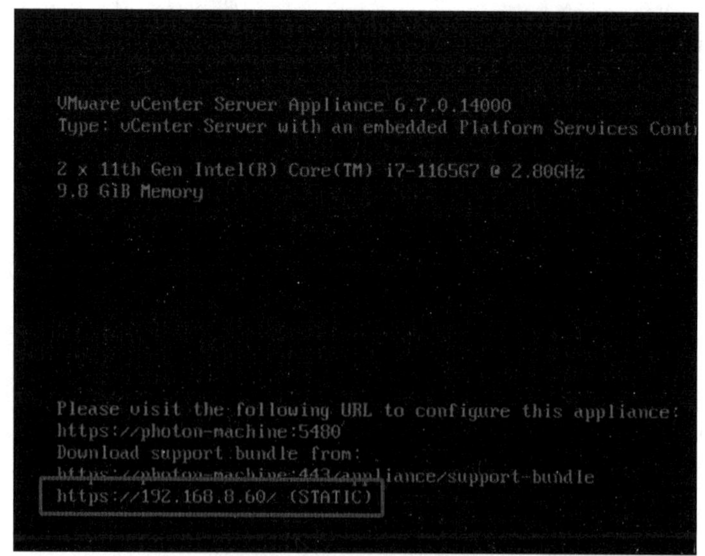

图 2－154　查看管理地址

（24）进入管理地址界面，输入账号和密码。登录后的界面，如图 2－155 所示。

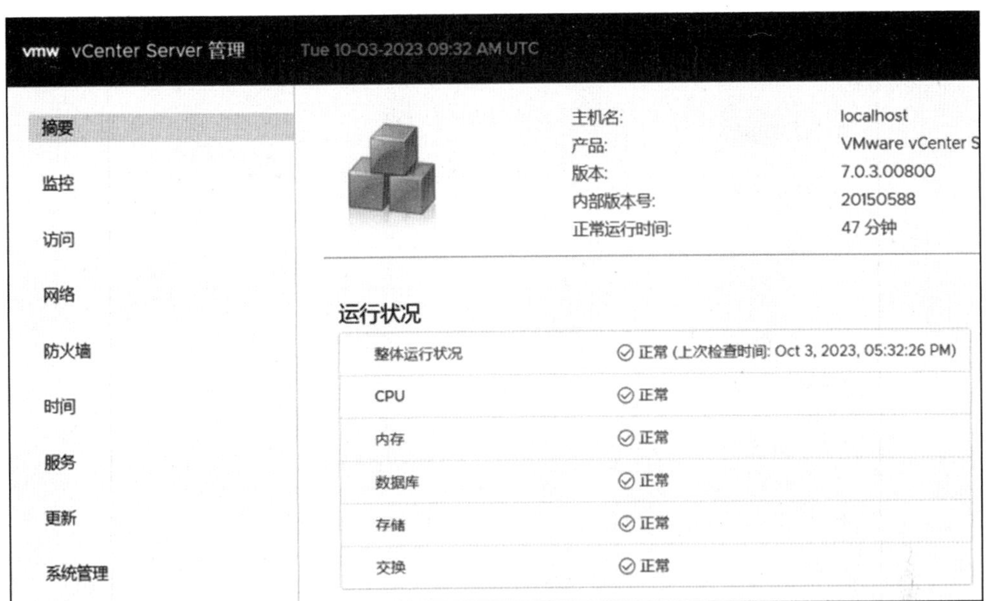

图 2－155　登录后的界面

将 ESXi 加入 vCenter 中，可以同时管理多台 ESXi 主机，使用从模板部署、克隆等功能。

（25）许可证管理。单击“管理您的许可证”，然后单击“许可证”和“添加新许可证”，如图 2－156 所示。

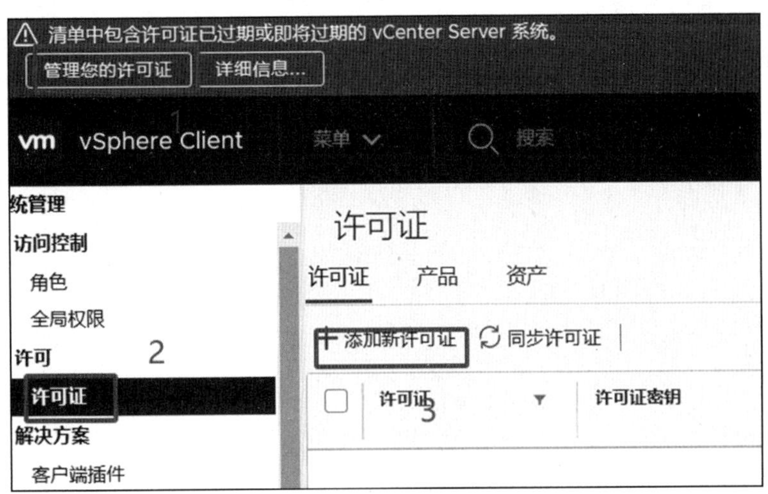

图 2－156　许可证管理

从网络中搜索可以得到许可证，然后添加新许可证，如图 2－157 所示。以下是 6.7 的许可证密钥：

- vCenter: 0A0FF-403EN-RZ848-ZH3QH-2A73P；
- vSphere: JV425－4h100-vzhh8-q23np-3a9pp。

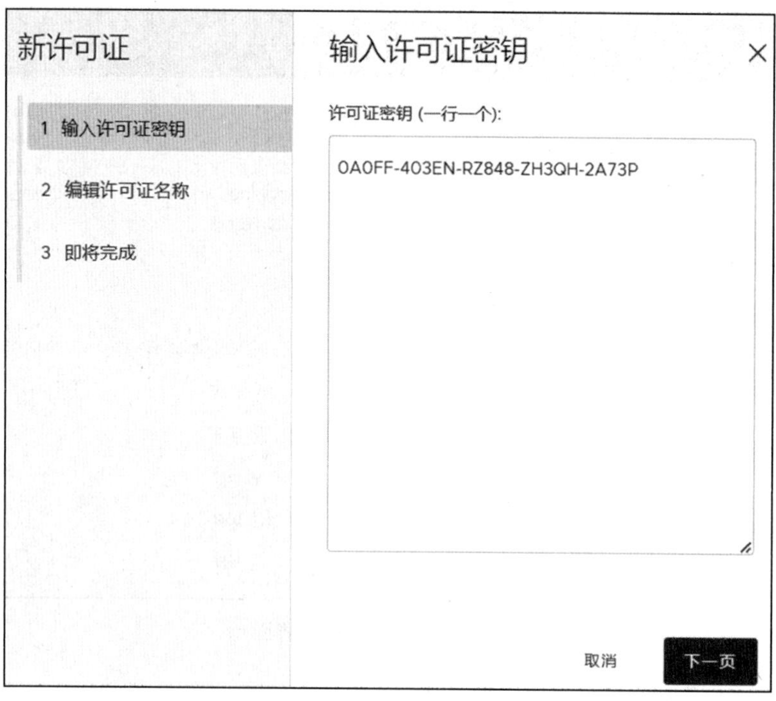

(a)

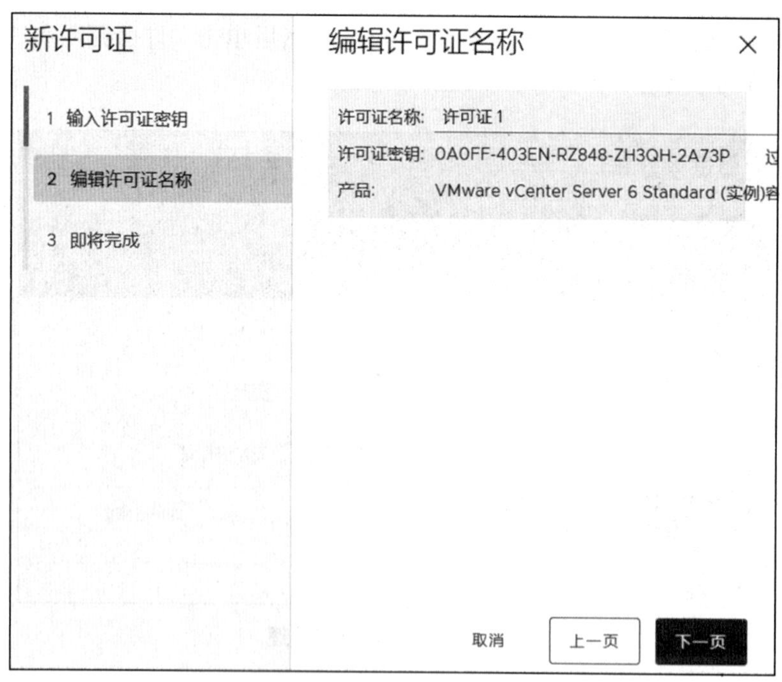

(b)

图 2-157 添加新许可证

完成后的许可证，如图 2-158 所示。后期可以使用此许可证。

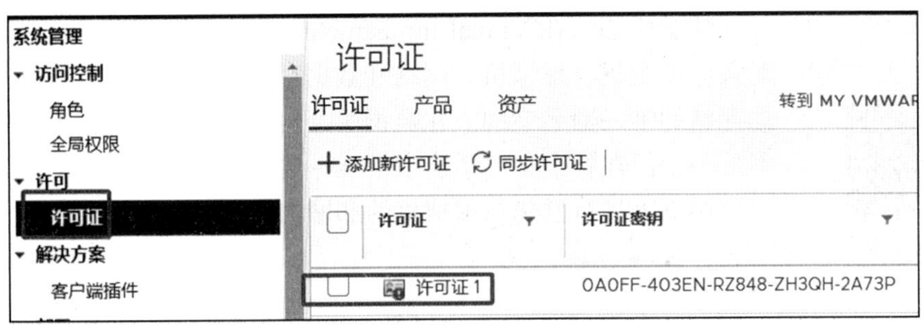

图 2-158 完成后的许可证

2.4.2 模板批量部署虚拟机

VMware vSphere 数据中心由基本物理构建块组成，包括虚拟化服务器、存储器网络和阵列、IP 网络、管理服务器以及桌面客户端等。

vSphere 数据中心拓扑包含以下部分：

- 计算机服务器。

在裸机上运行 ESXi 的（标准 x86）服务器。ESXi 为虚拟机提供资源，每台计算机的服务器在虚拟环境中均称为独立主机。

- 存储网络和阵列。

光纤通道 SAN 阵列、SCSI SAN 阵列和 NAS 阵列是常见的存储技术。VMware vSphere 支持这些技术满足不同数据中心存储需求。存储网络和阵列通过存储区域网络连接到服务器组并在服务器组之间共享。

- IP 网络。

每个服务器为整个 VMware vSphere 数据中心提供高带宽和可靠的网络物理网络适配器。

- vCenter Server。

vCenter Server 为数据中心提供单一控制点，提供如访问控制、性能监控和配置功能等数据中心服务。它让各台计算机的服务器中的资源在整个数据中心的虚拟机之间共享。vCenter Server 根据系统管理员设置的策略，负责虚拟机到服务器的分配以及资源到服务器内虚拟机的分配。

vCenter Server 无法在网络断开时运行。服务器可单独管理，在 vCenter Server 的连接恢复后，它就能重新管理整个数据中心。

vCenter 基础架构包含群集和数据中心。

群集：群集是作为整体运行的 ESXi 主机和关联的虚拟机的集合。群集管理所有主机的资源，在群集中添加完主机后，主机的资源变成群集资源的一部分。群集的 VMware EVC，使 vMotion 迁移不因 CPU 兼容性错误而失败。群集的 vSphere DRS，合并群集内主机的资源，实现群集内主机的资源平衡。群集的 vSphere HA，对资源作为容量池进行管理，从主机硬盘故障中恢复。

创建数据中心、群集、主机

数据中心：在 Virtual Infrastructure 中，数据中心包含不同类型的对象，即主机、虚拟机、网络和数据存储。数据中心定义了网络和数据存储的唯一命名空间。在数据中心内部，虚拟机、模板和群集可以不唯一，但在整个文件系统中是唯一的。

接下来进行群集与虚拟机的部署与运维。

1. 创建数据中心

（1）右击 IP 地址（这里是“192.168.8.60”），在弹出的快捷列表中选择“新建数据中心 ...”，如图 2－159 所示。

图 2－159　新建数据中心

（2）选择“新建数据中心 ...”后，会弹出一个输入数据中心“名称”的窗口，如图 2－160 所示。

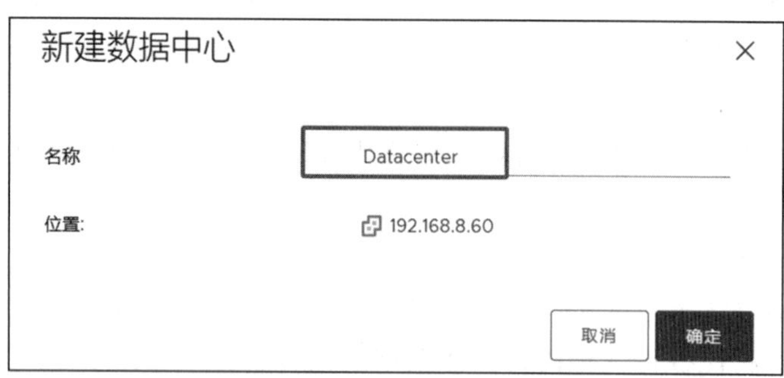

图 2－160　输入数据中心“名称”

（3）单击“确定”按钮，完成创建数据中心，如图 2－161 所示。

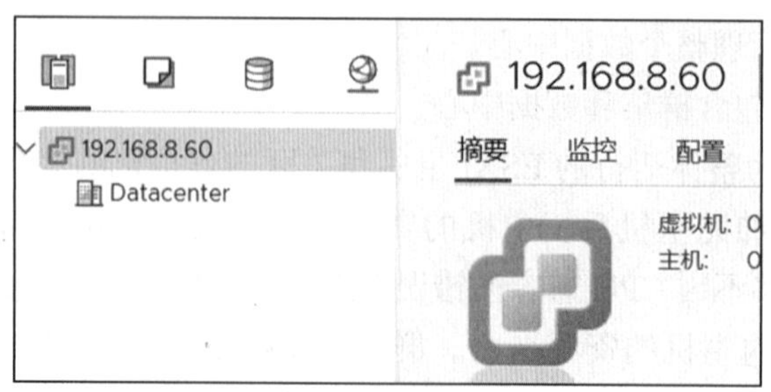

图 2－161　完成创建数据中心

2. 创建群集

（1）右击“Datacenter”，在弹出的快捷列表中选择“新建群集 ...”，如图 2－162 所示。

（2）在弹出的“新建群集”对话框中，对群集进行配置，填写名称，可以选择“DRS”，“vSphereHA”勾选“打开”复选框，“EVC”选择第一项即可，如图 2－163 所示。

图 2－162 新建群集

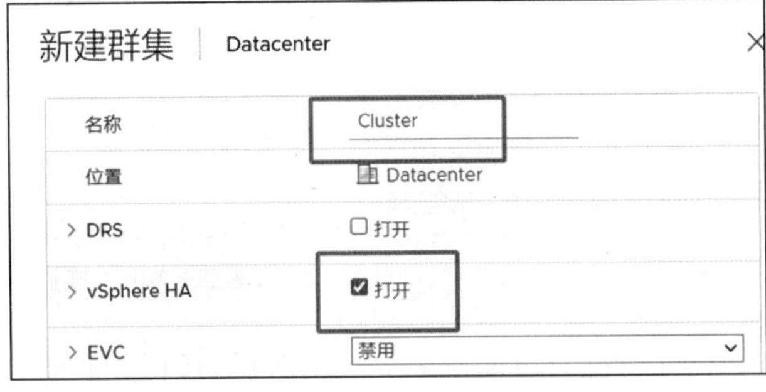

图 2－163 配置群集

3. 添加主机

（1）右击群集名称，在弹出的快捷列表中选择“添加主机 ...”，添加 ESXi 主机到群集中，如图 2－164 所示。

图 2－164 添加主机

（2）输入主机名或 IP 地址（ESXi 的 IP 地址），此时添加的主机名是 ESXi 的 IP 地址，可以添加两台，如本任务中两台 ESXi 的 IP 地址分别是 192.168.8.66 和 192.168.8.77，如图 2－165 所示。

图 2－165 输入主机名或 IP 地址

（3）在“连接设置”界面中，输入创建 ESXi 时的用户名和密码，如图 2－166 所示。

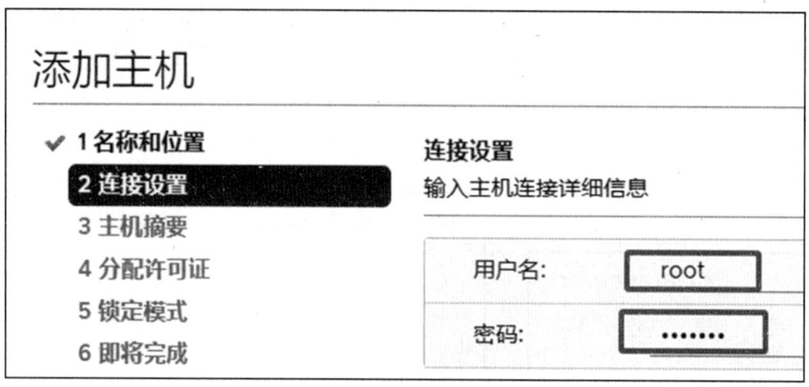

图 2－166　连接设置

（4）分配许可证，单击“NEXT”按钮，如图 2－167 所示。

图 2－167　分配许可证

（5）其他主机也是用同样的方法添加到群集中，设置锁定模式为“禁用”，如图 2－168 所示。

（6）用同样方法添加另一台 ESXi 主机到群集中。

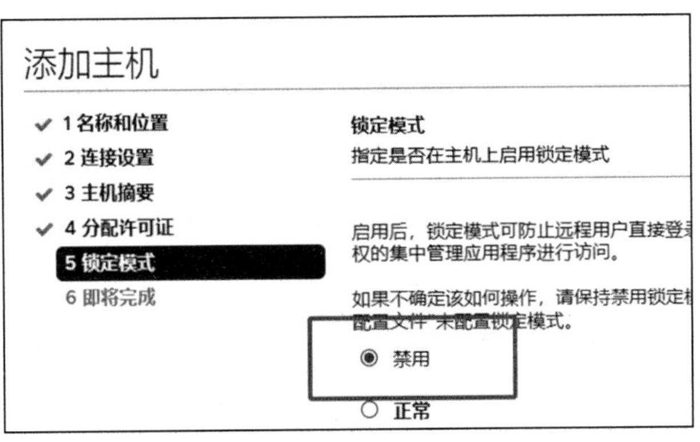

图 2-168　设置锁定模式

4. 添加网络

VMkernel 适配器指的是在虚拟化环境中的软件适配器，它允许虚拟机（VM）与底层的硬件资源进行通信。VMware VMkernel 是 VMware vSphere 中使用的一个特殊的内核，它被设计用来提高虚拟化环境中的性能和可靠性，特别是在服务器虚拟化中。

VMkernel 适配器的特点包括：

- 高性能：通过直接集成到宿主机的内核中，VMkernel 适配器能够提供高效的网络和存储性能。
- 可靠性：VMkernel 适配器被设计为高可用性，支持故障转移和故障恢复，确保虚拟机的持续运行。
- 可扩展性：它支持大规模虚拟化环境，可以在不同的硬件和虚拟化平台上运行。
- 安全性：VMkernel 适配器提供多种安全特性，包括隔离和访问控制，以保护虚拟机和数据。
- 兼容性：VMkernel 适配器能够与多种 VMware 产品和服务集成，如 vSphere、vSAN 和 NSX。

在配置和使用 VMkernel 适配器时，要遵循 VMware 的官方指南和最佳实践，以确保虚拟化环境的稳定性。同时，管理员需要定期更新和维护 VMkernel，以充分利用最新的功能和安全修复。

VMkernel 适配器的功能包括：

- 虚拟化层：VMkernel 适配器提供了硬件虚拟化，允许单个物理服务器上运行多个虚拟机。它通过虚拟化 CPU、内存、存储和网络设备来隔离和控制资源。
- 调度器：VMkernel 适配器包含一个高效的调度器，负责在物理 CPU 和虚拟 CPU 之间分配计算任务。
- 内存管理：它管理虚拟机和虚拟机的内存分配，包括虚拟内存和交换空间。
- 设备虚拟化：VMkernel 适配器实现了设备虚拟化，允许虚拟机访问虚拟化后的硬件设备，如虚拟硬盘、网络适配器和 USB 设备。
- 快照和克隆：VMkernel 适配器支持虚拟机快照和克隆功能，允许管理员创建虚拟机状态的快照，以及创建虚拟机实例的克隆。
- 安全和隔离：VMkernel 适配器提供多种安全特性，包括用户和组权限管理，以及虚拟机之间的隔离。

- 高性能：VMkernel 适配器被设计为高性能系统，减少了虚拟化开销，提供了高效的资源管理和虚拟化性能。

集成 VMware vSphere：VMkernel 适配器与 VMware vSphere 紧密集成，提供了全面的虚拟化管理功能，包括 vMotion（无停机迁移虚拟机）、DRS（分布式资源调度）、vSphere High Availability 等。

VMkernel 适配器不面向最终用户，而是作为 VMware 虚拟化平台的一部分运行在服务器中。管理员通常通过 vSphere Client 或其他管理工具与 VMkernel 适配器交互，进行虚拟机的创建、管理和监控。

此外，为了提供冗余功能和提高管理的灵活性，可以将两个或多个物理网卡连接到 VMkernel 适配器进行流量管理。同时，还可以创建多个 VMkernel 网卡，以便将管理流量和 vMotion 流量进行分流。

vCenter 添加 VMkernel

值得注意的是，VMkernel 适配器必须绑定一个固定的 IP 地址。在配置时，需要确保为其分配一个合适的 IP 地址，以满足网络和管理需求。

（1）选择 VMkernel 适配器，添加网络。选中 ESXi 其中一个主机，找到“配置”界面，选择“虚拟交换机”，单击“添加网络 ...”，如图 2-169 所示。提示：HA 主机最少添两块网卡，实现冗余。

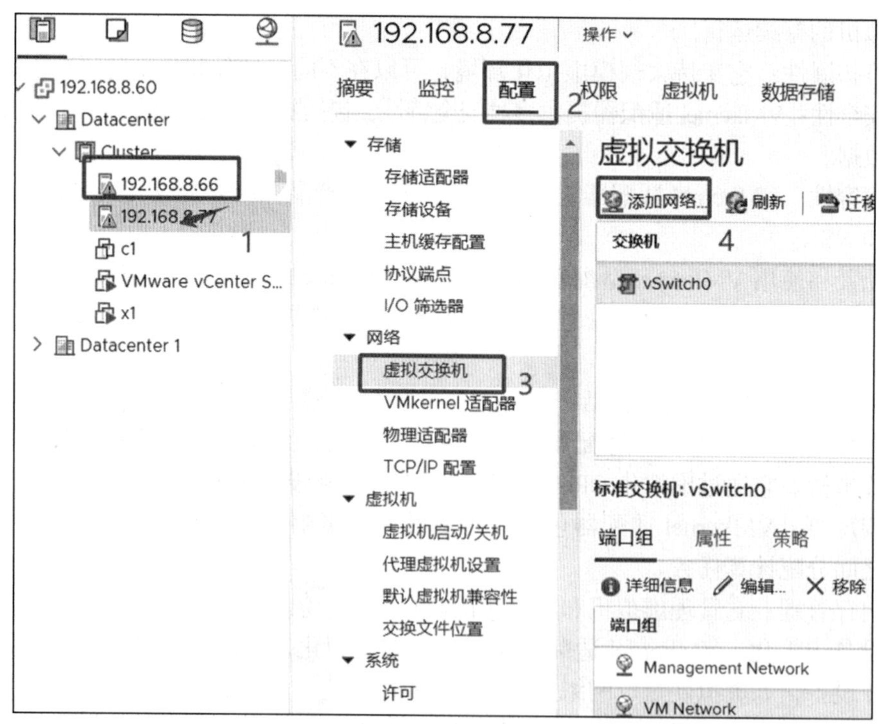

图 2-169 添加网络

（2）在“选择连接类型”界面中，选择“VMkernel 网络适配器”，如图 2-170 所示。

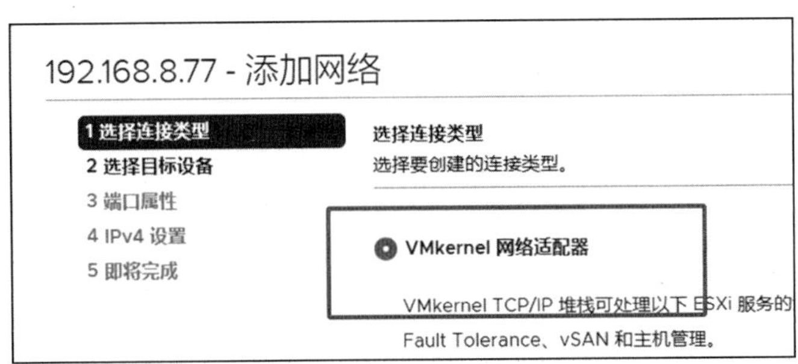

图 2－170　选择连接类型

（3）选择现有标准交换机。采用默认设备“vSwitch0”，如图 2－171 所示。

图 2－171　选择现有标准交换机

（4）指定端口属性。可以根据需求选择可用服务，如图 2－172 所示。

图 2－172　指定端口属性

（5）IPv4 设置。可以自动获取 IPv4 设置，也可以使用静态 IPv4 设置，这里选择“自动获取 IPv4 设置”，如图 2-173 所示。

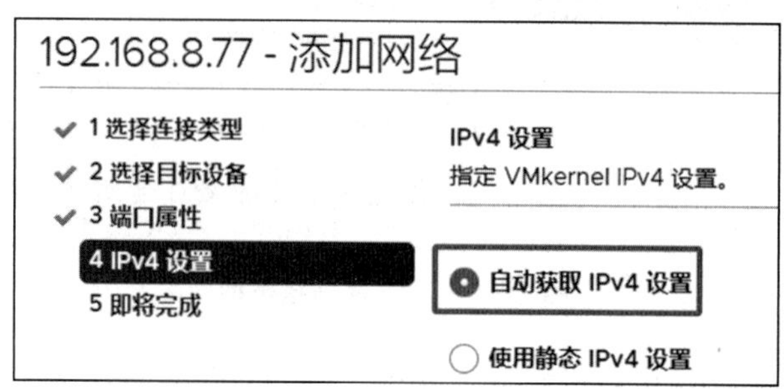

图 2-173　IPv4 设置

（6）单击“完成”按钮，进入“即将完成”界面，如图 2-174 所示。

图 2-174　“即将完成”界面

（7）查看新添加的适配器，如图 2-175 所示。

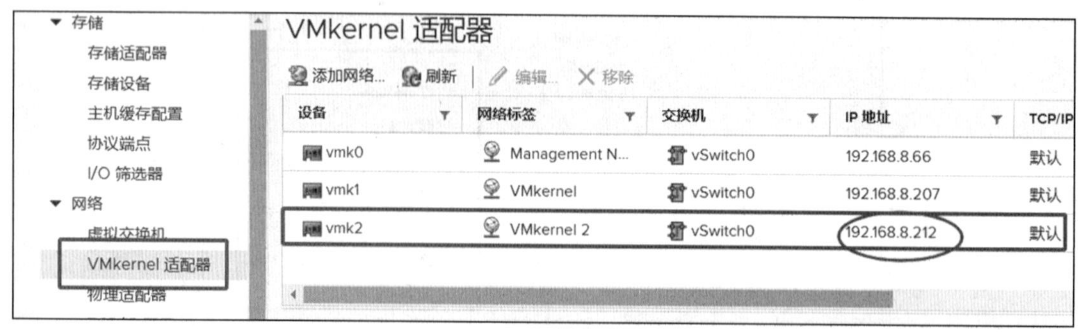

图 2-175　查看新添加的适配器

5. 配置存储

vCenter 提供全面的集中管理功能，包括虚拟机、主机和数据中心等。在 vCenter 的管理下，管理员可以轻松地监控、配置和部署虚拟化资源。

在 vCenter 中，存储是非常重要的组成部分。vCenter 提供丰富的存储管理功能，包括存储资源分配、存储迁移、存储整合等。通过 vCenter，管理员可以有效地管理存储资源，提高存储利用率，降低存储成本。

在 vCenter 中，存储管理主要包括：

- 存储池：存储池是一组存储设备的逻辑集合，它可以被用来分配给虚拟机。管理员在 vCenter 中创建和管理存储池，满足不同虚拟机的存储需求。
- 存储迁移：管理员使用 vCenter 的存储迁移功能，将虚拟机的存储从一个存储设备迁移到另一个存储设备，优化存储资源，提高存储性能。
- 存储整合：通过 vCenter 的存储整合功能，管理员可以将多个虚拟机的存储整合到一个存储设备上，以提高存储利用率。
- 存储限额：管理员可以为虚拟机设置存储限额，以防止虚拟机占用过多的存储资源。该功能有助于管理员更有效地控制存储资源的使用情况。
- 存储冗余：vCenter 支持多种存储冗余技术，如 RAID。通过存储冗余，管理员可以提高存储的可靠性和可用性。
- 存储亲和性：存储亲和性是一种设置，用于指定虚拟机在创建时应连接到哪个存储设备。通过设置存储亲和性，管理员可以优化虚拟机的存储性能。

vCenter 支持多种类型的数据存储，如 VMFS（Virtual Machine File System）和 NFS（Network File System）。VMFS 是一种针对存储虚拟机而优化的特殊高性能文件系统格式，而 NFS 则允许 ESXi 主机通过 TCP/IP 访问指定 NFS 上的存储资源。

在配置存储时，用户需要确保正确设置和配置存储适配器。这通常涉及添加新的存储适配器，选择网络端口进行绑定，并添加目标服务器。用户还需要输入 iSCSI 服务器的 IP 地址和端口，以完成存储适配器的配置。

vCenter 支持通过 iSCSI 技术来连接和管理存储资源。iSCSI（Internet Small Computer System Interface）是一种网络协议，它允许服务器通过网络连接到存储设备，就像连接本地磁盘驱动器一样。iSCSI 存储通常是一种成本效益较高的解决方案，因为它与 Fibre Channel 存储相比更为经济，同时提供类似的性能。

在 vCenter 中配置和管理 iSCSI 存储的步骤：

- 配置 iSCSI 目标。

在存储设备上配置 iSCSI 服务，确保该设备可以作为 iSCSI 目标响应来自 vCenter 虚拟机的连接。通常，这需要在存储设备上安装和配置 iSCSI 软件，并确保它能够被网络中的服务器识别。

- 在 vCenter 中识别存储。

通过 vCenter Server，管理员可以发现并连接到网络上的 iSCSI 目标。这通常通过在 vCenter Server 中安装并配置 iSCSI Initiator 来完成。iSCSI Initiator 是一个软件组件，它允许 vCenter Server 识别和管理 iSCSI 存储资源。

- 创建存储访问策略。

在 vCenter 中，管理员可以为虚拟机定义存储访问策略，如指定虚拟机应连接到特定的 iSCSI 目标。这可以通过 vCenter 的存储感知功能来实现，该功能可以帮助管理员自动存储管理任务。

- 分配存储资源。

iSCSI 存储被 vCenter 识别，管理员可以为虚拟机分配存储卷。这可以通过 vCenter 的存储管理界面完成，管理员可以选择特定的存储目标上的 LUN（逻辑单元号）来分配给虚拟机。

- 监控和管理。

vCenter 提供监控工具，用于跟踪 iSCSI 存储的性能和状态。管理员可以通过 vCenter 的监控界面查看存储利用率、I/O 性能和其他关键指标，并根据需要调整存储资源。

- 故障转移和冗余。

vCenter 支持在多个 iSCSI 目标之间配置故障转移和冗余。这可以通过配置多个路径和目标来实现，以确保虚拟机在某个路径或目标出现故障时仍然可以访问存储资源。

iSCSI 存储的性能和可用性可能会受到网络质量的影响。因此，在部署 iSCSI 存储解决方案时，确保有一个稳定和高速的网络连接是非常重要的。此外，为了提高性能和可靠性，可以考虑使用多路径 iSCSI（MPIO）技术，它允许虚拟机通过多个网络路径连接到存储设备。

vCenter 添加 iSCSI

（1）找到主机的“配置”，选择“存储适配器”，单击“添加软件适配器”，已添加的适配器会以灰色显示，如图 2－176 所示。另一台主机用同样的方法添加软件适配器。

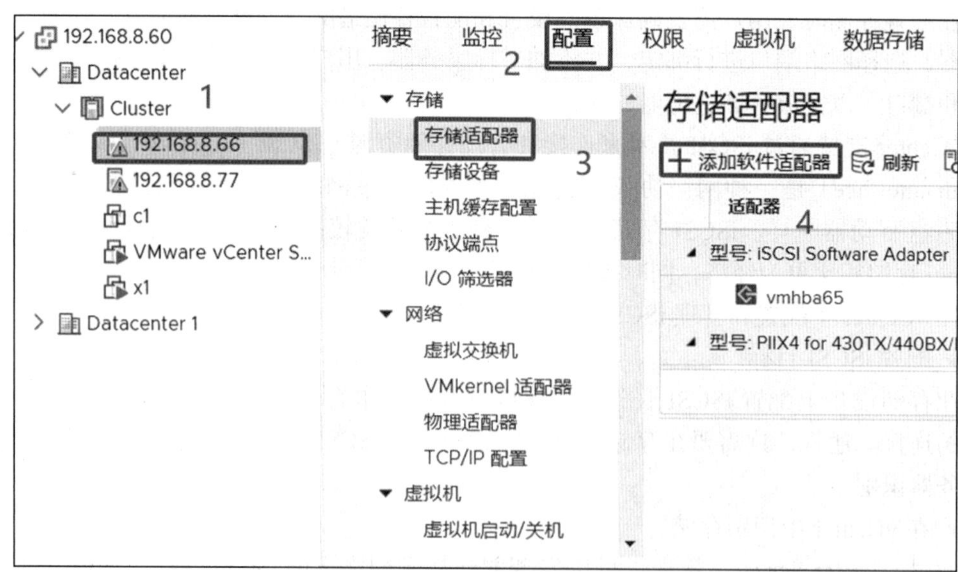

图 2－176　添加软件适配器

（2）找到已配置好的 iSCSI 适配器，打开“动态发现”选项卡，单击“添加”，如图 2－177 所示。

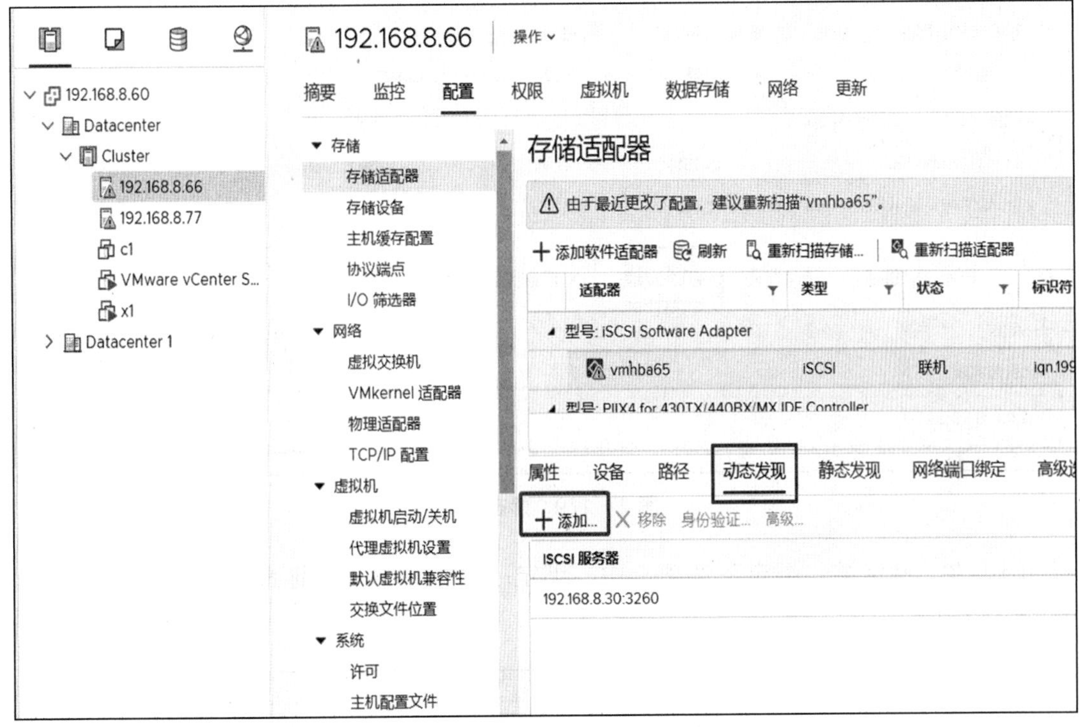

图 2－177 添加 iSCSI 服务器

（3）在“iSCSI 服务器:”中输入共享存储（iSCSI）的 IP 地址，本任务的 IP 地址是前期配置的 Windows Sever 的 IP 地址“192.168.8.30”，如图 2－178 所示。

图 2－178 输入 iSCSI 服务器的 IP 地址

（4）在“静态发现”选项卡中可以看到创建的 iSCSI 服务器，如图 2－179 所示。

图 2-179　静态发现

（5）在"网络端口绑定"选项卡中，绑定一块虚拟网卡（前面已创建的网卡），如图 2-180 所示。

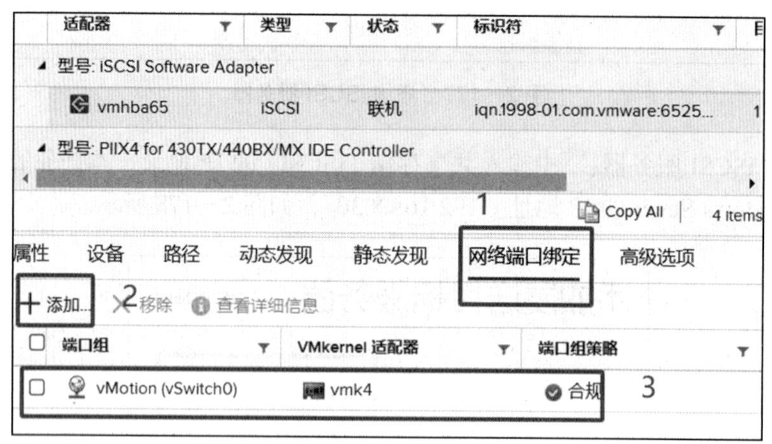

图 2-180　网络端口绑定

另一台主机用同样的方法添加网络端口。

（6）在完成的 ESXi 宿主机中添加 iSCSI 存储设备。右击"192.168.8.66"，选择"存储"，单击"新建数据存储 ..."，如图 2-181 所示。

（7）指定数据存储类型为 VMFS，如图 2-182 所示。

（8）名称和设备选择，如图 2-183 所示。

图 2－181 新建数据存储

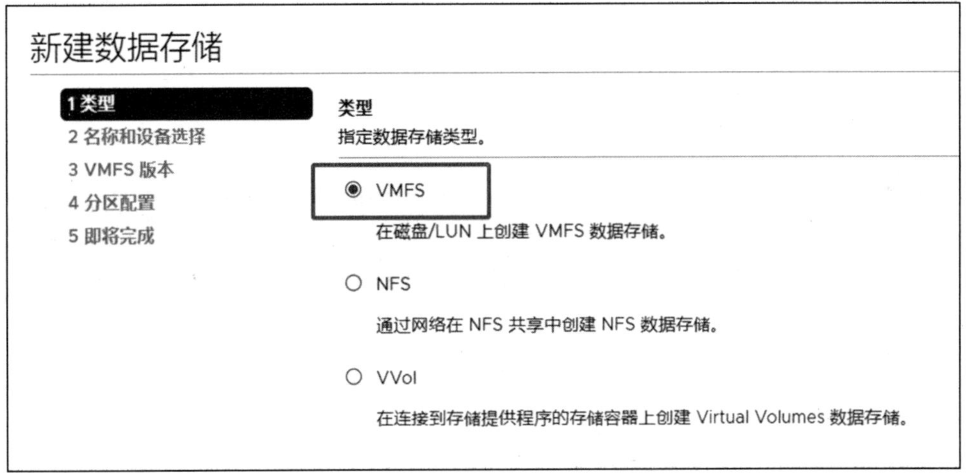

图 2－182 指定数据存储类型

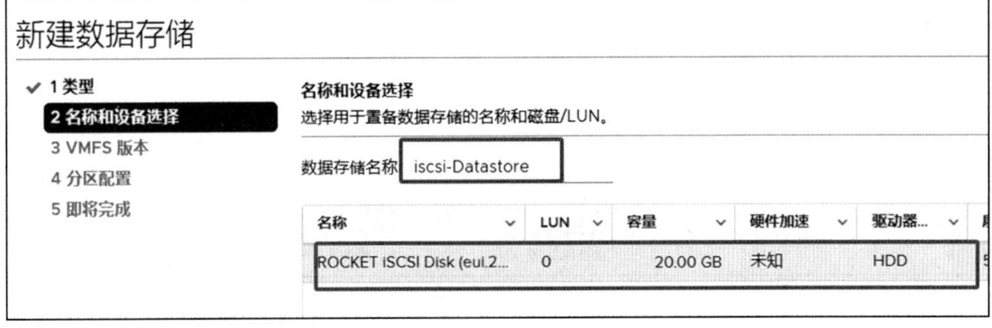

图 2－183 名称和设备选择

（9）后面的设置均保持默认选项，直到完成配置，如图 2－184 所示。另一台主机也是同样的添加方法。

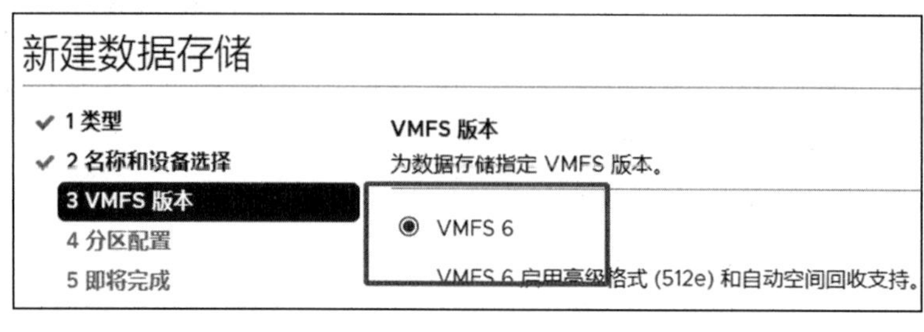

（a）

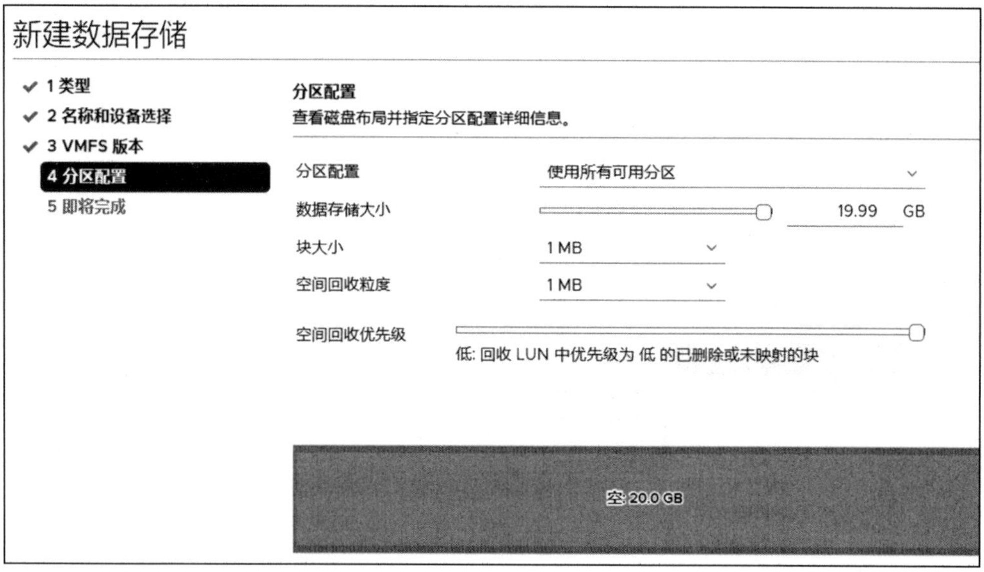

（b）

（c）

图 2－184　后面的设置均保持默认选项

6. 创建虚拟机

VMware vCenter 是 VMware vSphere 的重要组成部分，它提供一个中央管理控制台，用于管理整个 vSphere 环境中的虚拟机（VM）和主机（ESXi）。

vCenter 服务器是一个应用服务器，负责管理 vSphere 环境。它允许管理员监控、配置和维护 ESXi 主机和虚拟机。在 vCenter 中，虚拟机是运行在一个或多个 ESXi 主机上的软件实例。它们模拟了物理计算机的功能，可以运行操作系统和应用程序。

管理虚拟机涉及以下操作：

- 创建虚拟机：在 vCenter 中，可以创建新的虚拟机，选择虚拟硬件的版本、处理器、内存大小等。
- 迁移虚拟机：可以将在一台 ESXi 主机上运行的虚拟机迁移到另一台主机上。
- 克隆虚拟机：可以创建虚拟机的一个副本，以便快速部署新的虚拟机。
- 修改虚拟机设置：包括更改虚拟机的名额、添加或移除硬件等。
- 删除虚拟机：当不再需要某个虚拟机时，可以从 vCenter 中删除它。
- 虚拟机快照：允许管理员捕获虚拟机当前状态的一个快照，以便在需要时可以回滚到该状态。
- 虚拟机监控：vCenter 提供一个名为 vSphere Client 的工具，通过它可以看到虚拟机的资源使用情况，如 CPU、内存和存储等。
- 虚拟机模板：可以通过创建虚拟机模板来部署具有相同配置和软件安装的多个虚拟机。

vCenter 的虚拟机管理是其核心功能之一，它提供了对虚拟机生命周期的全面管理，从创建、配置、部署到维护和销毁。以下是关于 vCenter 虚拟机管理的关键方面：

- 创建与部署：通过 vCenter，管理员可以轻松地创建虚拟机，并配置各种参数，如 CPU、内存、磁盘空间和网络设置。此外，vCenter 还支持将虚拟机从模板中快速克隆或部署，大大简化了虚拟机的创建过程。
- 迁移与负载均衡：vCenter 允许管理员在虚拟化环境中进行虚拟机的迁移，以实现负载均衡或故障转移。这有助于确保虚拟机的稳定运行，并在物理主机出现故障时，自动将虚拟机迁移到其他主机上。
- 性能监控与优化：vCenter 提供了强大的性能监控工具，管理员可以实时查看虚拟机的性能数据，如 CPU 利用率、内存使用情况等。同时，vCenter 还支持虚拟机的性能优化，如调整虚拟机配置、优化存储和网络等。
- 备份与恢复：为了确保数据的安全性，vCenter 支持虚拟机的备份和恢复功能。管理员可以定期备份虚拟机，并在需要时快速恢复虚拟机，以降低数据丢失的风险。

- 安全管理：vCenter 提供丰富的安全管理功能，如访问控制、角色权限管理等。管理员可以限制用户或组对不同虚拟机的访问权限，确保虚拟化环境的安全性。

vCenter 的虚拟机管理功能强大且全面，能够帮助管理员高效地管理虚拟机的整个生命周期。无论是创建、部署、迁移还是备份恢复，vCenter 都能提供便捷的操作和强大的支持。同时，通过性能监控和优化功能，管理员可以确保虚拟机的稳定运行和最佳性能。

安装虚拟机

（1）上传镜像至共享存储。

1）新建一个名称为“ISO”的存储文件夹。单击存储图标，选中“iscsi-Datastore”，打开“文件”选项卡，单击“新建文件夹”，在弹出的“创建新的文件夹”对话框中输入新建文件夹的名称“ISO”，如图 2－185 所示。

(a)

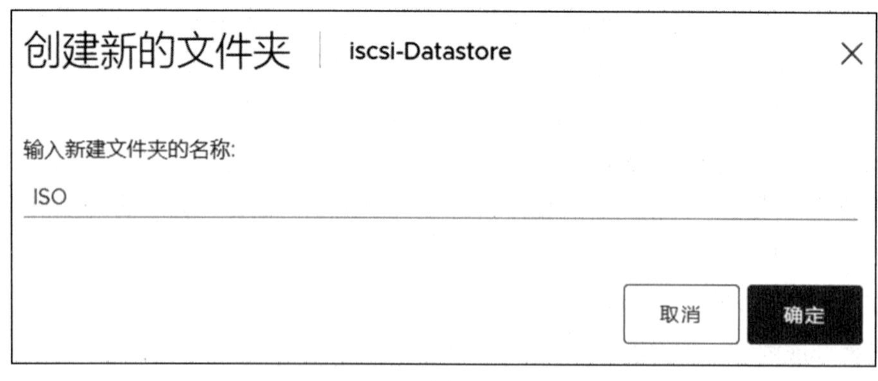

(b)

图 2－185　新建一个名称为“ISO”的存储文件夹

2）双击选中新建的 ISO 文件夹，单击“上载文件”，在弹出的窗口中选择你要上传的 ISO 文件，等待上传完成，如图 2－186 所示。

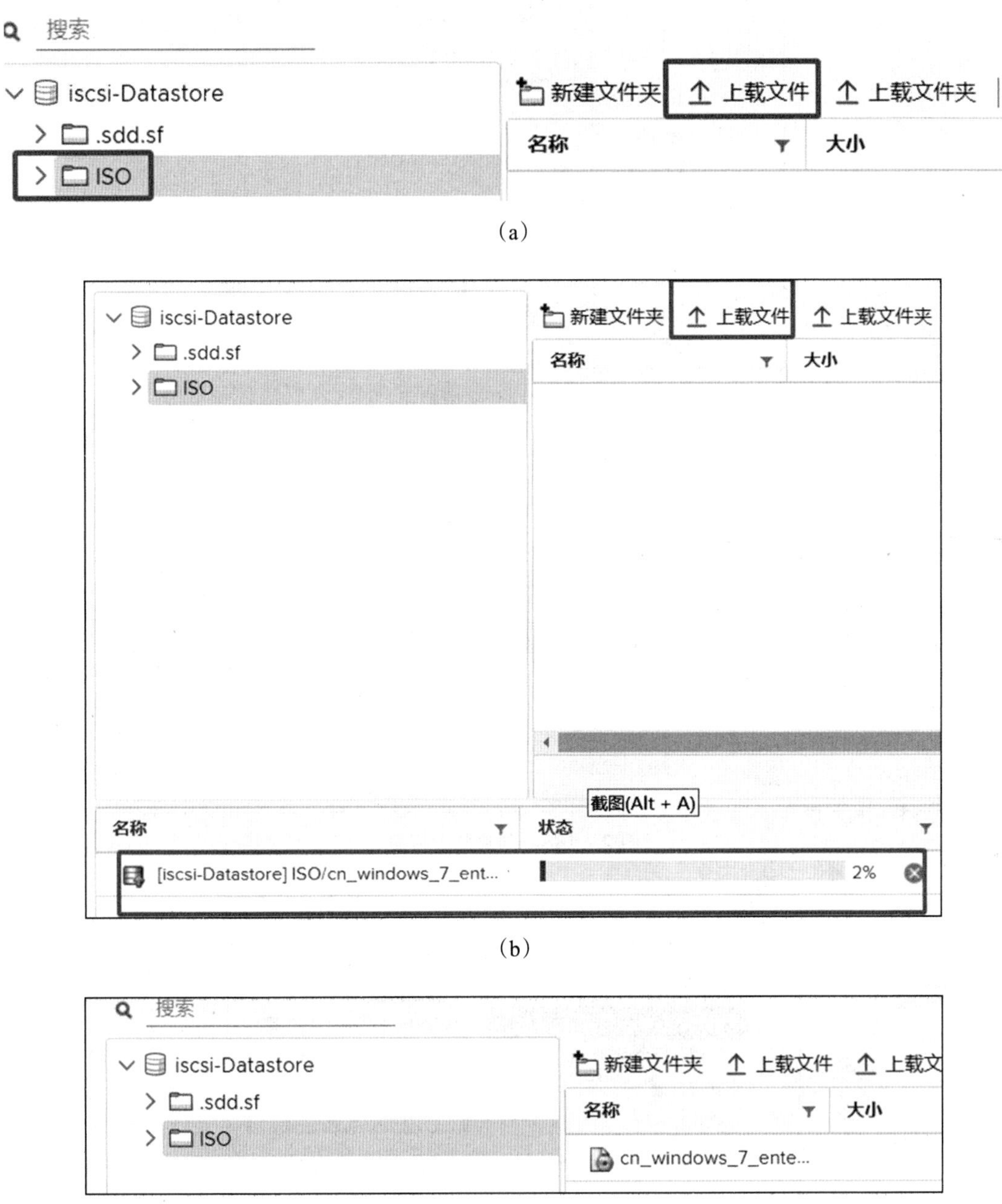

图 2-186 上传 ISO 文件

（2）新建虚拟机。右击某台 ESXi 主机，在弹出的快捷列表中选择“新建虚拟机 ...”，如图 2-187 所示。

（3）在弹出的窗口中，选择“创建新虚拟机”，如图 2-188 所示。

（4）在“选择名称和文件夹”界面中，填写虚拟机名称“ win7-1”，并为该虚拟机选择位置，如图 2-189 所示。

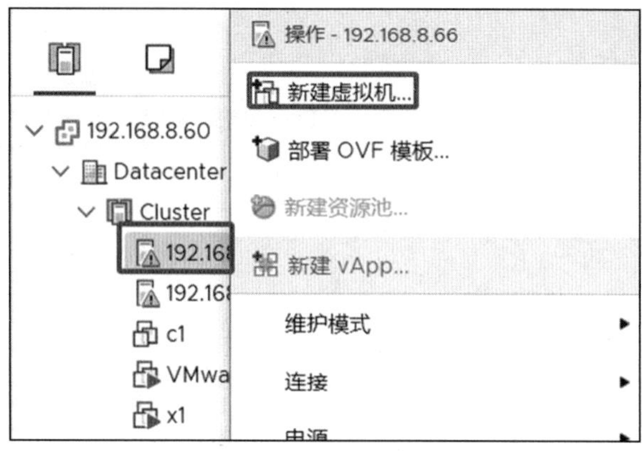

图 2－187　新建虚拟机

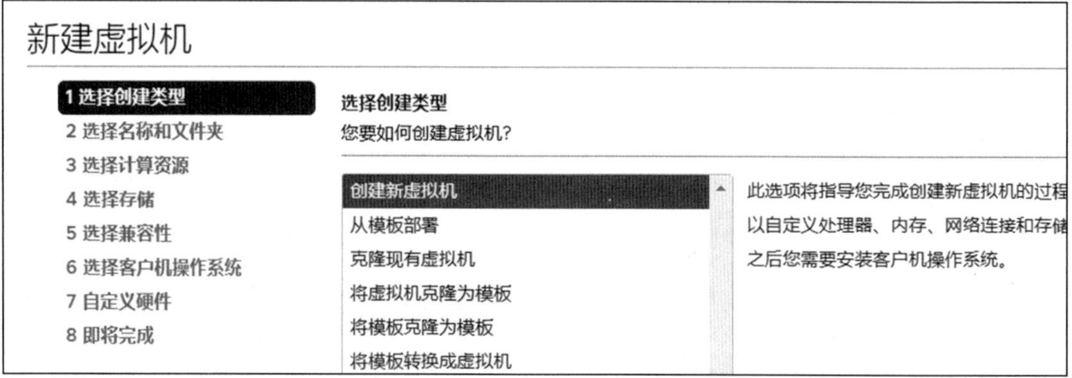

图 2－188　创建新虚拟机

图 2－189　选择名称和文件夹

（5）在“选择计算资源”界面中，选择其中一台 ESXi 主机，如图 2－190 所示。

（6）在“选择存储”界面中，选择一个共享存储（前面已创建的 iSCSI 共享存储），如图 2－191 所示。

（7）选择兼容性，如图 2－192 所示。

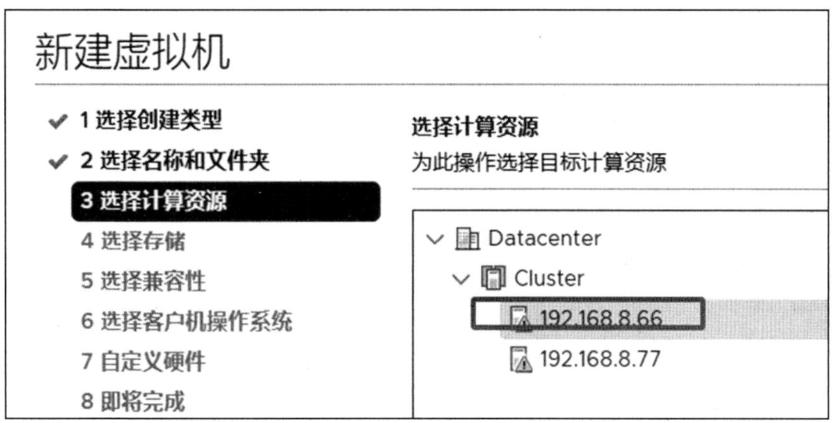

图 2－190 选择计算资源

图 2－191 选择存储

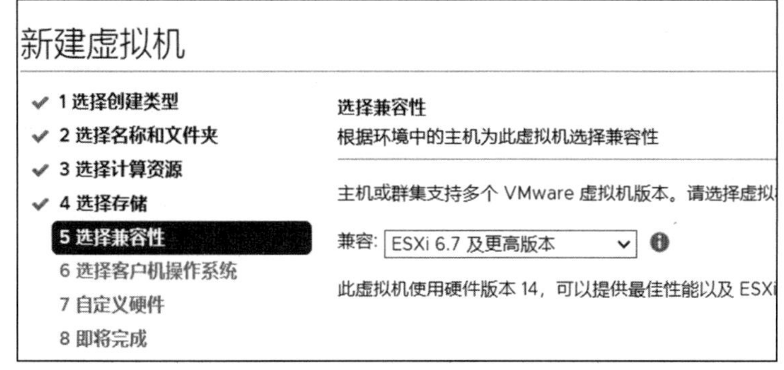

图 2－192 选择兼容性

（8）根据自己安装的镜像，选择客户机操作系统，其版本选择“Microsoft Windows 7（32 位）”，如图 2－193 所示。

图 2-193　选择客户机操作系统

（9）自定义硬件。新的 CD/DVD 驱动器选择“数据存储 ISO 文件”，找到上传镜像，勾选“打开电源时连接”复选框，如图 2-194 所示。

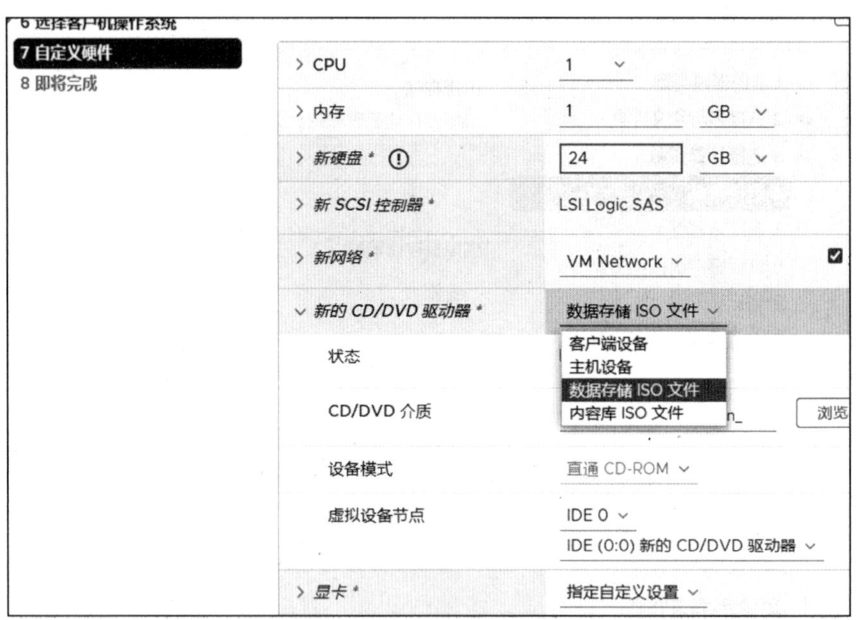

(a)

选择文件
数据存储
内容
datastore1
data1
iscsi-Datastore
.sdd.sf
ISO
vmimages
cn_windows_7_enterprise_with_sp1_x64_dvd_u_

(b)

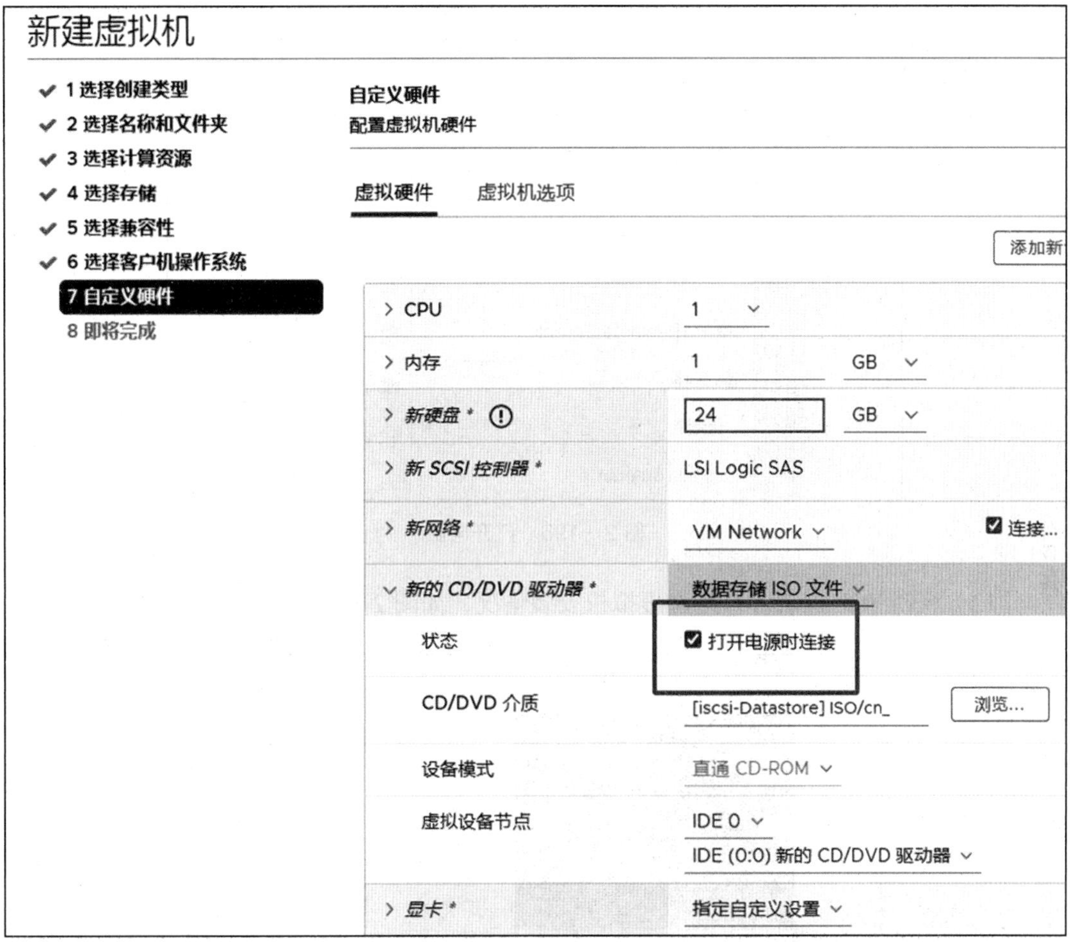

新建虚拟机

1 选择创建类型
2 选择名称和文件夹
3 选择计算资源
4 选择存储
5 选择兼容性
6 选择客户机操作系统
7 自定义硬件
8 即将完成

自定义硬件
配置虚拟机硬件

虚拟硬件　虚拟机选项

添加新

CPU　1
内存　1　GB
新硬盘 *　24　GB
新 SCSI 控制器 *　LSI Logic SAS
新网络 *　VM Network　连接...
新的 CD/DVD 驱动器 *　数据存储 ISO 文件
状态　打开电源时连接
CD/DVD 介质　[iscsi-Datastore] ISO/cn_　浏览...
设备模式　直通 CD-ROM
虚拟设备节点　IDE 0　IDE (0:0) 新的 CD/DVD 驱动器
显卡 *　指定自定义设置

(c)

图 2-194　自定义硬件

（10）单击新建的虚拟机，在“摘要”选项卡中，可看到“已关闭电源”，如图 2-195 所示。

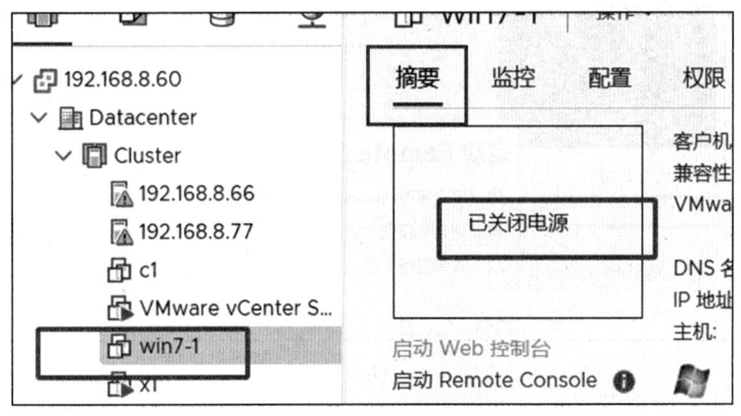

图 2-195　已关闭电源

（11）右击虚拟机名称，在弹出的快捷列表中选择“启动”→“打开电源”，如图 2-196 所示。

图 2-196　打开电源

（12）启动 Web 控制台，查看虚拟机安装情况，如图 2-197 所示。

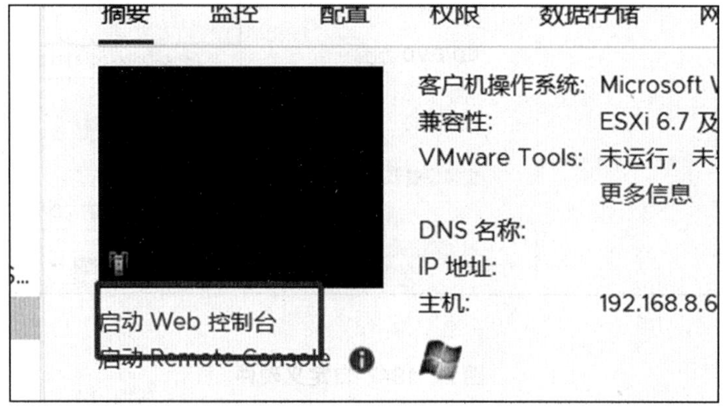

(a)

(b)

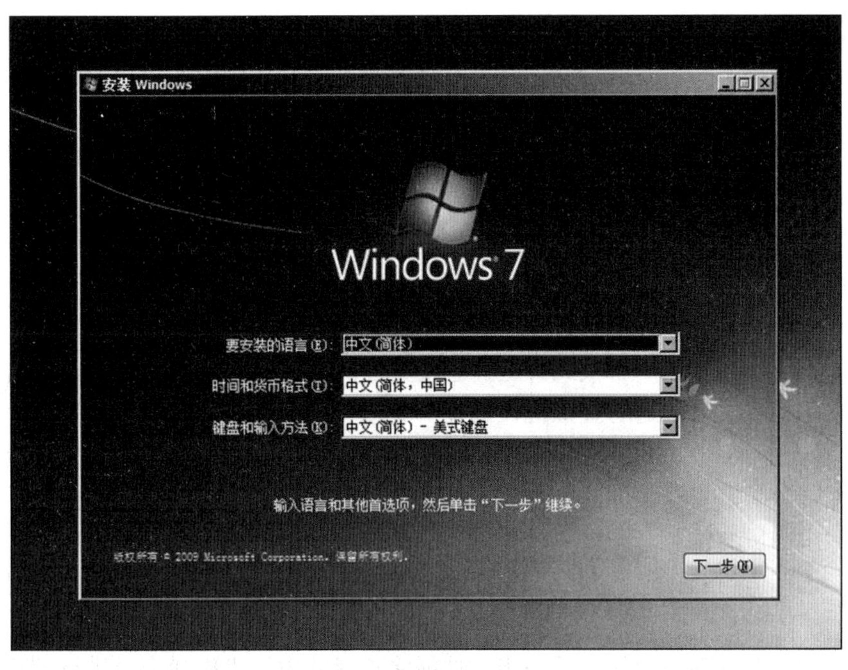

(c)

图 2-197 查看虚拟机安装情况

7. 克隆虚拟机为模板

在 VMware vCenter 中，模板是一个虚拟机的复制品，用于创建新的虚拟机实例。模板保留原始虚拟机的状态和配置，但并不包含其硬盘上的数据。这意味着，使用模板创建的新虚拟机将具有与模板相同的操作系统、应用程序和配置，但不会有原始虚拟机硬盘上的数据。

vCenter 的模板功能是其虚拟化管理中的一个关键部分，它为用户提供了快速部署具有相同配置的新虚拟机的能力。以下是关于 vCenter 模板的详细信息：

模板创建：vCenter 允许用户从现有的虚拟机创建模板。这通常涉及选择一个已配置好的虚拟机，然后执行克隆操作，并选择将其克隆为模板。这个模板将包含虚拟机的硬件配置、操作系统、应用程序以及其他相关设置。

模板部署：一旦创建了模板，管理员就使用它快速部署新虚拟机。通过选择模板作为部署的起点，vCenter 将自动复制模板的配置和数据，并创建一个新的、可运行的虚拟机实例。这种方式可以大大提高虚拟机的部署速度，并确保新虚拟机具有相同的配置。

内容库管理：vCenter 的内容库功能允许用户集中存储和管理虚拟机模板。内容库分为本地内容库和已订阅内容库。管理员可以通过创建已订阅内容库，利用 HTTP 协调同步本地内容库的文件，如虚拟机模板，实现各分支机构的数据统一性。这对于在多个地点或部门之间保持相同的虚拟机配置非常有用。

自定义规范：在部署虚拟机时，用户还可以将自定义规范应用于虚拟机模板，可以在模板的基础上进一步配置虚拟机的特定设置，以满足特定的业务需求。

通过使用vCenter的模板功能，管理员可以大大提高虚拟机的部署效率和一致性，同时减少手动配置的工作量。此外，结合内容库管理和自定义规范，可以进一步实现虚拟机的统一管理和优化。

在vCenter中克隆虚拟机并创建为模板是一项常见的任务，这有助于提高虚拟化环境的管理效率和灵活性。以下是vCenter操作的基本步骤：

登录vCenter：登录vCenter服务器。在Web浏览器中输入vCenter的IP地址和相应的登录凭据。

选择目标数据中心：登录后，导航到包含要克隆的虚拟机的目标数据中心。

选择虚拟机：在数据中心找到并选择想要克隆的虚拟机。

克隆虚拟机：右击选定的虚拟机，选择"克隆"。

配置克隆选项：在克隆向导中，选择克隆的方式。有两种主要类型的克隆：链接克隆和完整克隆。链接克隆是创建一个与原始虚拟机共享存储数据的链接。修改后的数据会写回到原始虚拟机的位置。完整克隆是创建一个与原始虚拟机完全独立的副本，包括它的存储数据。选择适当的克隆类型后，为克隆的虚拟机选择或配置新的名称、位置、硬件规格等。

创建模板：在克隆向导的最后一步，选择将克隆的虚拟机作为模板进行创建。克隆的虚拟机将不会启动，而是作为其他虚拟机的基础镜像。

完成克隆：完成配置后，单击"Finish"按钮完成克隆。

使用模板：克隆的虚拟机现在作为模板出现在vCenter中。通过右击模板并选择"创建虚拟机"来使用它作为新虚拟机的基础。

另外，vCenter还提供了其他高级功能，如跨vCenter的虚拟机迁移和克隆，以及通过OVF模板部署虚拟机等。这些功能进一步增强了vCenter在虚拟机管理方面的灵活性和效率。

vCenter的模板功能为虚拟机的快速部署和相同配置提供了强大的支持，是虚拟化环境中不可或缺的工具之一。

注意事项：

- 在创建模板之前，确保虚拟机已经处于关闭状态。
- 链接克隆通常用于模板，因为它可以减少存储空间的需求并提高性能。
- 创建模板后，原始虚拟机仍然可用于正常虚拟机运行，模板只是它的一个静态副本。
- 模板可以包含或不包含虚拟机的硬盘文件。如果包含硬盘文件，新虚拟机将具有与模板相同的硬盘数据。如果不包含，新虚拟机启动时没有硬盘数据，需要手动挂载或重新创建硬盘。

克隆虚拟机为模板

使用模板可以大大提高在vCenter环境中部署虚拟机的效率，特别是当需要为多个实例创建相同的配置时。

（1）右击其中一台需要克隆的虚拟机，在弹出的快捷列表中选择"克隆"，选择"克隆为模板 ..."，如图2－198所示。

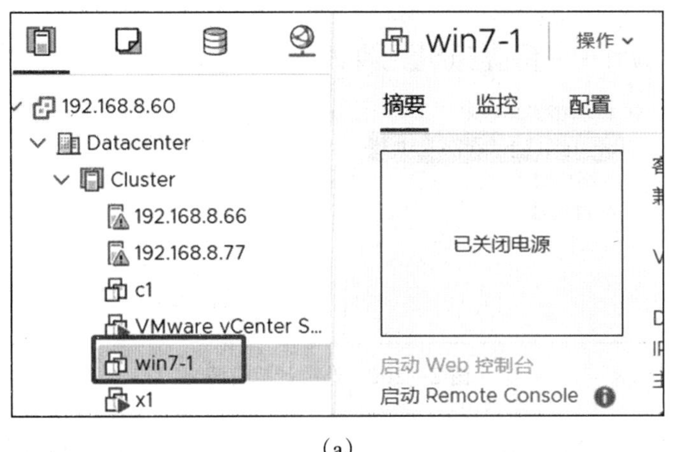

(a)

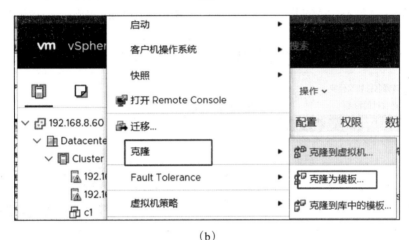

(b)

图 2－198 克隆为模板

（2）在“选择名称和文件夹”界面中，输入虚拟机模板名称，如图 2－199 所示。

图 2－199 输入虚拟机模板名称

（3）选择计算资源。选择模板要放置在哪个 ESXi 主机中，如图 2－200 所示。

图 2－200　选择计算资源

（4）选择存储。选择虚拟磁盘格式为“精简置备”（也可以与源格式相同）。选择虚拟机存储策略，建议选择 iSCSI 的共享存储，如图 2－201 所示，最后单击“完成”按钮。

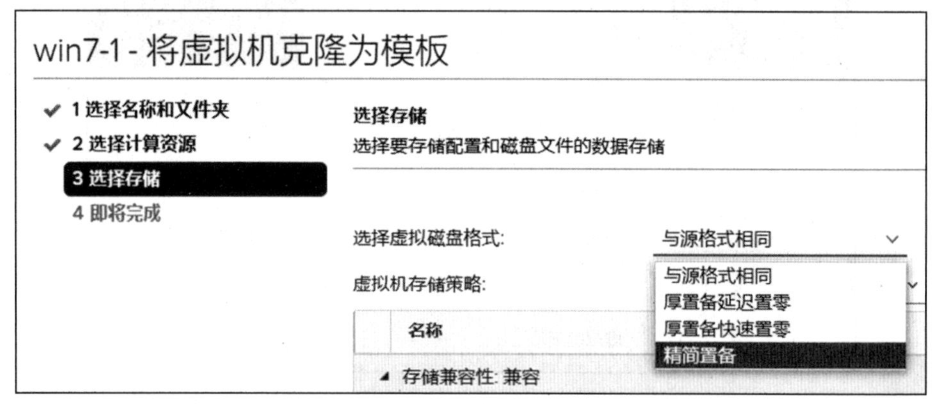

（a）

win7-1 - 将虚拟机克隆为模板

1 选择名称和文件夹
2 选择计算资源
3 选择存储
4 即将完成

选择存储
选择要存储配置和磁盘文件的数据存储

按磁盘配置

选择虚拟磁盘格式:　精简置备
虚拟机存储策略:　保留现有虚拟机存储策略

名称	容量	已置备	可用
存储兼容性: 兼容			
data	59.75 GB	291.48 GB	33.97 GB
datastore1	52.5 GB	1.41 GB	51.09 GB
iSCSI-data	89.75 GB	92.47 GB	2.66 GB
iSCSI-data-2	9.75 GB	1.41 GB	8.34 GB
iSCSI-data3	11.75 GB	1.41 GB	10.34 GB

（b）

图 2－201　选择存储

（5）在虚拟机和模板界面中，可以看到刚才克隆的模板，以后部署虚拟机可以直接通过模板来部署。单击“win7-ghost”主机可以查看模板信息，如图 2－202 所示。

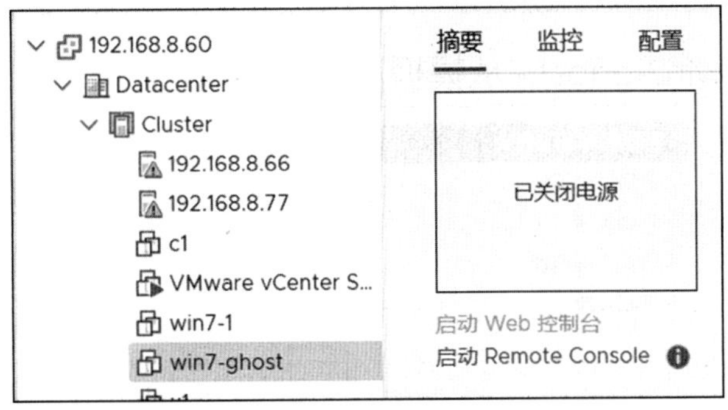

图 2－202 查看模板信息

（6）单击一个 ESXi 虚拟机（如“192.168.8.77”），在“虚拟机”选项卡中，选择“虚拟机模板”，如图 2－203 所示。

图 2－203 选择虚拟机模板

8. 使用模板部署虚拟机

（1）使用模板部署虚拟机时，原模板将保留，用于创建新虚拟机。右击之前创建的模板，在弹出的快捷列表中选择“从此模板新建虚拟机 ...”，如图 2－204 所示。

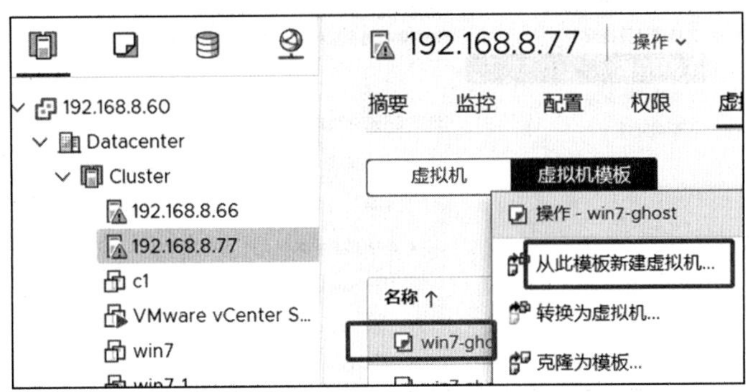

图 2－204 从此模板新建虚拟机

（2）选择名称和文件夹。为新建虚拟机输入虚拟机名称，并为该虚拟机选择位置，如图 2－205 所示。

图 2－205　选择名称和文件夹

（3）选择计算资源。选择新建的虚拟机存放的资源（如 ESXi 的 IP 地址：“192.168.8.77”），如图 2－206 所示。

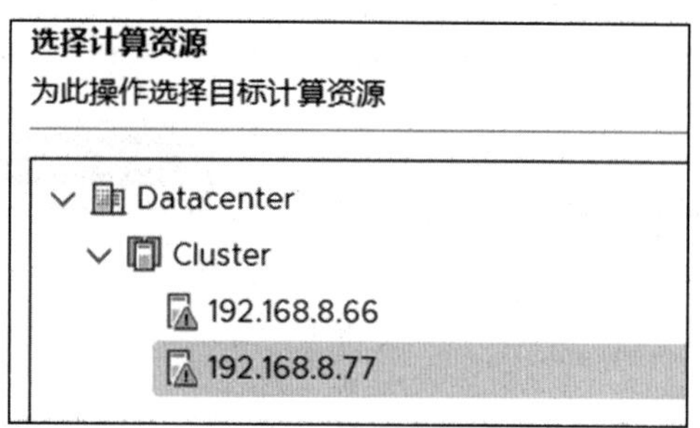

图 2－206　选择计算资源

（4）在选择存储时，与克隆模板时的配置相同，选择共享的 iSCSI 存储，如图 2－207 所示。

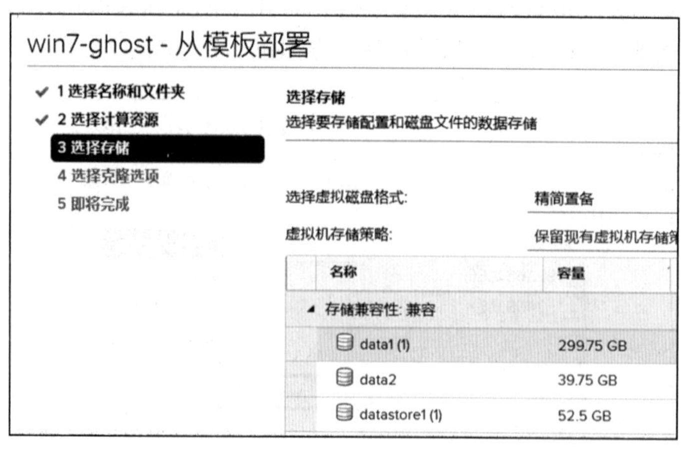

图 2－207　选择存储

（5）选择克隆选项。勾选右侧前两个选项，如图 2－208 所示。

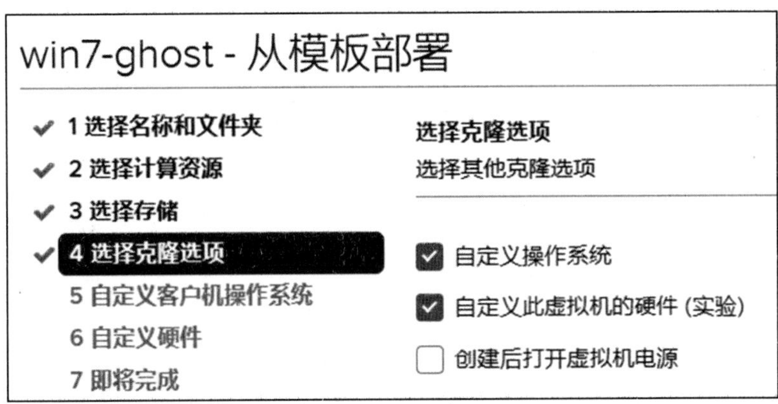

图 2－208　选择克隆选项

（6）自定义硬件。创建新规范，若不自定义，后边系统 SID 会相同，会造成冲突，如图 2－209 所示。

图 2－209　自定义硬件

（7）完成后在主机界面中可以看到使用模板创建好的虚拟机（“win7-ghost”），如图 2－210 所示。

图 2－210　查看创建好的虚拟机

2.4.3　虚拟机迁移

1. 迁移概述

迁移（vMotion）是将一个虚拟机从一台主机（ESXi）或存储位置移动到另一台主机（ESXi）或存储位置的过程。

2. 迁移的种类

迁移按照不同分类方式，可分为静态迁移和动态迁移，或冷迁移和热迁移，或离线迁移和在线迁移。静态迁移有一段时间内客户机中的服务不可用，而动态迁移没有明显服务暂停时间，这是静态迁移和动态迁移的明显区别。

（1）静态迁移：

- 关闭客户机，将硬盘镜像复制到另一台宿主机再恢复启动，这种迁移不保留客户机中运行工作负载。
- 两台宿主机共享存储系统，只需暂停客户机后，复制其内存镜像到另一台宿主机再恢复，客户机此迁移可保持客户机迁移前的内存状态和系统运行工作负载。

（2）动态迁移：确保客户机应用服务正常运行，使客户机在不同宿主机间迁移。确保客户机服务可用，迁移过程有非常短暂的停机时间。迁移后客户机内存、硬盘存储、网络连接保持不变。

（3）冷迁移：关闭电源，将配置文件、磁盘文件定位到新存储位置，从一个数据中心迁移到另一个数据中心。

（4）热迁移：将虚拟机的内存数据和硬盘数据同步迁移到另一台物理主机上，迁移过程中虚拟机继续运行。

本书主要介绍热迁移（也称 vMotion 迁移），支持在不关闭虚拟机的情况下迁移。vMotion 迁移也称为实时迁移。

VMware vSphere vMotion 是不停机、实时迁移，它将负载从一个服务器迁移到另一个服务器。此功能可跨虚拟交换机、群集甚至云环境来运行。

虚拟机确保网络连接，通过高速网络传输，保证虚拟机活动的内存和精确的执行状态，使虚拟机从在源 vSphere 主机切换到目标 vSphere 主机。要确保 vMotion 正常工作，必须在执行 vMotion 的两台 ESXi 主机上添加支持 vMotion 的 VMkernel 端口。

vMotion 需要千兆以太网卡，但网卡不一定专供 vMotion 使用。在设计 ESXi 主机时，尽量为 vMotion 分配一块网卡，减少 vMotion 争用网络带宽。

3. 迁移的运维

vCenter Server 的迁移通常涉及将现有的 vCenter Server 实例转移到一个新的服务器或系统上。迁移是由于多种原因，如硬件升级、软件升级、高可用性需求、灾难恢复规划等。

迁移类型有以下两类：

同一类型迁移：将 vCenter Server 迁移到另一个相同类型的服务器（如将 vCenter Server Appliance 迁移到另一个 Appliance）。

不同类型迁移：将 vCenter Server 迁移到不同类型的服务器（如将 vCenter Server 迁移到 Linux 服务器）。这通常涉及使用 VMware 提供的迁移工具，如 vCenter Converter。

vCenter 的迁移是一个涉及多个步骤的过程，主要目的是将虚拟机从一个位置或配置移动到另一个位置或配置，以确保业务的连续性和灵活性。

在迁移之前，需要仔细规划和准备，包括检查源和目标环境的兼容性、确保网络连接的稳定性、准备必要的迁移工具和许可证等。

迁移步骤包括在 vCenter 上找到要迁移的虚拟机，选择迁移目标（可以是另一台物理主机、数据中心或云环境），配置迁移选项（如网络设置、存储配置等），然后开启迁移过程。在迁移过程中，vCenter 将负责复制虚拟机的数据和配置到新位置，并确保迁移顺利完成。

完成迁移后，需要验证虚拟机的功能和性能是否与新环境兼容，包括检查网络连接、存储访问、应用程序运行等方面。

在进行 vCenter 迁移时，主要目的是确保数据和业务的连续性，同时尽可能减少对虚拟环境的影响，必须确保源和目标环境的配置和兼容性。如果涉及跨 vCenter Server 实例的迁移，还需要满足特定的系统要求，如版本兼容性、许可证要求和时间同步等。

下面是 vCenter 迁移的基本步骤和注意事项：

（1）网络配置。

在主机和群集中，打开“192.168.8.66”主机的配置，找到“网络”下面的“虚拟交换机”，单击“添加网络”，添加支持 vMotion 的 VMkernel 端口，如图 2－211 所示。

虚拟机迁移

（2）在“选择连接类型”界面中，选择“VMkernel 网络适配器”。在“选择目标设备”界面中，选择“选择现有标准交换机”，单击“浏览”按钮，选择“vSwitch0”标准交换机，如图 2－212 所示。

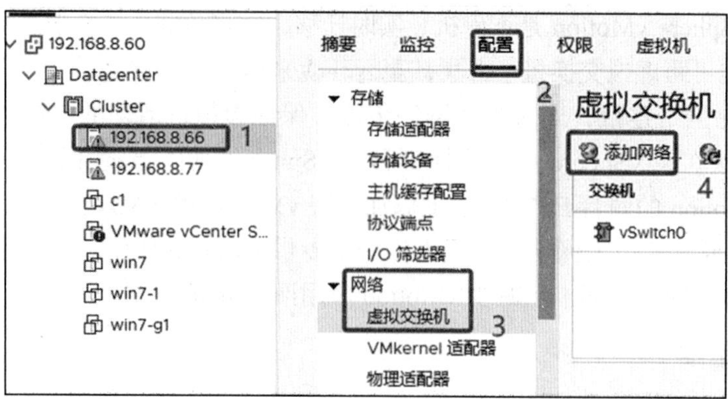

图 2-211　添加网络

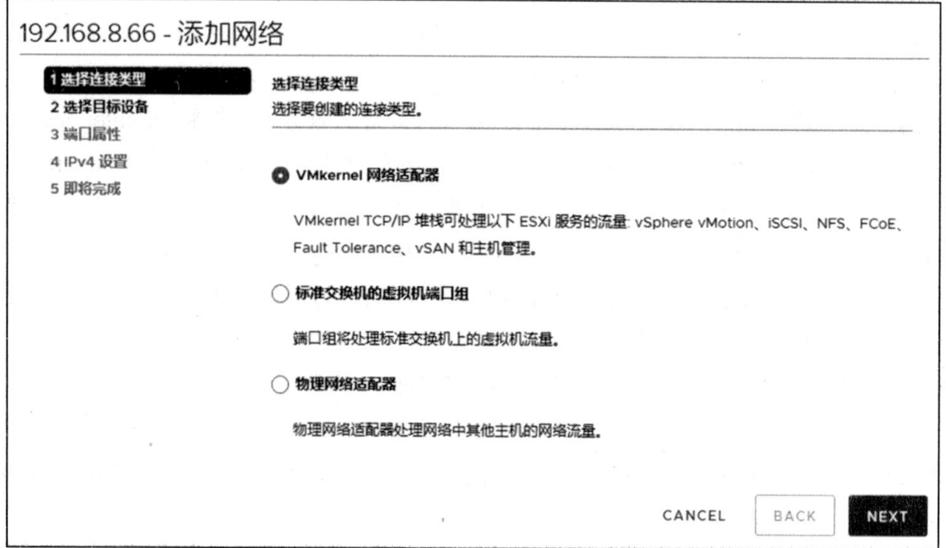

(a)

(b)

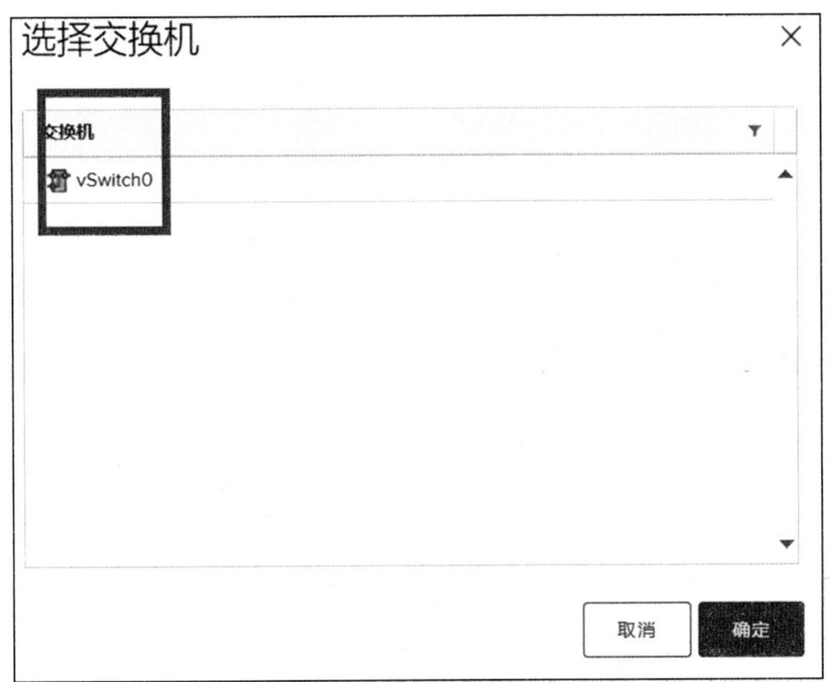

（c）

图 2-212　添加交换机

（3）配置端口属性。输入“网络标签”为“vMotion”，在“已启用的服务”中勾选“vMotion”复选框，如图 2-213 所示。

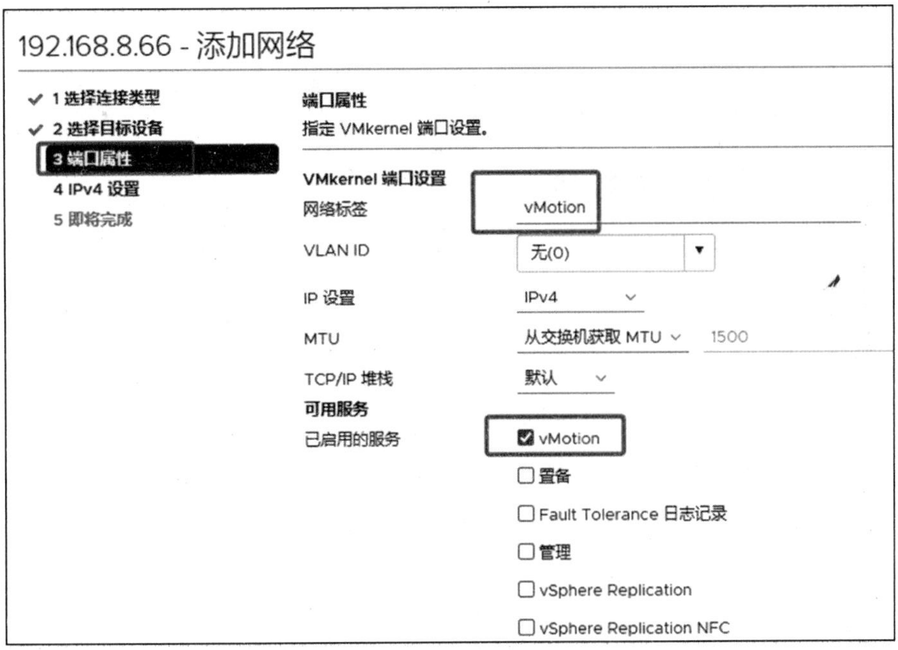

192.168.8.66 - 添加网络

1 选择连接类型
2 选择目标设备
3 端口属性
4 IPv4 设置
5 即将完成

端口属性
指定 VMkernel 端口设置。

VMkernel 端口设置
网络标签　vMotion
VLAN ID　无(0)
IP 设置　IPv4
MTU　从交换机获取 MTU　1500
TCP/IP 堆栈　默认
可用服务
已启用的服务　☑ vMotion
☐ 置备
☐ Fault Tolerance 日志记录
☐ 管理
☐ vSphere Replication
☐ vSphere Replication NFC

图 2-213　配置端口属性

（4）IPv4 设置。在“IPv4 设置”界面中，输入 VMkernel 端口的 IPv4 地址“192.168.8.101”，子网掩码“255.255.255.0”，也可以选择自动获取 IP 地址，如图 2－214 所示。

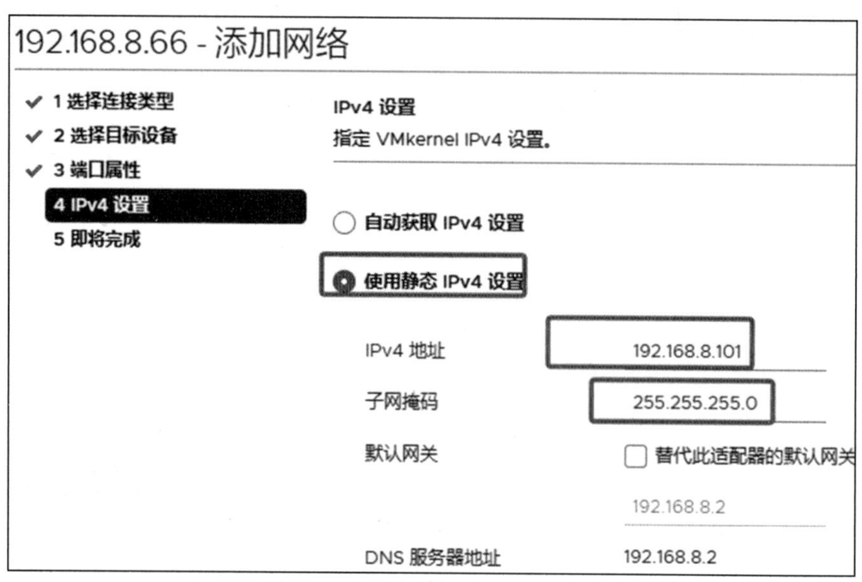

图 2－214　IPv4 设置

（5）在“即将完成”界面检查设置选择，如图 2－215 所示。

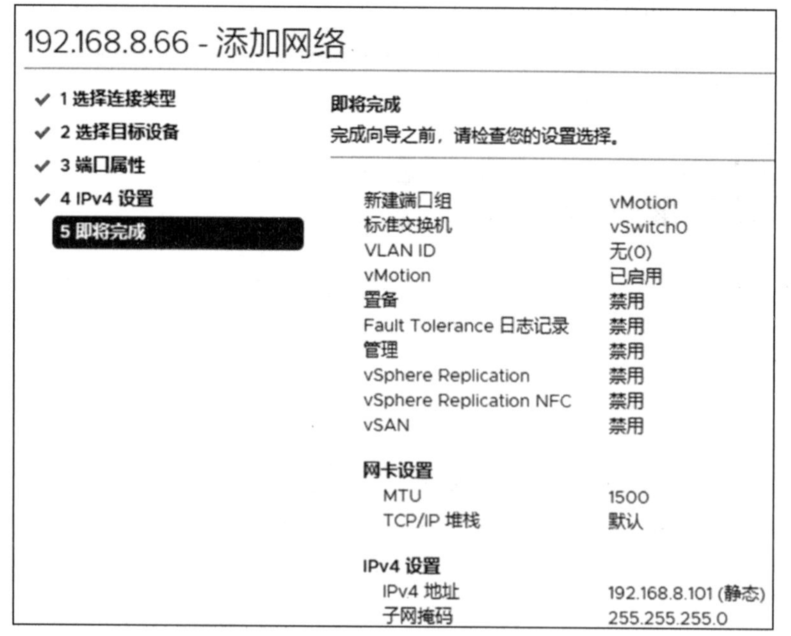

图 2－215　检查设置选择

（6）添加 vMotion 网络后查看此时的网络信息，如图 2－216 所示。

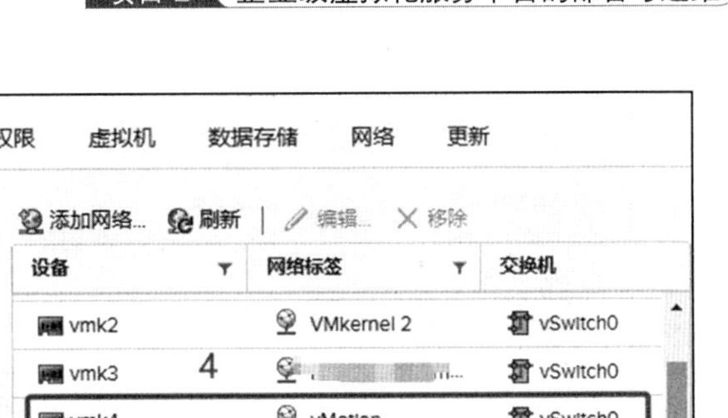

图 2－216　查看添加的网络信息

（7）用相同的方法为“192.168.8.77”主机添加支持 vMotion 的 VMkernel 端口，同样绑定到 vmnic 网卡，IP 地址为 192.168.8.102，如图 2－217 所示。

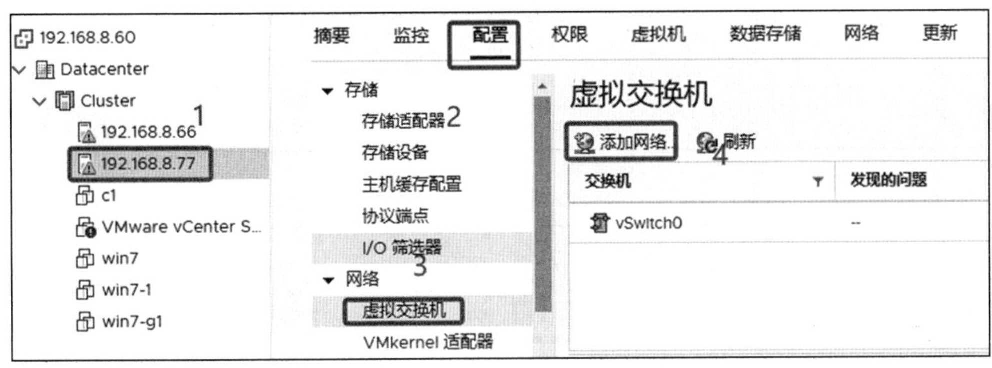

（a）

（b）

(c)

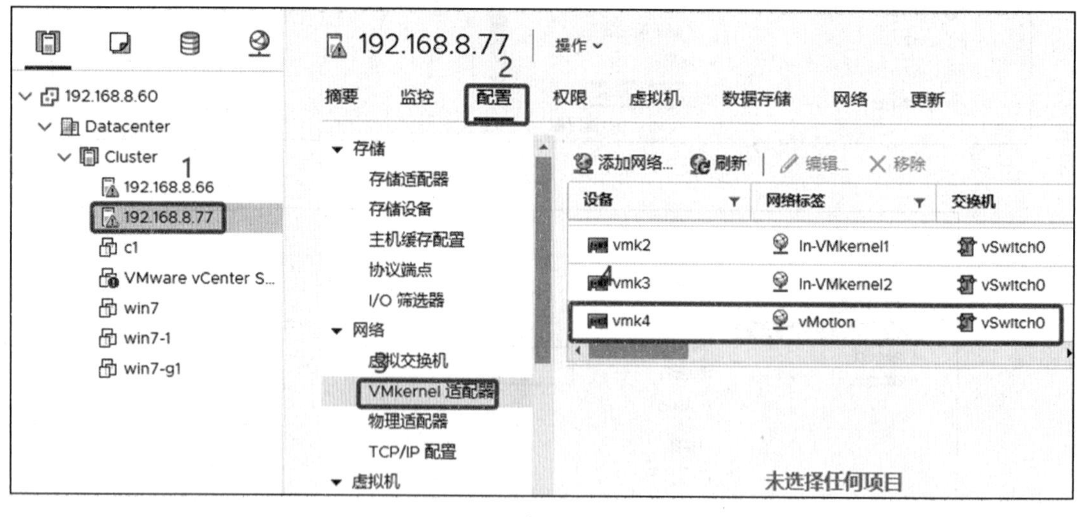

(d)

图 2－217　用相同的方法添加网络

（8）将正在运行的虚拟机从 ESXi 主机迁移到另一台 ESXi 主机上。

1）有虚拟机运行在 ESXi 主机上，现在将该虚拟机迁移到另一台 ESXi 主机上，vMotion 迁移是可以进行热迁移的。查看“192.168.8.66”主机是否有虚拟机，如图 2－218 所示。

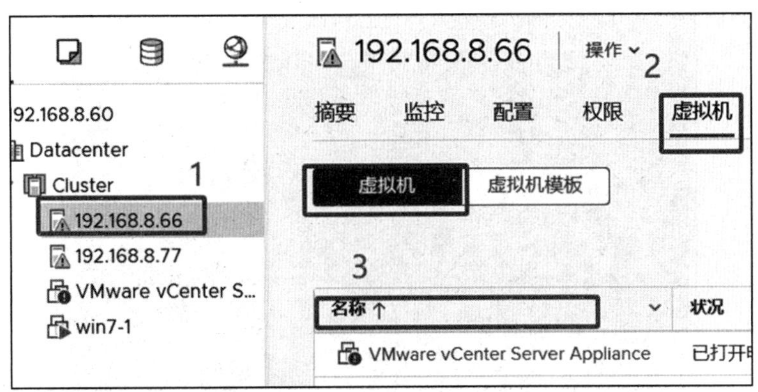

图 2 – 218　查看是否有虚拟机

2）同样查看“192.168.8.77”主机上是否有虚拟机，可以看到“192.168.8.77”主机有虚拟机，如图 2 – 219 所示，将其迁移到“192.168.8.66”主机上。

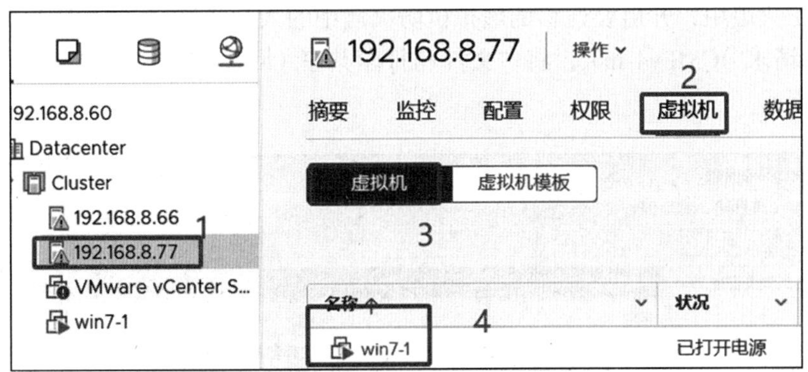

图 2 – 219　要迁移的虚拟机

3）在“192.168.8.77”主机上开启虚拟机，如图 2 – 220 所示。

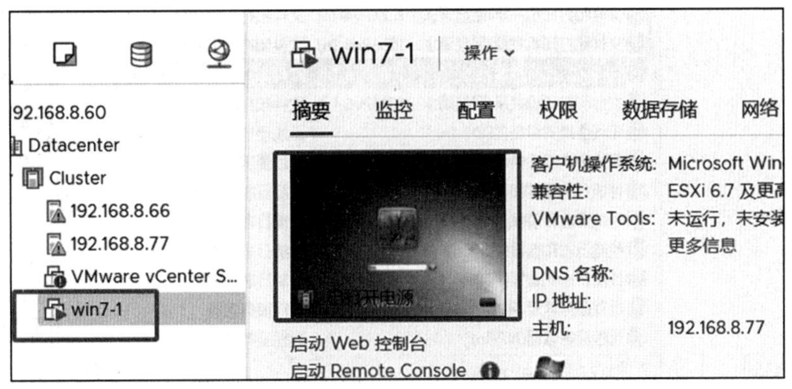

图 2 – 220　开启虚拟机

4）进入要迁移的虚拟机，开启 cmd，输入“ipconfig”，查看 IP 地址，如图 2 – 221 所示。

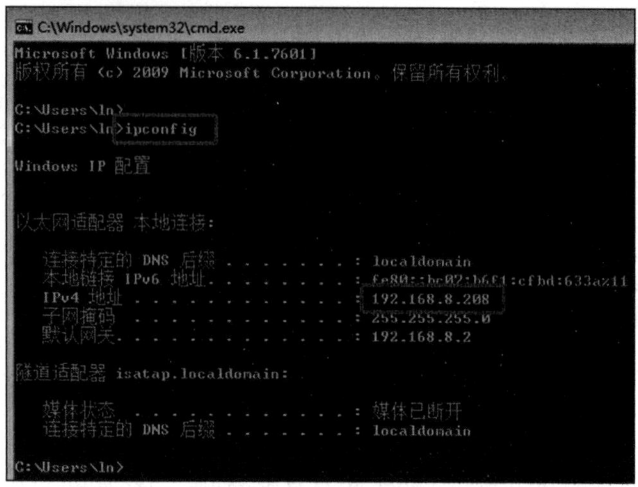

图 2－221　查看 IP 地址

5）在防火墙中，开启要迁移的虚拟机防火墙中的入站规则，主要是“文件和打印机共享（回显请求 -ICMPv4-In)”，将“文件和打印共享（回显请求 -ICMPv4-In)”开启，如图 2－222 所示。

图 2－222　开启入站规则

6）在本地主机中打开 cmd，使用 ping 命令连接要迁移的虚拟机，格式是：“ping 192.168.8.208 -t”，如图 2－223 所示。注意修改此时的虚拟机地址为静态的 IP 地址。

```
命令提示符 - ping 192.168.8.208 -t
Microsoft Windows [版本 10.0.19044.2965]
(c) Microsoft Corporation。保留所有权利。

C:\Users\Cronin>ping 192.168.8.208 -t

正在 Ping 192.168.8.208 具有 32 字节的数据:
来自 192.168.8.208 的回复: 字节=32 时间<1ms TTL=128
来自 192.168.8.208 的回复: 字节=32 时间<1ms TTL=128
来自 192.168.8.208 的回复: 字节=32 时间<1ms TTL=128
来自 192.168.8.208 的回复: 字节=32 时间<1ms TTL=128
来自 192.168.8.208 的回复: 字节=32 时间<1ms TTL=128
```

图 2－223　使用 ping 命令连接要迁移的虚拟机

7）右击要迁移的虚拟机，在弹出的快捷列表中选择“迁移...”，迁移到“192.168.8.66”主机上，如图 2－224 所示。

图 2－224　迁移

在“选择迁移类型”界面中，选择最后一个选项（注意这里没有使用 iSCSI 共享磁盘建立虚拟机，如果使用了 iSCSI 共享磁盘，则选择“仅更改计算机资源”），如图 2－225 所示。

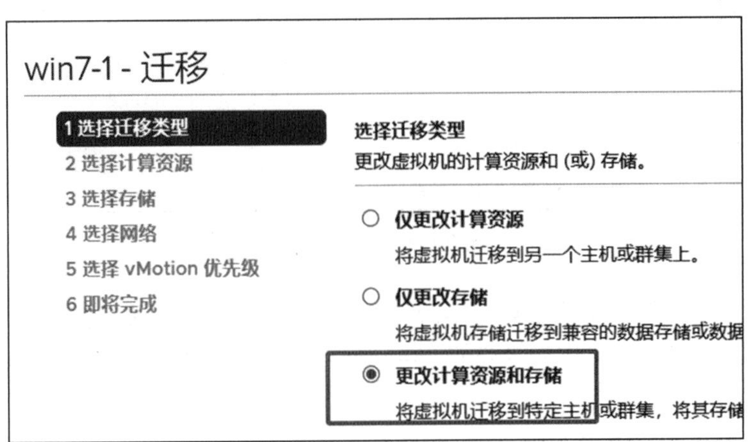

图 2－225　选择迁移类型

8）在“选择计算资源”界面中，选择要迁移到的“192.168.8.66”主机，如图 2－226 所示。

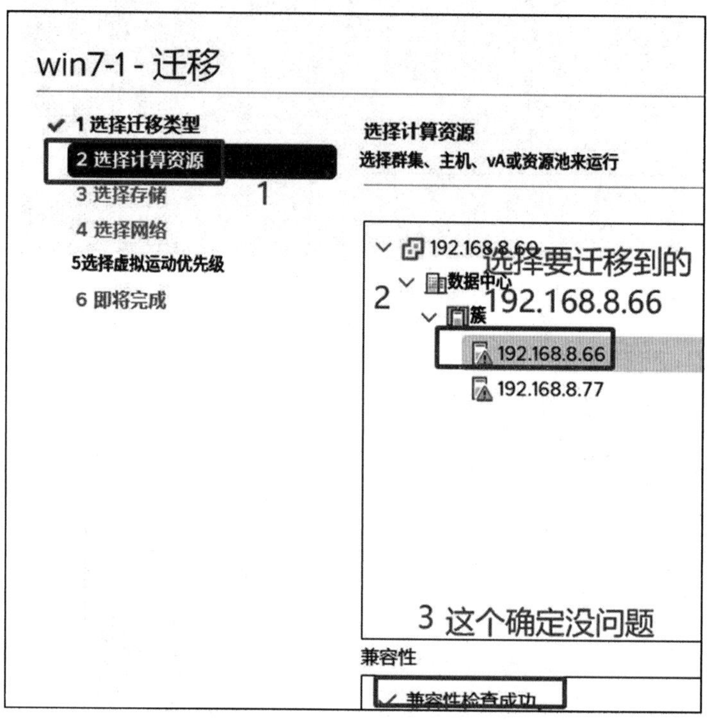

图 2－226　选择计算资源

9）选择存储（存储设备），存储设备是共享的 iSCSI 存储设备，如图 2－227 所示。

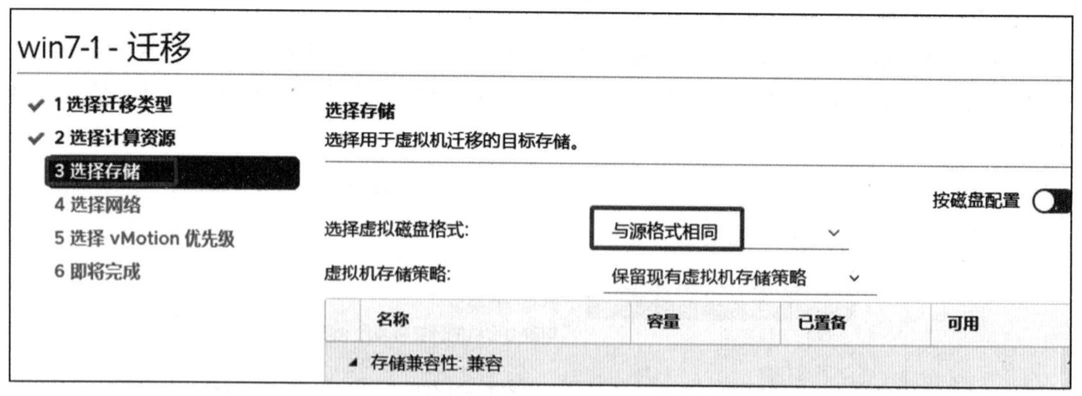

图 2－227　选择存储

10）选择网络。保持默认选择，单击“NEXT”按钮。下一步，在“选择 vMotion 优先级”界面中，选择“安排优先级高的 vMotion（建议)”，如图 2－228 所示。

(a)

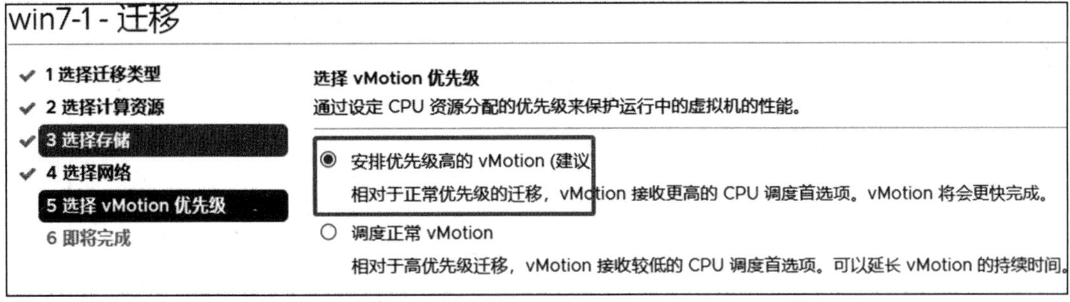

(b)

图 2-228　选择网络

11）单击“完成”按钮。迁移过程，如图 2-229 所示。

近期任务　警报

任务名称	目标	状态	启动者	排队时间	开始时间...	完成时间
重新放置虚拟机	win7-1	34%	VSPHERE.L...	undefined	2023/12/14 14:38:54	

图 2-229　迁移过程

12）查看此时在本地主机的 cmd，在迁移期间，虚拟机一直在响应 ping，中间只有少数的几个 ping 数据包响应时间较长，如图 2－230 所示。

```
来自 192.168.8.208 的回复: 字节=32 时间<1ms TTL=128
来自 192.168.8.208 的回复: 字节=32 时间<1ms TTL=128
来自 192.168.8.208 的回复: 字节=32 时间<1ms TTL=128
来自 192.168.8.208 的回复: 字节=32 时间<1ms TTL=128
来自 192.168.8.208 的回复: 字节=32 时间<1ms TTL=128
来自 192.168.8.208 的回复: 字节=32 时间<1ms TTL=128
来自 192.168.8.208 的回复: 字节=32 时间=1ms TTL=128
来自 192.168.8.208 的回复: 字节=32 时间<1ms TTL=128
来自 192.168.8.208 的回复: 字节=32 时间<1ms TTL=128
来自 192.168.8.208 的回复: 字节=32 时间<1ms TTL=128
来自 192.168.8.208 的回复: 字节=32 时间<1ms TTL=128
来自 192.168.8.208 的回复: 字节=32 时间<1ms TTL=128
来自 192.168.8.208 的回复: 字节=32 时间=76ms TTL=128
来自 192.168.8.208 的回复: 字节=32 时间=2ms TTL=128
来自 192.168.8.208 的回复: 字节=32 时间=212ms TTL=128
来自 192.168.8.208 的回复: 字节=32 时间=4ms TTL=128
来自 192.168.8.208 的回复: 字节=32 时间<1ms TTL=128
来自 192.168.8.208 的回复: 字节=32 时间<1ms TTL=128
```

图 2－230　虚拟机响应 ping

使用 vMotion 迁移正在运行的虚拟机时，虚拟机一直在正常运行，其所提供的服务一直处于可用状态，只在迁移将要完成之前中断很短的时间。

13）现在到另一台主机“192.168.8.66”上查看迁移后的虚拟机，如图 2－231 所示。

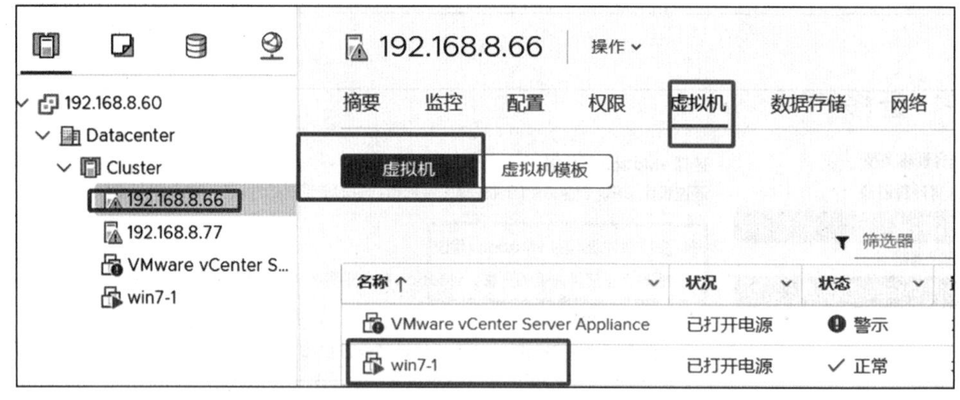

图 2－231　查看迁移后的虚拟机

2.4.4　高可用（HA）

vCenter 的 HA（High Availability，高可用）功能是为了确保虚拟化环境中业务的连续性和稳定性而设计的。当发生硬件故障或系统宕机时，HA 功能能够自动将受影响的虚拟机迁移到其他正常运行的物理主机上，从而避免服务中断和数据丢失。

vCenter 的 HA 功能通过监控虚拟化环境中的主机和虚拟机的状态来实现。当检测到主机故障或虚拟机无法访问时，HA 会触发自动迁移机制。在迁移过程中，HA 会考虑虚拟机的资源需求和目标主机的负载情况，以确保迁移后的虚拟机能够正常运行并满足性能要求。

为了实现 HA 功能，管理员需要在 vCenter 中进行相应的配置和设置，包括指定 HA 集群的范围、设置故障切换策略、定义主机和虚拟机的监控参数等。此外，还需要确保所有参与 HA 的主机都满足兼容性要求，并且网络连接稳定可靠。

当 HA 功能被启用后，它会持续监控虚拟化环境的状态。一旦发生故障或异常情况，HA 会立即启动故障切换机制，将受影响的虚拟机迁移到其他主机上，并恢复服务的正常运行。同时，HA 还会记录故障信息和迁移过程，以便管理员进行后续的故障排查和性能优化。

vCenter 的 HA 功能通过自动迁移和故障切换机制，提高了虚拟化环境的可靠性和稳定性，确保了业务的连续性和数据的安全性。

1. HA 概述

HA 是一种系统设计策略，旨在减少系统无法提供服务的时间，它是分布式系统架构设计中的重要因素之一。

高可用群集（High Availability Cluster，HA Cluster）是以减少服务中断时间为目的的服务器群集技术，用以确保公司业务不宕机。

HA 的容错备援运作过程包括以下几个阶段：

（1）自动侦测（Auto-Detect）。

主机的软件通过冗余侦测线，使用复杂的监听程序，进行逻辑判断，互相侦测对方的运行情况，检查项目有：主机硬件（CPU 和周边）、主机网络、主机操作系统、数据库引擎及其他应用程序、主机与磁盘阵列连线。

（2）自动切换（Auto-Switch）。

主机确认对方故障，正常主机会在继续原来的任务基础上，依据各种容错备援模式接管预先设定备援作业程序，进行后续程序及服务。

（3）自动恢复（Auto-Recovery）。

正常主机代替故障主机后，故障主机离线修复。故障主机修复后，透过冗余通信线与原正常主机连线，自动切换回修复完成的主机上。

2. HA 的工作方式

（1）主从方式（非对称方式）。

当主机工作时，备机处于监控准备状态。当主机宕机时，备机接管主机工作，待主机恢复正常后，按设定，以自动或手动方式切换到主机上运行，通过共享存储系统解决数据一致性。

（2）双机双工方式（互备方式）。

两台主机同时运行各自服务工作，并相互监测，当某台主机宕机时，另一台主机接管工作，共享存储系统中存储应用服务系统的关键数据。

（3）群集工作方式（多服务器互备方式）。

多台主机工作，各自运行一个或几个服务，各为服务定义一台或多台备用主机，当某台主机故障时，运行在其上的服务可被其他主机接管。

3. HA 与 DRS 的区别

ESXi 主机出现故障时，HA 使主机内虚拟机在其他主机上重启，与 DRS 不同，HA 没用 vMotion 技术。vMotion 适合预先规划好的迁移，要求源和目标 ESXi 主机都正常，无法预知 ESXi 主机硬件故障，没有足够时间执行 vMotion 操作。

HA 适合解决 ESXi 主机硬件故障计划外停机。

4. Master 与 Slave 主机

创建 HA 群集时，FDM 代理会部署在群集每台 ESXi 主机上，主机存储最多的被选举为 Master 主机，若存储数量相等，选择主机最高 ID，其他主机都是 Slave 主机。

（1）Master 主机任务。

1）负责 HA 群集中执行重要任务。

2）监控 Slave 主机，Slave 主机出现故障时在其他 ESXi 主机上重启虚拟机。

3）监控受保护的虚拟机电源状态。如果受保护的虚拟机发生故障，Master 主机将负责重启这些虚拟机。

4）管理一组受保护的虚拟机。在用户执行启动或关闭操作后更新列表。虚拟机开启时即受到保护，若主机发生故障，将在其他主机上重启虚拟机；虚拟机关闭时，则不再受到保护。

5）缓存群集配置。Master 主机向 Slave 主机发送通知，通知群集配置发生变化。

6）Master 主机向 Slave 主机发送心跳信息，告知它 Master 主机处于正常激活状态。如果 Slave 主机接收不到心跳信息，会重新选举出新的 Master 主机。

（2）vSphere 网络和存储。

vSphere HA 利用管理网络和存储设备进行通信，其中 Master 主机与 Slave 主机间的交流也通过此网络实现。如果 Master 主机无法通过管理网络与 Slave 主机建立联系，它会查询心跳信息存储。如果数据存储响应，表明 Slave 主机运行正常，这可能是由网络分区或网络隔离引起的。

1）网络分区（Network Partition）。

即使一台或多台 Slave 主机与 Master 主机无法通过管理网络通信，只要它们的网络连接没有问题，vSphere HA 可以通过心跳信息存储来检查这些主机是否运行正常，并判断是否需要采取措施来保护主机内的虚拟机，或者在发生网络分区的区域内选择一台新的 Master 主机。

2）网络隔离（Network Isolation）。

当有一台或多台 Slave 主机失去所有管理网络连接时，它们既无法与 Master 主机通信，也无法与其他 ESXi 主机通信。这些被隔离的主机通过心跳信息存储向 Master 主机报告它们的隔离状态。此外，Slave 主机还会使用一个特殊的二进制文件（Host-X-Poweron）来通知 Master 主机，以便 vSphere HA 执行相应的操作，确保虚拟机得到保护。

5. HA 的准备工作

运维 HA 时，需要的准备工作有：

（1）群集：HA 需群集实现，在群集上启用 HA。

（2）共享存储：在 HA 群集中，主机必须能访问相同共享存储（包括 FC 光纤通道存储、FCoE 存储和 iSCSI 存储等）。

（3）虚拟网络：ESXi 主机必须有完全相同的虚拟网络配置。若在 ESXi 主机上添加新的虚拟交换机，虚拟交换机要添加到群集中其他 ESXi 主机上。

（4）心跳网络：HA 通过管理网络和存储设备发送心跳信息，因此管理网络和存储设备要有冗余，否则 vSphere 会给出警告。

（5）充足的计算资源：每台 ESXi 主机的计算资源是有限的，当 ESXi 主机出现故障时，该主机上的虚拟机要在其他 ESXi 主机上重启。HA 用接入控制策略保证 ESXi 主机为虚拟机分配充足的计算资源。

（6）VMwareTools：虚拟机安装 VMwareTools 实现 HA 虚拟机监控功能。

6. HA 的部署与运维

当 vCenter Server 出现故障时，HA 功能可以自动将管理任务转移到其他正常的 vCenter Server 实例，从而减少停机时间和降低业务中断风险。

vCenter HA 的工作是通过 vSphere High Availability Cluster（HAC）实现的。以下是 vCenter HA 的关键点：

故障检测：vCenter HA 会持续监控 vCenter Server 的健康状态。如果检测到 vCenter Server 不响应，它将触发故障转移过程。

故障转移：在检测到 vCenter Server 出现故障后，vCenter HA 会将 vCenter Server 的角色和责任转移到另一个正常的 vCenter Server 实例，包括管理所有相关的 ESXi 主机和虚拟机。

故障恢复：当故障的 vCenter Server 恢复后，它可以重新加入 HAC 作为备用实例。如果主实例再次发生故障，备用实例可以立即接管。

配置要求：要在 vSphere 环境中启用 vCenter HA，必须将 vCenter Server 配置为高可用性群集。这至少需要两台主机，每台主机上运行一个 vCenter Server 实例。

网络要求：vCenter HA 还需要确保 vCenter Server 实例之间有足够的网络连接，以及 vCenter 能与 ESXi 主机连接。

数据同步：vCenter HA 会同步 vCenter Server 实例之间的数据，确保它们都有最新的配置和设置信息。

管理：vCenter HA 可以通过 vSphere Client 进行配置和管理。

限制：虽然 vCenter HA 可以减少 vCenter Server 的停机时间，但它不保护 ESXi 主机或虚拟机免受故障的影响。这需要使用 vSphere HA 或其他故障转移解决方案来保护虚拟机和主机。

版本兼容性：vCenter HA 要求使用的 vCenter Server 和 ESXi 主机版本相互兼容。

vCenter HA 是确保企业级虚拟化环境中的关键组件（如 vCenter Server）高可用性的重要功能。通过适当的配置和管理，可以显著提高整个虚拟化基础设施的可靠性和业务

高可用性（HA）

连续性。

（1）HA 运维。

HA 的功能是防止 ESXi 主机故障以及确保虚拟机能够持续正常运行，在数据中心操作中发挥关键作用。设置 HA 的步骤如下：

1）使用以前建立的 Cluster，右击群集名称（如“Cluster”），在弹出的快捷列表中选择“设置”，如图 2－232 所示。

图 2－232　选择“设置”

2）在“服务”下面选择“vSphere 可用性”，如图 2－233 所示。

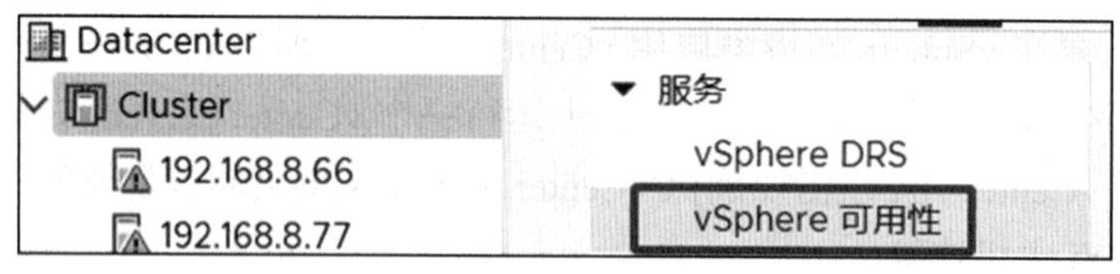

图 2－233　选择“vSphere 可用性”

3）选择“编辑”，如图 2－234 所示。

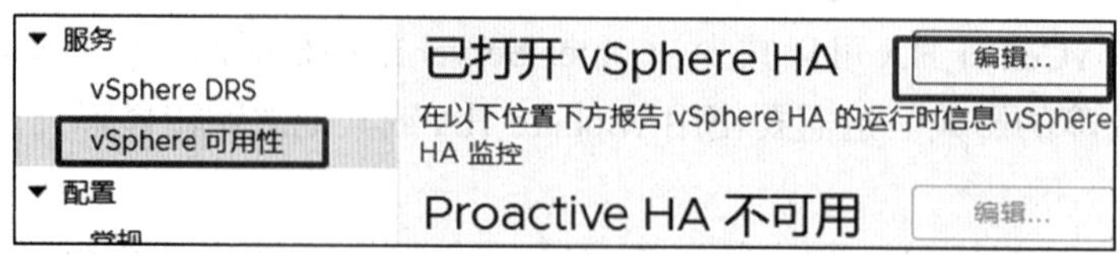

图 2－234　选择“编辑”

4）开启 HA。“vSphere HA”打开为绿色，设置“主机故障响应”为“重新启动虚拟机”，“针对主机隔离的响应”为“关闭虚拟机电源再重新启动虚拟机”，“虚拟机监控”为“仅虚拟机监控”，如图 2－235 所示。

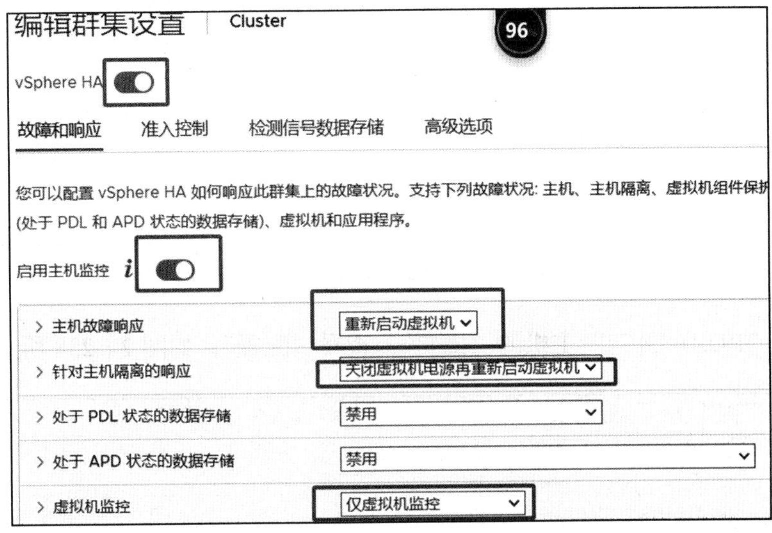

图 2－235　开启 HA

5）启用 vSphere HA，选择“检测信号数据存储”中的“使用指定列表中的数据存储并根据需要自动补充”，选择 iSCSI 共享存储，如图 2－236 所示。

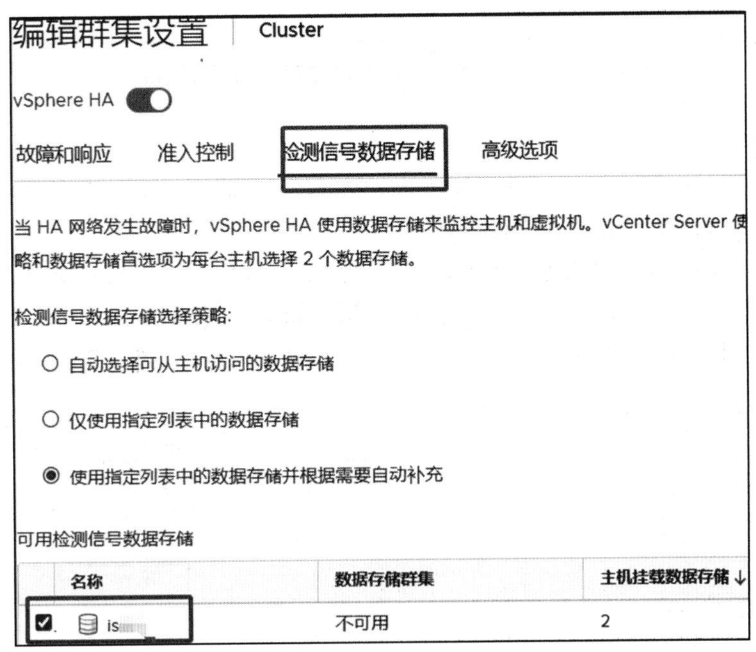

图 2－236　检测信号数据存储

6）查看“192.168.8.66”主机的“摘要”，查看“配置”，可以看到主机信息，如图 2－237 所示。

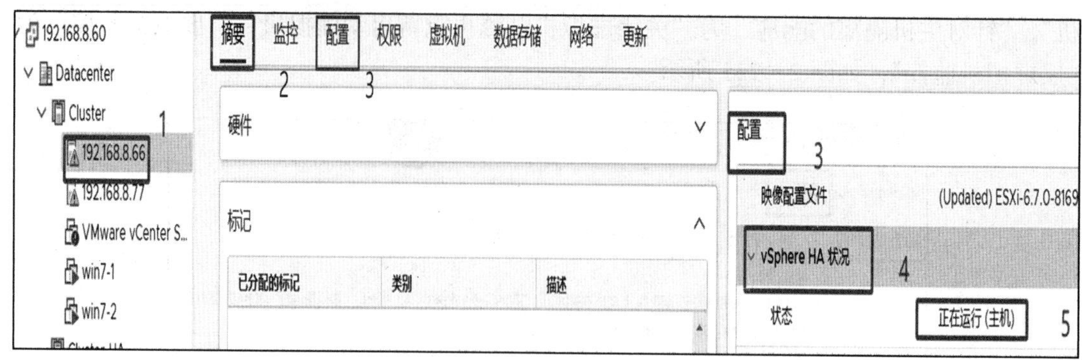

图 2－237　查看“192.168.8.66”主机配置信息

7）查看“192.168.8.77”主机的“摘要”，查看“配置”，如图 2－238 所示。

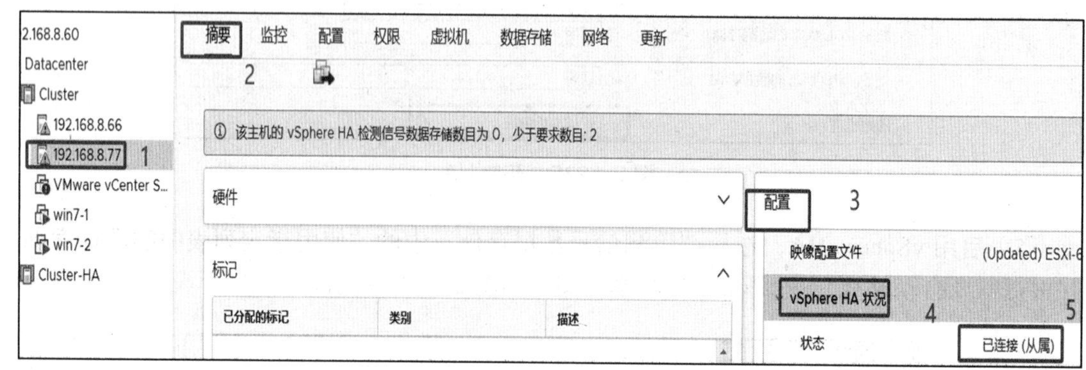

图 2－238　查看“192.168.8.77”主机配置信息

（2）调整优先级。

群集中重要的虚拟机重新启动优先级设置为高。当 ESXi 主机发生故障时，重要的虚拟机优先在其他 ESXi 主机上重新启动。

在 vSphere 群集（如“Cluster”）配置的“虚拟机替代项”处单击“添加 ...”，选择虚拟机（如“win7”），为虚拟机配置其特有的 HA 选项，如图 2－239 所示。虚拟机重新启动优先级设置为高，当该虚拟机的主机出现问题时，优先让该虚拟机在其他 ESXi 主机上重新启动。

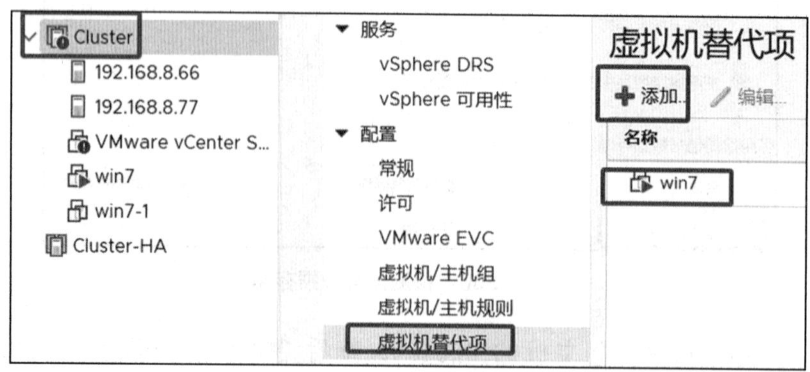

图 2－239　添加虚拟机替代项 1

选择虚拟机（注意虚拟机是安装在共享磁盘中的），如图 2－240 所示。

添加虚拟机替代项 Cluster

1 选择虚拟机
2 添加虚拟机替代项

选择虚拟机

筛选　已选择 (1)

筛选器

	名称 ↑	状况	状态	置备的空间
☐	VMware vCenter Server Appliance	已打开电源	警示	389.95 GB
☑	win7-1	已关闭电源	✓ 正常	33.21 GB

图 2－240　选择虚拟机

添加虚拟机替代项，选择 HA，如图 2－241 所示。

1 选择虚拟机
2 添加虚拟机替代项

添加虚拟机替代项

vSphere DRS

DRS 自动化级别　☐ 替代　全自动

vSphere HA

虚拟机重新启动优先级　☑ 替代　高

以下情况下启动下一优先级的虚拟机:　☑ 替代　已检测到客户机检测信号

额外延迟:　☐ 替代　0　秒

虚拟机依赖关系重新启动条件超时:　☐ 替代　600　秒

主机隔离响应　☐ 替代　关闭虚拟机电源再重新启动

图 2－241　添加虚拟机替代项 2

vSphere 要求 ESXi 连接的共享存储至少 2 个，目前只有 1 个 iSCSI 共享存储，这暂不影响配置。在群集设置中选择数据存储检测信号，选择其中任何群集数据存储。

（3）设置虚拟机。

开启虚拟机（如 win7），目前在“192.168.8.77”主机上有台虚拟机，如图 2－242 所示。

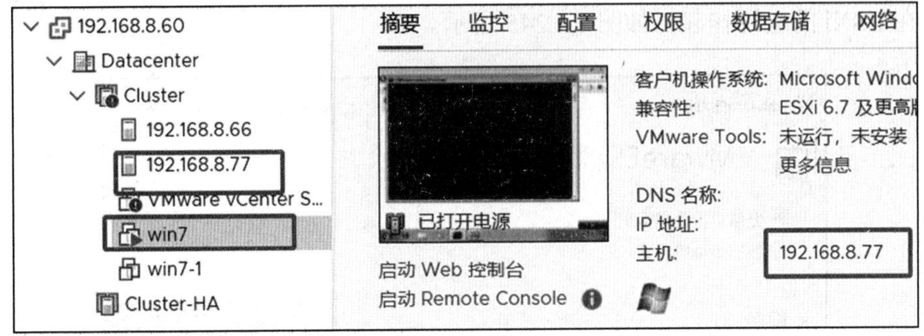

图 2－242　查看虚拟机位置

进入win7的操作系统，打开“网络”设置，设置此时win7的静态IP地址，如图2－243所示。

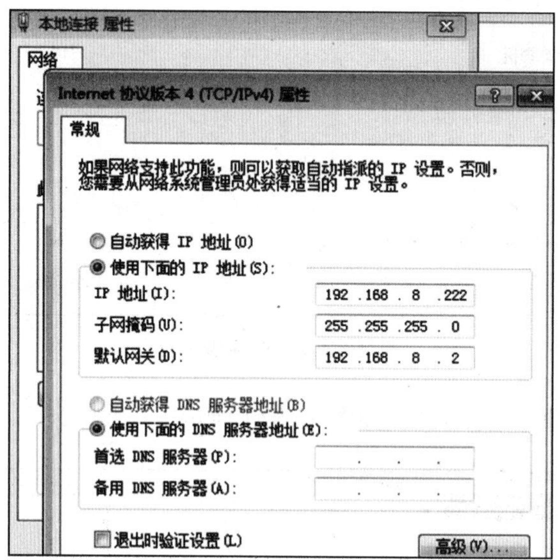

图2－243　设置静态IP地址

在本地主机的cmd上使用命令“ping 192.168.8.222 -t”，如图2－244所示。

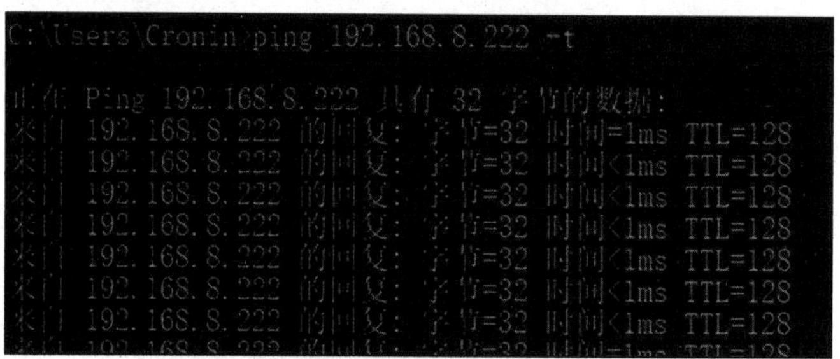

图2－244　使用命令“ping 192.168.8.222 -t”

（4）测试HA运维。

模拟ESXi主机“192.168.8.77”不能正常工作的情况。在VMware Workstation中将win7所在ESXi的电源挂起，如图2－245所示。

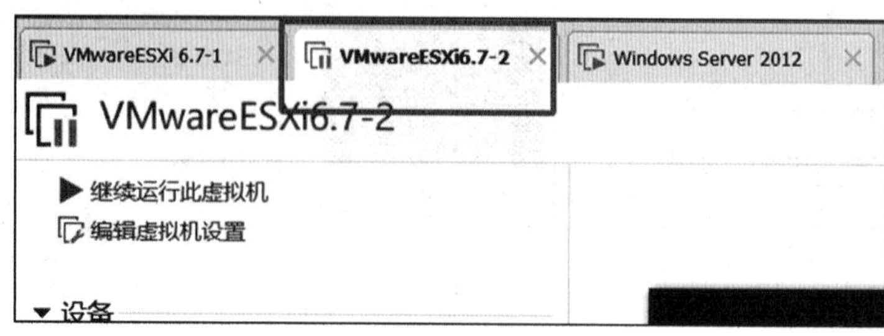

图2－245　挂起所在ESXi的电源

此时 win7 所在的主机变成“192.168.8.66”，如图 2－246 所示。

图 2－246　运维后主机变成“192.168.8.66”

此时 cmd 中的运行情况，如图 2－247 所示。

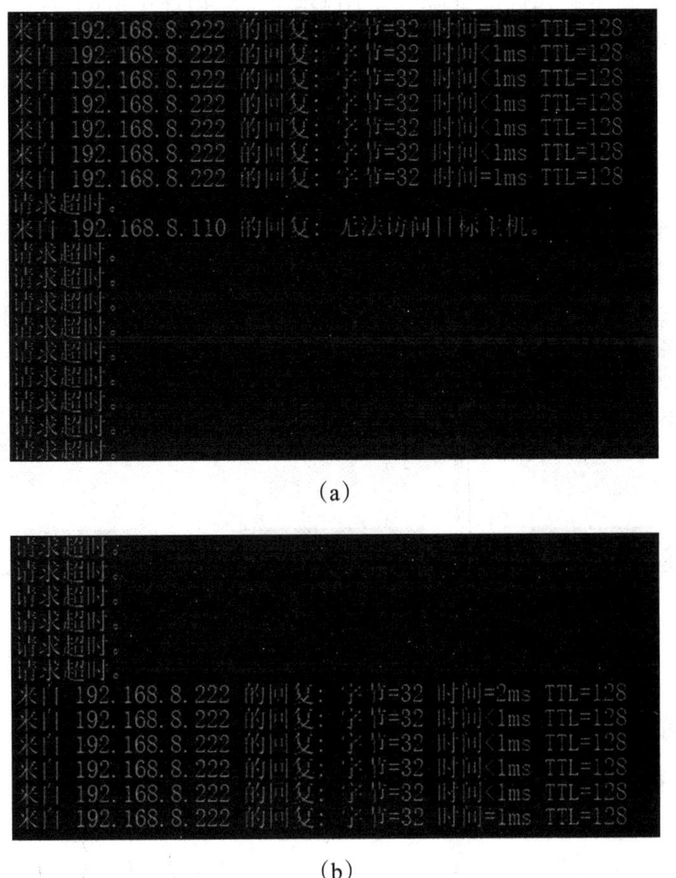

(a)

(b)

图 2－247　cmd 中的运行情况

vSphere HA 会检测到主机“192.168.8.77”发生故障，将其上面的虚拟机在另一台主机“192.168.8.66”上重启。

在虚拟机摘要中看到虚拟机已经在主机“192.168.8.66”上重启，虚拟机受 vSphere HA 的保护。

提示 vSphere HA 在 ESXi 主机上切换时，虚拟机是自动在另一台 ESXi 上重启的，若切换，业务会有延迟或断开情况。

2.4.5 分布式资源调度

1. 分布式资源调度概述

分布式资源调度程序（Distributed Resource Scheduler，DRS），其基本功能是在资源池中的物理服务器之间重新分配虚拟机。它通过动态监控资源池的负载情况，智能地触发虚拟机迁移，以实现资源负载的均衡。

VMware DRS 是一种分布式资源调度程序，能实现自动化资源分配和负载均衡资源管理。为预防主机资源瓶颈和性能下降，使用 DRS 监测物理主机的资源利用率，根据主机的负载情况自动将虚拟机迁移到可用主机。

DRS 通过 vMotion 自动迁移虚拟机，使群集中的 CPU 和内存等资源平衡，如图 2－248 所示。

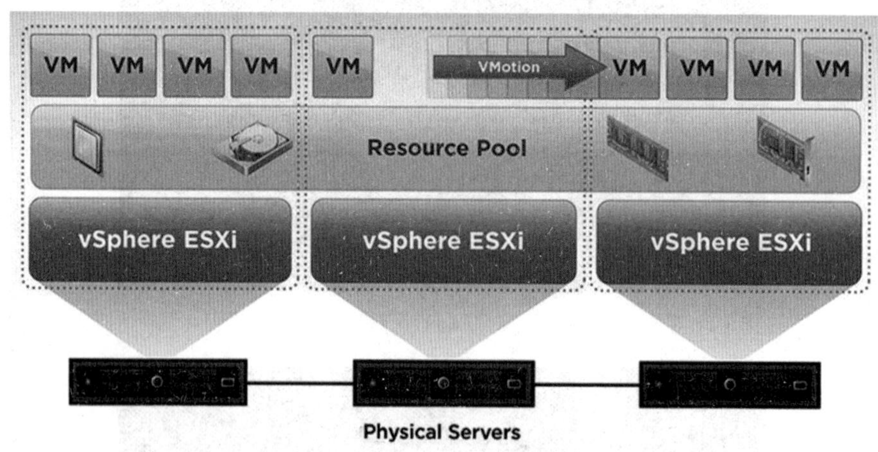

图 2－248 自动迁移虚拟机

2. DRS 许可 License

DRS 需要配置 VMware vSphere 许可证。

（1）VMware vSphere Standard 许可证：支持 DRS 的基础功能，但不包括高级的 DRS 自适应调度和资源缩放功能。

（2）VMware vSphere Enterprise Plus 许可证：支持完整的 DRS 功能，包括高级的 DRS 自适应调度和资源缩放功能。

（3）VMware vSphere with Operations Management Enterprise Plus 许可证：除了支持完整的 DRS 功能外，还提供额外的运营管理工具，如 vRealize Operations。

值得注意的是，DRS 功能是 vSphere 许可证的一部分，如果需要使用其他高级功能（如 vMotion 和 HA 等），也需要配置相应的许可证，如图 2－249 所示。

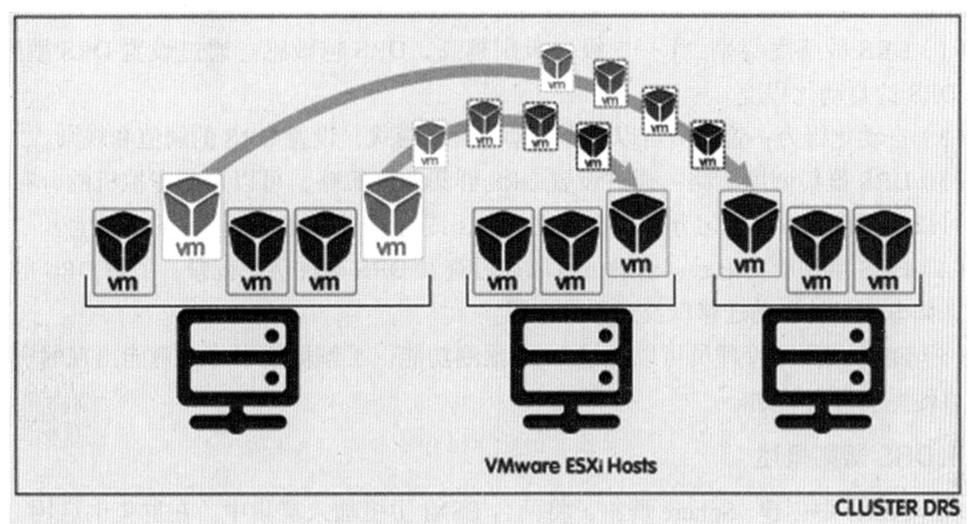

图 2－249　DRS 功能

3. DRS 设置与配置

DRS 实现负载平衡，将负载过重的 ESXi 主机中的运行虚拟机迁移到有足够计算资源的主机。VMware DRS 群集使用自动虚拟机迁移，解决工作负载导致该主机上运行的所有虚拟机性能降低的情况。

故障转移（HA）与负载平衡（DRS）相结合是许多 VMware 环境中推荐的策略。vMotion 技术支持对用户和应用程序透明的虚拟机实时迁移，即使在进行迁移操作时，用户也不会感受到服务中断。

DRS 解决方案是在大型 VMware 虚拟环境中，为具有不均衡工作负载的主机提供合理的资源管理。负载均衡的高可用性群集是通过 HA 与 DRS 相结合实现的。DRS 的自动迁移虚拟机功能，便于管理员对置于维护模式的 ESXi 服务器的迁移。对于固件升级、安装安全补丁、ESXi 更新等，DRS 开启才能让 ESXi 服务器执行维护操作，但在维护模式的 ESXi 服务器上不能运行任何虚拟机。

DRS 群集设置条件：

（1）CPU 兼容性。ESXi 主机间需最大处理器兼容性，处理器应由同一制造商生产，ESXi 主机应使用同处理器型号。

（2）共享数据存储。ESXi 主机需要连接到共享存储设备，如 SAN（存储区域网络）或 NAS（网络附加存储），以便能访问共享的 VMFS 卷。

（3）网络连接。ESXi 主机需要相互连接，并且需要有单独的 vMotion 网络，该网络至少需要 1Gbit 的带宽，用于主机间的虚拟机迁移。

（4）部署 vCenter Server 管理、配置群集。

（5）安装、配置至少 2 个 ESXi 服务器。

使用 vSphere Web Client 或 vSphere Client 管理界面配置、管理 DRS。

DRS 常见设置如下：

（1）DRS 敏感度级别：1 ～ 5 级，级别越高，DRS 越敏感。通过设置 DRS 敏感度，控制 DRS 的自动化程度。

（2）自动化行为：管理员可以选择手动或自动模式，设置 DRS 的阈值和规则。

（3）DRS 群集调度策略：通过设置 DRS 群集调度策略，可以控制虚拟机的分布。管理员可以选择将虚拟机均匀分布在物理主机上，或将虚拟机集中在较少的主机上。

（4）DRS 事件历史记录：管理员可以通过查看 DRS 事件历史记录，了解 DRS 的活动情况，如虚拟机的自动迁移以及迁移的原因。

（5）DRS 预测：管理员可以通过 DRS 预测功能，了解群集中将来可能出现的资源需求，以便提前做出计划。

4. DRS 规则概述

在 vCenter 中创建 vSphere 群集，将两台 ESXi 主机加入群集中。在群集中启用 DRS，配置 DRS 规则。

（1）DRS 有 3 种自动化级别。

- 手工：虚拟机、ESXi 主机负载过重，要迁移虚拟机时，vCenter 给出建议，管理员确认后，再执行操作。
- 半自动：虚拟机开机时自动位于合适的 ESXi 主机上。当 ESXi 主机负载过重时，vCenter 给出迁移建议，由管理员确认，再执行操作。
- 全自动：虚拟机开机时将自动置于最合适的 ESXi 主机上，并且将自动从一台 ESXi 主机迁移到另一台 ESXi 主机上，以优化资源使用情况。

（2）ESXi 主机型号不同。

在硬件配置高的 ESXi 主机中运行的虚拟机，可以迁移到硬件配置低的 ESXi 主机上，选择“手动”或“半自动”级别进行迁移，反之则不行。

（3）ESXi 主机型号相同。

选择“全自动”级别，管理员无须在意虚拟机在哪台 ESXi 主机上运行，只做好日常监控工作即可。

（4）EVC。

EVC（Enhanced vMotion Compatibility）是增强的 vMotion 兼容性，它解决新服务器加入原有 vSphere 虚拟化架构后，管理员无法执行 vMotion 的问题。DRS 用 vMotion 实现虚拟机自动迁移，可能会涉及将虚拟机迁移到最新采购的 CPU 型号的服务器上。但 vMotion 严格要求 CPU 是同一厂商、同一系列、共享一套公共 CPU 指令集和功能。EVC 通过在群集级别启用，并设置一个所有主机都支持的 CPU 功能基准，防止因 CPU 不兼容而导致的 vMotion 迁移失败。

EVC 包含 3 种模式：

- 禁用 EVC：当群集中所有 ESXi 主机的 CPU 型号完全相同时，可以不需要 CPU 兼容性，选择禁用 EVC。
- AMD 启用 EVC：AMD CPU 允许 AMD 公司 CPU 的 ESXi 主机加入群集。
- Intel 启用 EVC：Intel CPU 只允许 Intel 公司 CPU 的 ESXi 主机加入群集。如果群集中的 ESXi 主机都是 Intel 公司的 CPU，但属于不同的年份，同样需要启用此 EVC 模式。

分布式资源调度

5. DRS 部署运维

（1）在 vCenter 中创建 vSphere 群集，将两台 ESXi 主机都加入群集中。

右击主页“主机和群集”的“Datacenter”，在弹出的快捷列表中选择“新建群集...”，如图 2－250 所示。

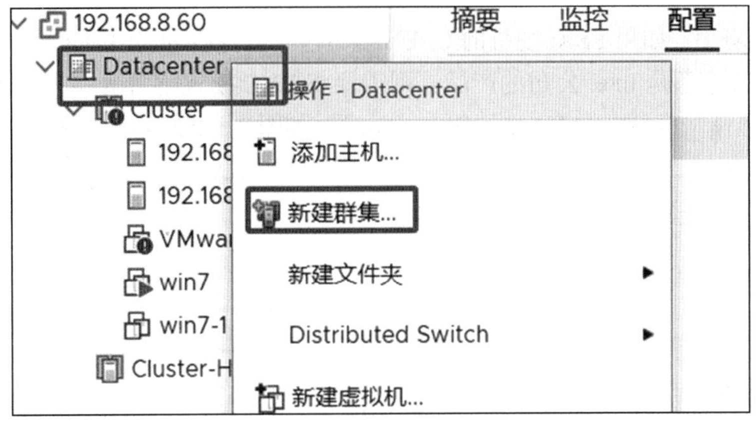

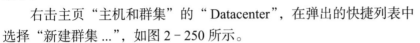

图 2－250　新建群集

在“新建群集”界面中，输入群集名称，启用“DRS”和“vSphere HA”等功能，如图 2－251 所示。

图 2－251　设置群集

（2）设置 EVC。

选中群集，在“配置”中，VMware EVC 的状态为“已禁用”。两台 ESXi 主机通过 VM 模拟出来，硬件配置完全相同，可以不启用 VMware EVC，如图 2-252 所示。

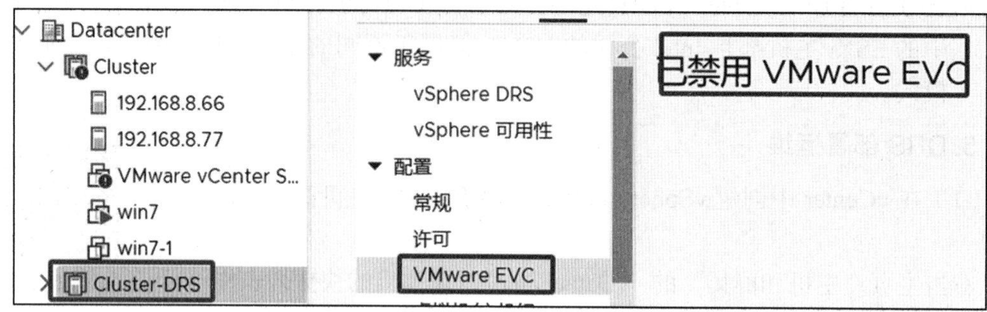

图 2-252　禁用 VMwareEVC

在生产环境中，如果 ESXi 主机的 CPU 是来自同一厂商不同年份的产品，例如，所有 ESXi 主机的 CPU 都是 Intel 公司的产品，则需要将 EVC 模式配置为“为 Intel® 主机启用 EVC”，然后选择“Intel®‘Merom’Generation”，如图 2-253 所示，单击“编辑”按钮。

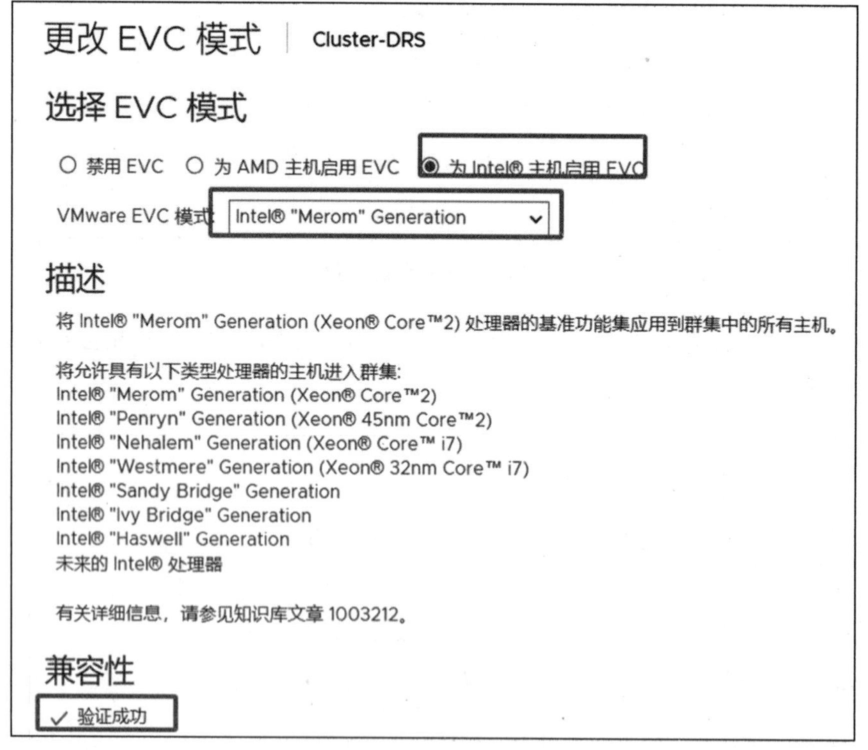

图 2-253　更改 EVC 模式

（3）将主机移至群集中。

选中“192.168.8.66”主机，按住鼠标左键移至群集 vSphere 中，如图 2-254 所示。

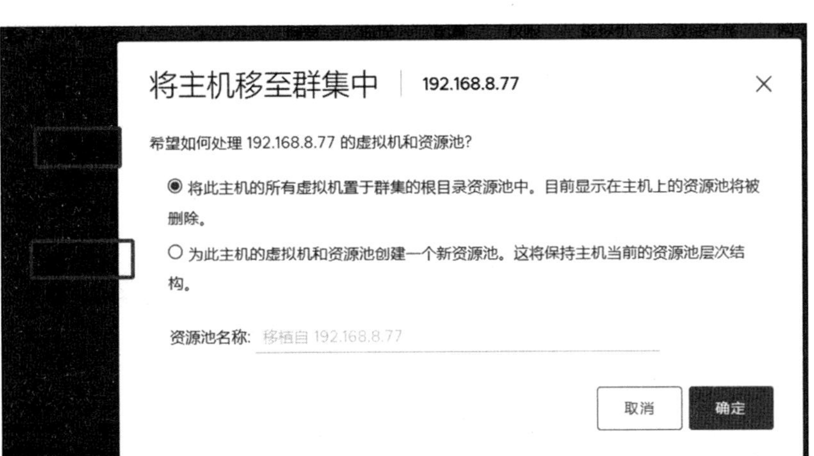

图 2-254　将主机移至群集中

(4) 配置 DRS。

选中群集，在“配置”选项卡的“服务”下面，找到“vSphere DRS”，单击“编辑...”按钮，如图 2-255 所示。

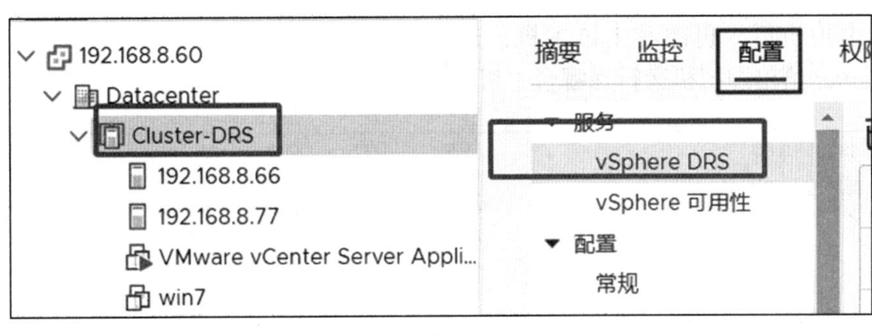

(a)

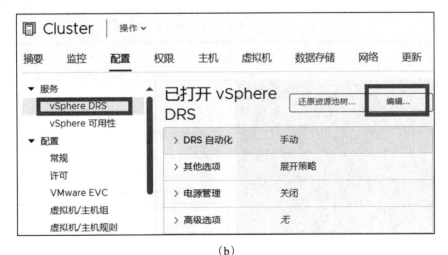

(b)

图 2-255　配置 DRS

（5）调整自动化级别。

打开 vSphere DRS，将自动化级别修改为“手动”，如图 2－256 所示。

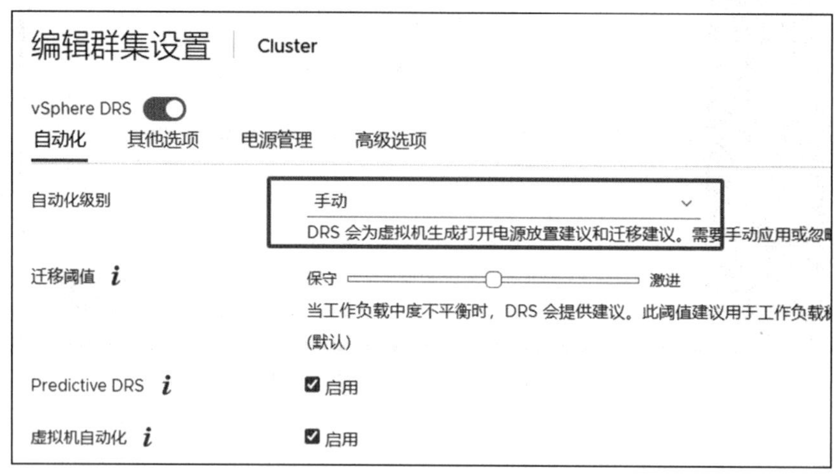

图 2－256　调整自动化级别

（6）选择正在运行虚拟机的主机。

关闭虚拟机后，再次右击该主机，选择“建议 1－打开虚拟机电源”重启虚拟机，vCenter Server 给出虚拟机运行在哪台主机的建议，如图 2－257 所示。

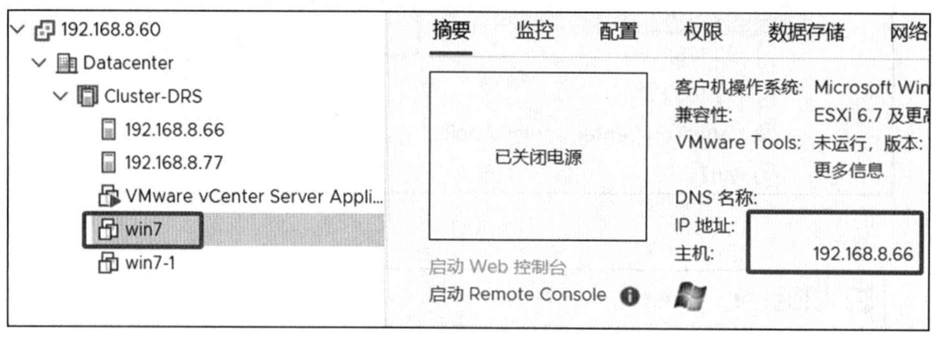

(a)

vCenter Server 建议虚拟机使用以下主机。选择

下列表中选择要应用的建议。

建议

建议 1 - 打开虚拟机电源

将 win7 置于主机 192.168.8.66 上

建议 2 - 打开虚拟机电源

将 win7 置于主机 192.168.8.77 上

(b)

图 2－257　重启虚拟机

提示 当自动化级别设置为“自动”时，不会出现建议。

（7）选择运行其他虚拟机的主机。

打开虚拟机的电源，“192.168.8.77”主机的可用资源小于“192.168.8.66”主机，vCenter Server 建议将虚拟机置于“192.168.8.66”主机上，如图 2－258 所示。

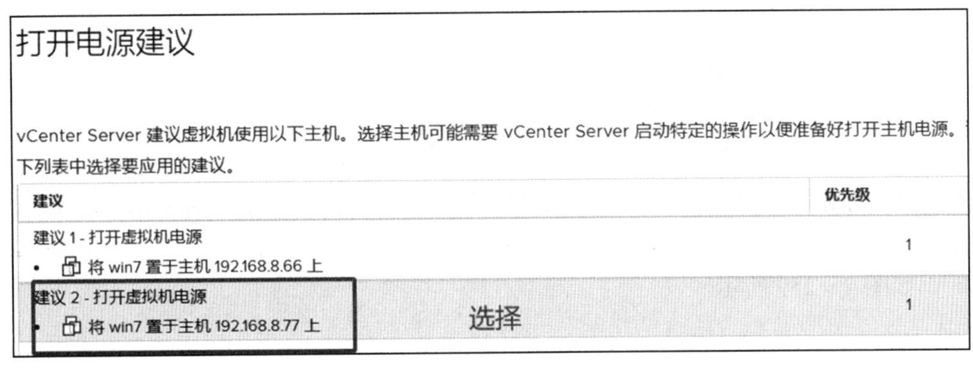

（a）

（b）

图 2－258 选择运行其他虚拟机的主机

（8）配置 vSphere DRS 规则。

vSphere 有相应的 DRS 规则，对特定环境可以自定义 vSphere DRS 规则。

亲和性规则：虚拟机运行在同一台 ESXi 主机上。

反亲和性规则：某些虚拟机运行在不同的 ESXi 主机上。

主机亲和性：在特定的主机上运行特定的虚拟机。

● 聚集虚拟机。

虚拟机亲和性，它可以确保某些特定的虚拟机始终在同一台 ESXi 主机上运行。例如，需要频繁通信的 Web 应用服务器和后端数据库服务器，通过定义亲和性规则，可以保证这两个虚拟机在群集内始终位于同一台 ESXi 主机上。

● 分开虚拟机。

虚拟机反亲和性，它是为了保证某些特定的虚拟机始终在不同的 ESXi 主机上运行。这种规则适用于需要在操作系统层面实现高可用性的场合，如使用微软的 Windows Server Failover Cluster。通过分开虚拟机，可以确保如果一个虚拟机所在的 ESXi 主机发生故障，另一个虚拟机可以在另一台主机上继续运行。

● 虚拟机到主机。

主机亲和性，将指定的虚拟机放在指定的 ESXi 主机上，可以微调群集中虚拟机和 ESXi 主机之间的关系。

● 虚拟机到虚拟机。

指定单个虚拟机是在同一主机上运行，还是保留在其他主机上，是用于创建所选单个虚拟机之间的关联性或反关联性。当创建涉及多个虚拟机的关联性规则时，会导致出现规则相互冲突的情况，此时将优先使用旧规则，禁用新规则。与关联性规则的冲突相比，DRS 将优先阻止反关联性规则的冲突，以确保系统的稳定性和高可用性。

启用 vSphere DRS，让多个虚拟机运行在同一台 ESXi 主机上，要配置 DRS 规则。

1）添加规则。

选中群集，在“配置”选项卡中的“配置”下面，选中“虚拟机 / 主机规则”，单击“添加”，如图 2－259 所示。

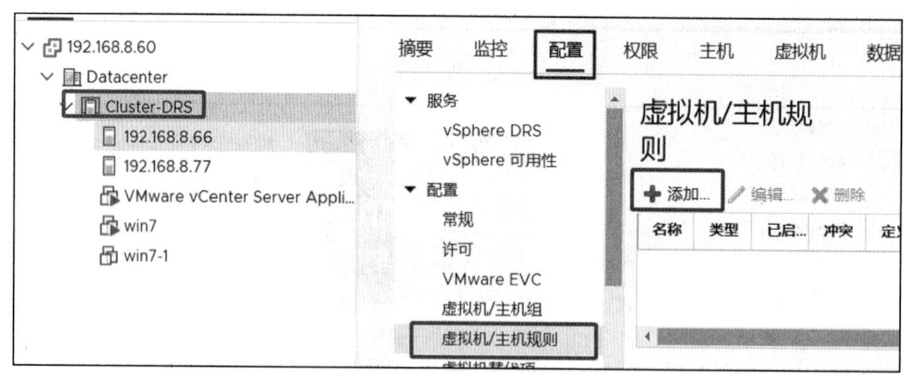

图 2－259　添加规则

2）设置规则名称、类型。

设置名称为“win7”，规则类型为“集中保存虚拟机”或者“单独的虚拟机”（根据主机中的虚拟机的个数确定），单击“添加”，如图 2－260 所示。

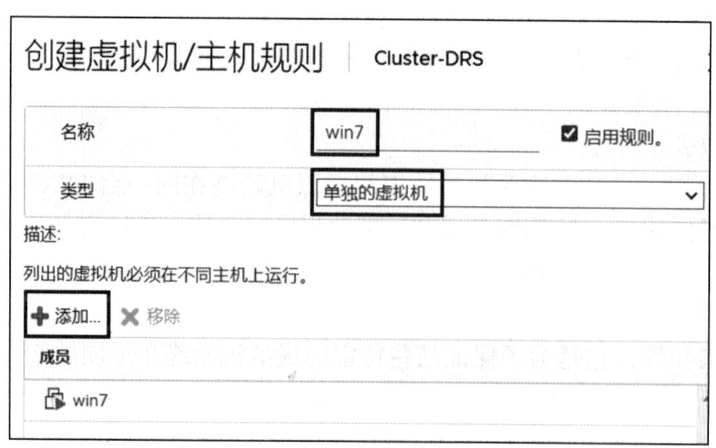

图 2－260　设置规则名称、类型

项目总结

通过本项目的学习，读者可以了解企业级虚拟化服务平台的基本概念、原理以及部署与运维的实践操作。企业级虚拟化服务平台能够为企业提供高效、灵活、可靠的计算资源管理能力，对于提升企业的 IT 运营效率、降低成本、增强业务的敏捷性具有重要意义。

在部署与运维企业级虚拟化服务平台的过程中，不仅要关注技术的先进性和实用性，更要注重信息安全、服务至上、创新驱动、团队合作和持续学习等核心价值观。这些都是企业在虚拟化技术应用中不可或缺的精神支柱，也是在面对复杂多变的 IT 环境时，能够保持稳定和发展的关键。

在未来的工作中，作为虚拟化技术的学习者和实践者，应当将这些核心价值观融入工作中，不断提升自身的专业技能和职业素养，为企业的发展做出更大的贡献。

中国的虚拟服务器

本项目旨在为企业级虚拟化服务平台的部署与运维提供全面的指导和支持。希望读者能够掌握虚拟化技术的核心原理和实践方法，更能够在实际工作中秉承正确的价值观，成为一名既有技术实力又有职业素养的 IT 专业人才。

项目练习题

一、多选题

1. iSCSI 系统包括（　　）。
   A. iSCSI 启动器　B. iSCSI 目标　C. TCP/IP 网络　D. HTTP 协议
2. 虚拟磁盘置备格式包含（　　）。
   A. 精简置备　B. 厚置备延迟置零　C. 厚置备置零　D. 以上都是
3. 群集用于管理所有主机资源，以下（　　）功能依赖于群集功能。
   A. vSphere 高可用性　B. vSphere 分布式资源调度
   C. VMWare 虚拟 SAN　D. iSCSI
4. vCenter Server 的主要功能是（　　）。
   A. ESXi 主机管理　B. 虚拟机管理　C. 模板管理　D. 电源管理
5. vSphere 虚拟交换机由（　　）组成。
   A. 虚拟机端口组　B. 上行链路端口　C. VMkernel 端口　D. 以太网

二、填空题

1. 后缀为 .vmdk 的文件是____________。
2. ESXi 系统是基于____________系统。
3. VMware Workstation 的使用需要____________支持，未打开则虚拟客户机无法使用。
4. 创建虚拟机时，虚拟机硬盘存储空间不会一开始就全部使用，而是随着数据的增加而增加，这种硬盘是____________。

5. 在 VMware Workstaion 中，虚拟机与主机网络相同，且相当于网络上的一台计算机时，需要选择____________虚拟网络类型。

6. ____________是虚拟机快照文件的扩展名。

7. 链接克隆是通过父虚拟机的____________创建而成，因此节省了磁盘空间，而且克隆速度非常快，但是克隆后的虚拟机性能会有所下降。

8. vSphere 虚拟交换机工作在网络____________层。

9. 为 ESXi 主机提供通信服务，支持 ESXi 主机管理访问，vMotion 虚拟机迁移依赖____________组件。

10. ____________产品可不间断地监控跨资源池的利用率，并在多个虚拟机之间以智能方式分配可用资源。

11. ____________产品在一组硬件资源中以动态方式分配和平衡计算能力，从而确保硬件资源的灵活性和高效利用率。

12. ____________产品可作为所有虚拟计算资源的中心控制点。

13. ____________组件可让用户手动将正在运行的虚拟机从一台主机迁移到另一台主机上，同时还能在计划内维护或迁移期间保持连续的服务可用性。

14. ____________产品用于支持企业级虚拟基础架构。

项目 3 CentOS 部署企业级虚拟化平台

随着新一代信息技术的迅猛发展，虚拟化平台越来越受到关注。其中，服务器虚拟化是核心，也是云计算最关键的技术之一。目前最主流的开源服务器虚拟化技术是 KVM。

在日常操作中，我们经常使用 VMWare 来开启虚拟机，它可以在图形界面上完成虚拟机管理。但是 VMWare 并不是免费的。因此，下面将介绍另一种虚拟机搭建方式——KVM。KVM 是 Kernel-based Virtual Machine 的缩写，是一个开源的系统虚拟化模块。它使用 Linux 自身的调度器进行管理，因此与 Xen 相比，其核心源代码更少。虽然相对于 VMWare 的管理方式来说，KVM 的使用稍微复杂，但从性能上来看，并不比 VMWare 差。

项目目标

知识目标 1

- 了解 KVM 基本概念。
- 了解 KVM 的架构以及原理。

技能目标 2

- 掌握 KVM 的部署。

素养目标 3

- 了解我国在计算机领域的成就。
- 培养对我国在计算机科学领域成就的自豪感和荣誉感。

项目情境

学校把搭建任务交给机房管理老师，经过前期的学习研究，现需要搭建企业级的虚拟化平台。机房管理老师决定采用虚拟化的 KVM 服务。

任务 3.1 KVM 虚拟化运维

3.1.1 KVM 概述

在公有云领域，KVM 已经取代了开源虚拟化技术 Xen。自 2017 年起，AWS、阿里云、华为云等云服务提供商从 Xen 切换到 KVM，而谷歌、腾讯云、百度云等也采用了 KVM。

在私有云领域，KVM 支持包括 x86、PowerPC、S/390、ARM 等在内的多种平台。尽管目前 VMware ESXi 是市场的领导者，但随着公有云厂商不断推广专有云 / 私有云解决方案，KVM 的应用也在逐步扩大。

KVM 是一种基于硬件虚拟化的技术，支持如 Intel VT 或 AMD V 这样的完全虚拟化技术。

内存复用技术使虚拟机内存总量大于物理内存，这种技术使在有限的物理内存条件下，可以运行更多的虚拟机，从而提高了内存的使用效率和服务器的资源利用率。

1. 内存复用

虚拟机的虚拟内存空间来自底层硬件物理内存，为了提高虚拟化场景资源利用率，内存复用策略是其中非常重要的模块，内存复用技术包括内存气泡、内存共享和内存交换。

（1）内存气泡：虚拟化平台主动回收暂时未被使用的物理内存，分配给需要复用内存的虚拟机。如虚拟机 1 创建时划分了 10GB 内存，运行时只用了 5GB 内存，其余没用的 5GB 内存被视为内存气泡。

（2）内存共享：多个虚拟机共享相同的物理内存空间，虚拟机仅对该部分内存进行只读操作，要进行修改，需要重新开辟新内存空间，重新创建映射关系。

（3）内存交换：将虚拟机长时间未访问内存数据存放到外部存储上，当虚拟机需要这部分数据时再将其和预留内存上的数据进行交换。

2. 资源管理

为满足不同业务对资源的需求，虚拟化平台能对资源进行 QoS（Quality of Service，服务质量）配置，保证资源在一定范围内动态变化。QoS 资源配置包括 CPU 预留的频数、内存大小等。

3. 存储精简置备

将存储空间按需分配给虚拟机，在虚拟机真正写入数据时分配真实的物理内存空间，在创建时将所有空间分配好，等待虚拟机使用。通过存储精简置备提高存储的资源利用率。

4. 存储热迁移

虚拟机在正常运行时，将虚拟机迁移到其他存储设备上，使客户在业务无损的情况下动态调整虚拟机存储资源。

5. 负载均衡

负载均衡是动态资源调度（DRS)，动态分配和平衡资源，根据系统的负载情况，采用智能调度算法，对资源进行智能调度，使系统负载均衡。为更好地实现资源合理分配，采用 DRS，动态地在不同的时间段内合理进行资源调度。

3.1.2　KVM 的架构及原理

KVM 是第一个成为原生 Linux 内核（2.6.20）的 Hypervisor，由 Avi Kivity 开发和维护，现在归 Red Hat 所有。KVM 支持 AMD64 和 Intel 64 位架构的平台。

1. 虚拟化的类型

（1）全虚拟化：物理硬件资源通过软件抽象化，如 Hypervisor（VMM）软件。

（2）半虚拟化：需要修改操作系统。

（3）直通：直接使用物理硬件资源（需要支持，还不完善）。

2. KVM 的特性

（1）优势。

1）提高硬件利用率：有效利用“空闲”容量。

2）动态调整机器 / 资源：系统硬件程序和服务器硬件分离，提高灵活性。

3）高可靠性：支持透明负载均衡、迁移。

（2）劣势。

1）前期费用高昂：初期需要较高的硬件投资来支持 KVM 的运行。

2）降低硬件利用率：耗费资源，不一定适合虚拟化。

3）更大错误影响面：如果宿主机（物理服务器）出现故障，会导致虚拟机文件全部损坏。

4）实施配置复杂，管理复杂：管理人员运维、排障困难。

5）一定限制性：KVM 需要特定的硬件和软件支持。

6）安全性：虚拟化技术自身存在安全隐患。

3. KVM 的模式

（1）客户模式：客户机在操作系统中运行的模式。

（2）用户模式：为用户提供虚拟机管理用户工具。

（3）Linux 内核模式：模拟 CPU、内存，实现客户模式切换。

4. KVM 的原理

（1）Guest：客户机系统，包括 CPU（vCPU)、内存驱动（Console、网卡、I/O 设备驱动等)，这些客户机系统在 KVM 设定的限制性 CPU 模式下运行。

（2）KVM 内核模块：模拟处理器和内存，以支持虚拟机运行。

（3）Qemu：主要处理 I/O 操作，为客户提供用户空间 /dev/kvm 接口。

（4）libvirt 工具：进行虚拟机管理 ioctl（定义），用于设备 I/O 操作系统调用。

（5）KVM 驱动：提供处理器、内存的虚拟化，客户机 I/O 的拦截，Guest 的 I/O 被拦截后，交由 Qemu 处理，Qemu 利用接口 libkvm 调用（ioctl）虚拟机设备接口 /dev/kvm 来分配资源和管理、维护虚拟机。

5. KVM 的工作流程

在用户模式下，Qemu 利用接口 libkvm 通过 ioctl 系统调用进入内核模式。KVM 驱动为虚拟机创建虚拟 CPU 和虚拟内存。Guest OS 运行过程中如果发生异常，则暂停 Guest OS 的运行并保存当前状态，同时退出到内核模式来处理这些异常。

内核模式处理这些异常时，若不需 I/O，处理完成后重新进入客户模式。若需 I/O 则进入用户模式，由 Qemu 来处理 I/O，处理完成后进入内核模式，再进入客户模式。

6. KVM 核心组件的功能

（1）QEMU 的功能：控制 I/O 虚拟化，调用硬件资源。

（2）KVM 的功能：为虚拟机提供 CPU、内存的虚拟化。

KVM 驱动提供处理器、内存的虚拟化，以及客户机 I/O 的拦截，Guest OS 的 I/O 被拦截后，Qemu 利用接口 libkvm 调用（ioctl）虚拟机设备接口 /dev/kvm 来分配资源和管理、维护虚拟机。

（3）KVM 工具：qemu-kvma、libvirt、virt-install。

任务 3.2 KVM 部署

虚拟化是指通过虚拟化技术将一台计算机虚拟为多台逻辑计算机，实现资源的模拟、隔离和共享。使用虚拟化的好处有：集中化管理，提高硬件的利用率，调整机器资源，高可靠性和安全性。

使用虚拟系统管理器管理虚拟机的创建思路：创建存储池（ISO、STORE），添加存储卷，创建虚拟机。

KVM 虚拟化技术的核心功能（原理）：

- Qemu：工作在用户层，控制 libkvm 工具，调用物理虚拟化资源。
- Kvm：工作在内核层，虚拟化 / 抽象化物理硬件资源，将这些资源提供给 Qemu 组件调用，同时负责拦截 I/O 敏感指令，转交给 Qemu 进行处理。

在 VM 中使用默认配置新建虚拟机，客户机操作系统类型为 CentOS 64 位，虚拟机名为 CentOSKVM，硬盘设置为 300GB，并“将虚拟机存储为单个文件”。

在“自定义硬件”设置中，虚拟机支持“KVM 虚拟化”，修改虚拟机配置：内存 8GB、处理器数量 2 个、启用“虚拟化 Inter VT-X 或 AMD-V/RVI”、网络设置为单网卡。

KVM 网络模式：

- NAT：默认设置，数据包由 NAT 通过主机接口进行传送，可访问外部网络，但是无法从外部访问虚拟机网络。
- 网桥：允许虚拟机像独立主机一样拥有网络，外部机器直接访问虚拟机内部，但需要宿主网卡支持网桥功能。

1. 硬件设置

硬件配置如表 3－1 所示。

表 3－1　硬件配置

CPU	双核双线程、CPU 虚拟化开启
硬盘	300GB
内存	8GB
双网卡	单网卡
操作系统	CentOS

进行界面设置，内存设置为 8GB，处理器数量设置为 2，每个处理器的内核数量设置为 2，将“虚拟化引擎”下面的复选框都勾选上，设置 NAT 网卡和仅主机模式，如图 3－1 所示。

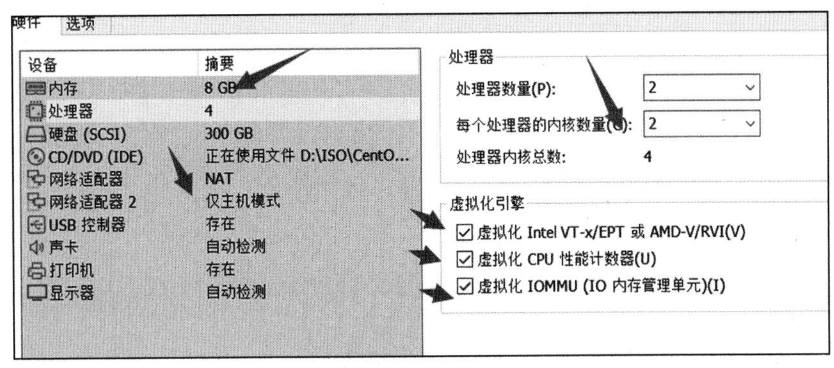

图 3－1　硬件配置

项目 1 已经介绍了操作系统的安装过程（本项目所使用的操作系统为 CentOS-7.9-x86_64-DVD-2009.iso），其中包括了存储位置的安装配置。对于根文件系统“/”，分配了 60GB 的空间；“/boot”分配了 10GB 的空间；“swap”分区则设置了 10GB，所有的文件系统类型均选择为 ext4。

KVM 部署

2. 系统内准备

（1）修改主机名。

```
#hostnamectl set-hostname kvm && bash
#df -hT
```

查看设备大小，如图 3 - 2 所示。

```
[root@kvm qemu]# df -hT
文件系统          类型       容量  已用  可用  已用% 挂载点
devtmpfs         devtmpfs   3.8G    0  3.8G    0% /dev
tmpfs            tmpfs      3.9G    0  3.9G    0% /dev/shm
tmpfs            tmpfs      3.9G  14M  3.8G    1% /run
tmpfs            tmpfs      3.9G    0  3.9G    0% /sys/fs/cgroup
/dev/sda2        ext4        59G  15G   42G   26% /
/dev/sda1        ext4       9.8G 183M  9.1G    2% /boot
tmpfs            tmpfs      781M  64K  781M    1% /run/user/0
[root@kvm qemu]#
```

图 3 - 2　查看设备大小

（2）关闭防火墙、核心防护。

```
#systemctl stop firewalld
#systemctl disable firewalld
#setenforce 0
```

3. 搭建 KVM 功能

安装 GNOME 桌面环境，如果已安装图形界面可以跳过此步。

```
#yum groupinstall -y "GNOME Desktop"
```

（1）安装各种安装包。

```
#yum -y install qemu-kvm
```

（2）安装 KVM 的调试工具（可选）。

```
#yum -y install qemu-kvm-tools
```

（3）安装用于构建虚拟机的命令行工具。

```
#yum -y install virt-install
```

（4）安装 qemu 组件，创建磁盘、启动虚拟机等。

```
#yum -y install qemu-img
```

（5）安装网络支持工具。

```
#yum -y install bridge-utils
```

（6）安装虚拟机管理工具。

```
#yum -y install libvirt
```

（7）安装图形界面管理虚拟机的工具。

virt-manager（Virtual Machine Manager）是适于 Linux 系统的软件，是管理 KVM 虚拟环境的主要工具。使用该工具，默认需用 root 用户权限。用户通过 virt-manager，能看到自己的虚拟机，能看到其他 virt-manager 虚拟机。

KVM 可视化工具除了 virt-manager，还有 WebVirtMgr，在此不做详细介绍，学生可课外扩展学习。

virt-manager 的源代码开发仓库是用 Linux 著名的版本管理工具 Git 进行管理，使用 Autoconf、Automake 等工具进行构建。

```
#yum -y install virt-manager
```

（8）检查 CPU 是否支持虚拟化，如图 3－3 所示。

```
# cat /proc/cpuinfo | grep vmx
```

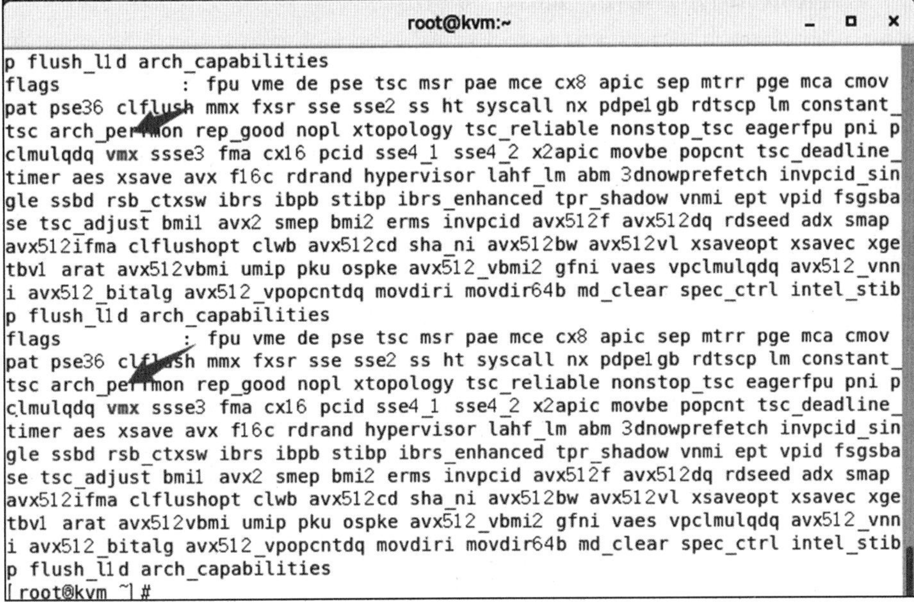

图 3－3　检查 CPU 是否支持虚拟化

（9）查看 KVM 模块是否已安装，如图 3－4 所示。

```
# lsmod | grep kvm
```

```
[root@kvm ~]# lsmod | grep kvm
kvm_intel              188793  0
kvm                    653928  1 kvm_intel
irqbypass               13503  1 kvm
[root@kvm ~]#
```

图 3－4　查看 KVM 模块是否已安装

（10）开启 Libvirtd 服务。

```
# systemctl start libvirtd
```

（11）开机启动 Libvirtd 服务。

```
# systemctl enable libvirtd
```

（12）在 KVM 上安装虚拟机，如图 3－5 所示。

```
root@kvm ~]# mv CentOS-7.9-x86_64-DVD-2009.iso /mnt
root@kvm ~]# ls /mnt
CentOS-7.9-x86_64-DVD-2009.iso  hgfs
root@kvm ~]# ^C
root@kvm ~]#
```

图 3－5　在 KVM 上安装虚拟机

（13）创建虚拟机的存放路径，如图 3－6 所示。

```
# mkdir /data_kvm
# cd /data_kvm
```

创建虚拟机镜像存放位置和存储位置，store 是 KVM 虚拟机存储目录，iso 是上传镜像存放位置。

```
# mkdir iso store
# ls
```

```
[root@kvm ~]# mkdir /yun
[root@kvm ~]# cd /yun
[root@kvm yun]# mkdir iso store
[root@kvm yun]# ls
iso  store
[root@kvm yun]#
```

图 3－6　创建虚拟机的存放路径

（14）上传操作系统镜像文件（使用 Xftp），如图 3－7 所示。

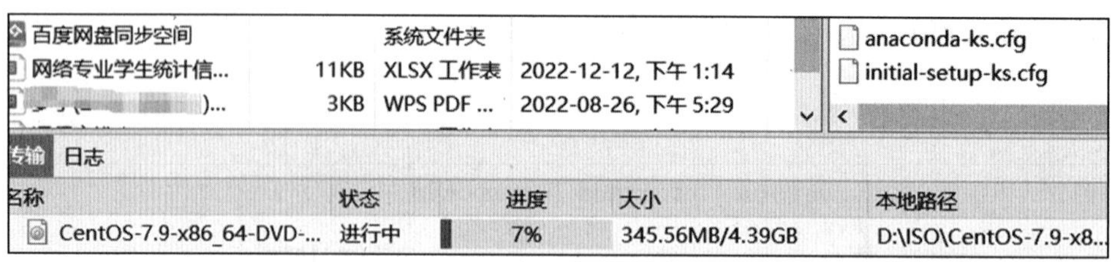

（a）

```
[root@kvm ~]# ls
anaconda-ks.cfg                  initial-setup-ks.cfg  模板  图片  下载  桌面
CentOS-7.9-x86_64-DVD-2009.iso   公共                  视频  文档  音乐
[root@kvm ~]#
```

（b）

图 3－7　上传操作系统镜像文件

```
# mv CentOS-7.9-x86_62-DVD-2009.iso /data_kvm/iso
# ls /data_kvm/iso
```

构建 KVM

4. 构建 KVM

（1）打开 KVM。打开“应用程序”选项卡，选择“系统工具”→“虚拟系统管理器”，如图 3－8 所示。

图 3－8　选择“虚拟系统管理器”

（2）创建存储池。双击“QEMU/KVM”，打开“存储（S）”选项卡，如图 3－9 所示。

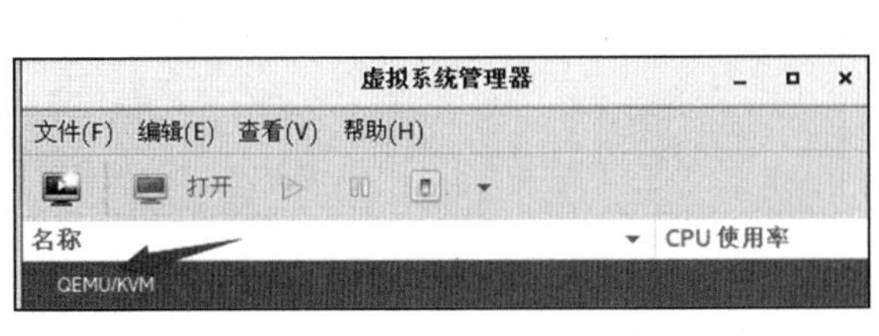

(a)

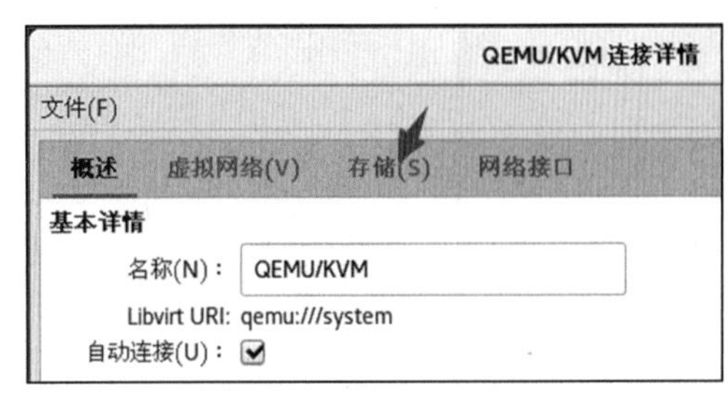

(b)

图 3－9　创建存储池

在“存储（S）”选项卡中，有个默认 default 的文件系统目录，在其下面单击“+”按钮，添加新存储池，如图 3－10 所示。

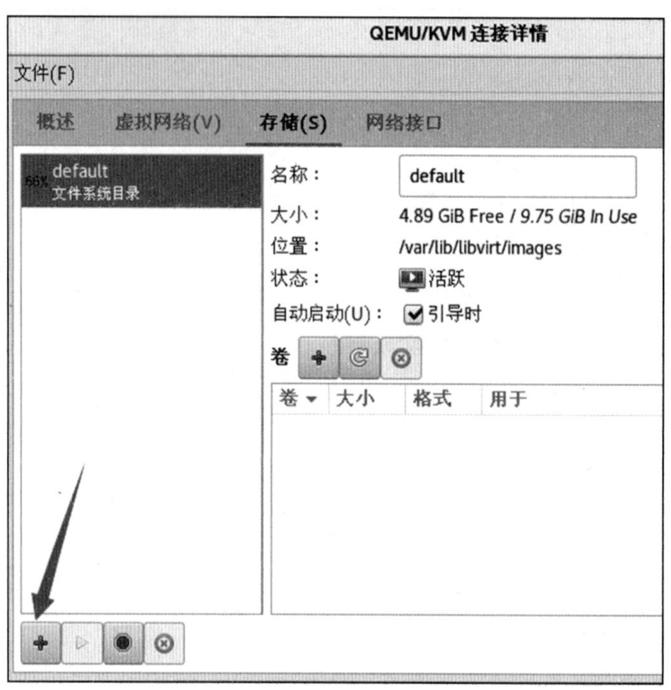

图 3－10　添加新存储池

弹出“添加新存储池”对话框，输入名称“ ln”，单击“前进”按钮，选择“目标路径”，然后单击“浏览”按钮，如图 3－11 所示。

（a）　　　　　　　　　　　　（b）

图 3－11　输入名称和选择目标路径

（3）单击“浏览”按钮后，弹出“选择目标目录”界面，在“其他位置”中打开“data_kvm”，如图 3－12 所示。

（4）打开“ data_kvm”后，在新页面选择“ store”文件夹，确定此时的目标路径，如图 3－13 所示。

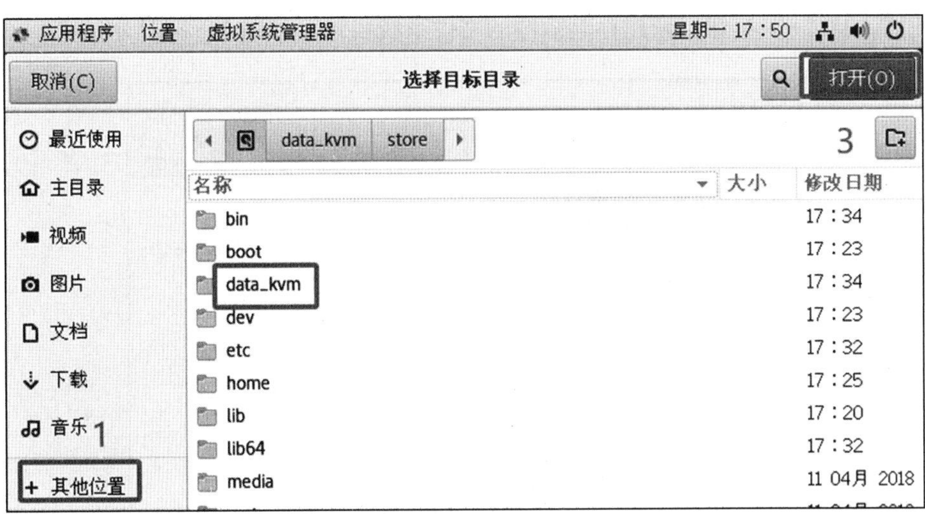

图3-12 打开“data_kvm”

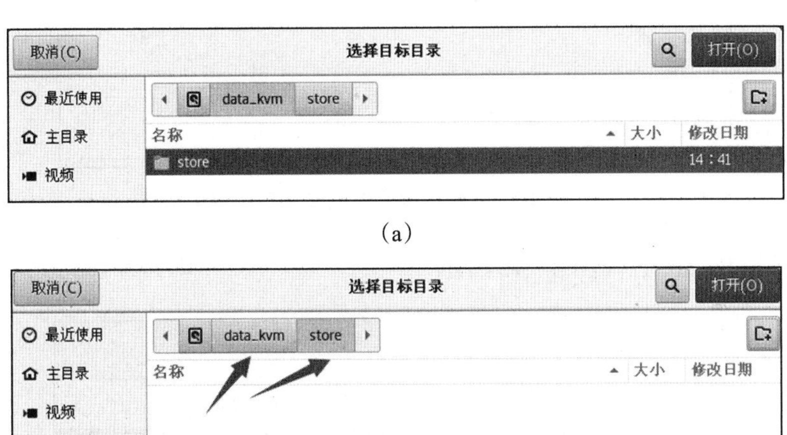

(b)

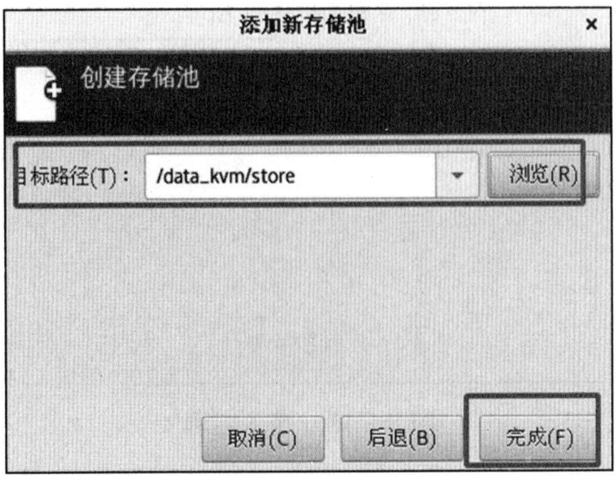

(c)

图3-13 确定目标路径

（5）单击“+”按钮，新建存储镜像的文件系统目录，如图 3－14 所示。

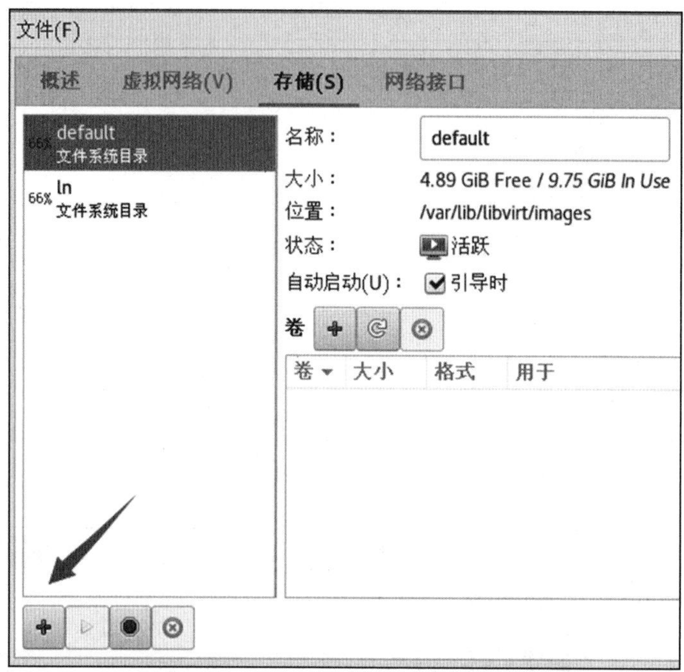

图 3－14　新建存储镜像的文件系统目录

输入名称“ln_iso”，如图 3－15 所示。

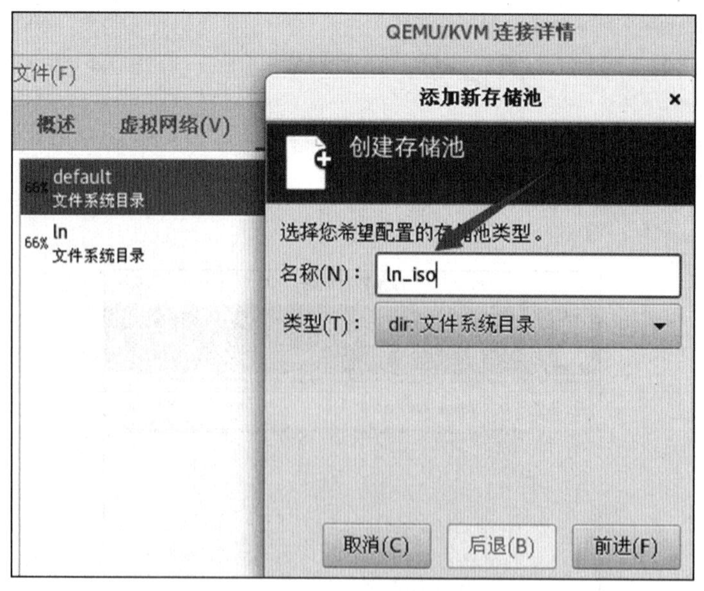

图 3－15　输入名称

在目标路径中选择“ /data_kvm/iso”，单击“打开”按钮，最后单击“完成”按钮，如图 3－16 所示。

（a）

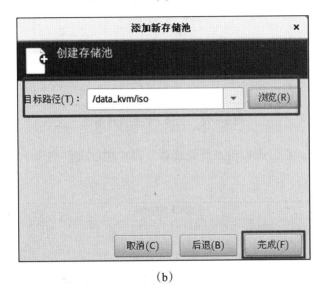

（b）

图 3－16　添加目标路径

（6）创建存储卷。选择创建的“ln”文件系统目录，单击右侧卷中的“+”按钮，在弹出的“添加存储卷”对话框中，输入名称“ln_kvm”，选择格式“qcow2”，输入最大容量“15.0GiB”，如图 3－17 所示。

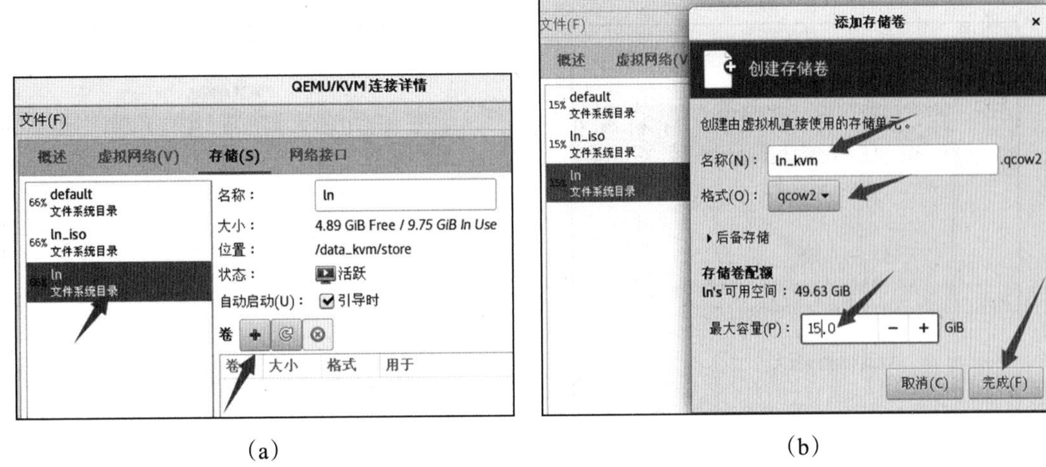

（a）　　　　（b）

图 3－17　创建存储卷

（7）选择上传的操作系统，如图 3－18 所示。

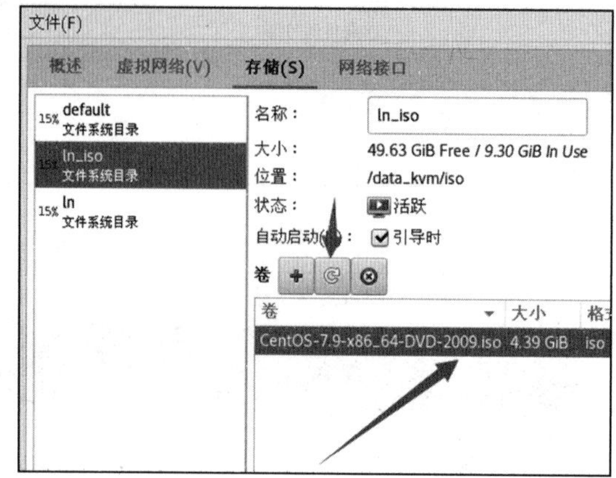

图 3-18　选择上传的操作系统

（8）新建虚拟机。在“虚拟机系统管理器”菜单栏的文件列表中选择“新建虚拟机”，如图 3-19 所示。

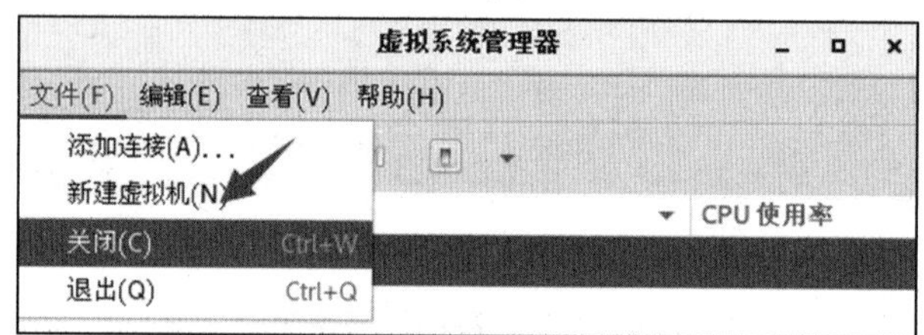

图 3-19　新建虚拟机

（9）生成新虚拟机。在“生成新虚拟机”界面中，选择“本地安装介质（ISO 映像或者光驱）（L）”，在“定位您的安装介质”中选择“使用 ISO 镜像：”，单击“浏览”按钮，如图 3-20 所示。

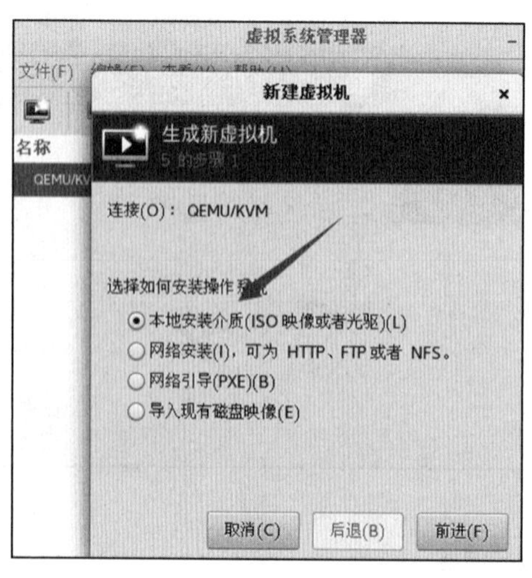

(a)

(b)

图 3-20　生成新虚拟机

选择“ln_iso”文件系统目录中上传的镜像，如图 3－21 所示。

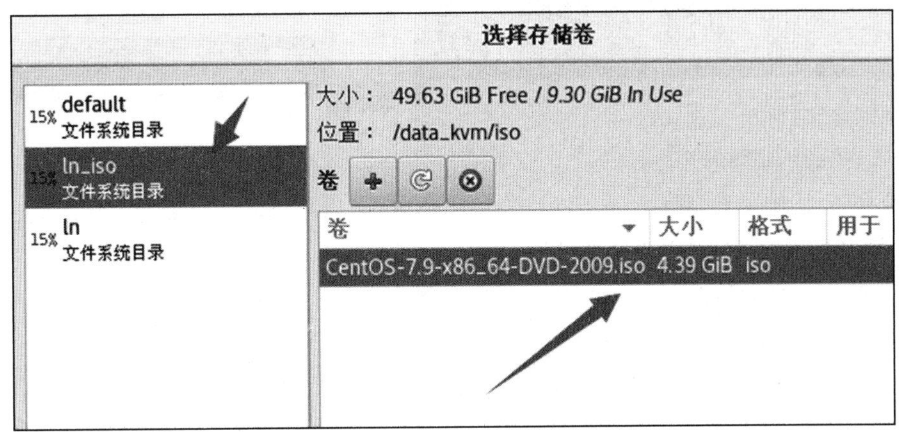

图 3－21 选择上传的镜像

（10）选择镜像和内存。单击“前进”按钮，输入内存值“2048”，CPU 为“2”，如图 3－22 所示。

（a）

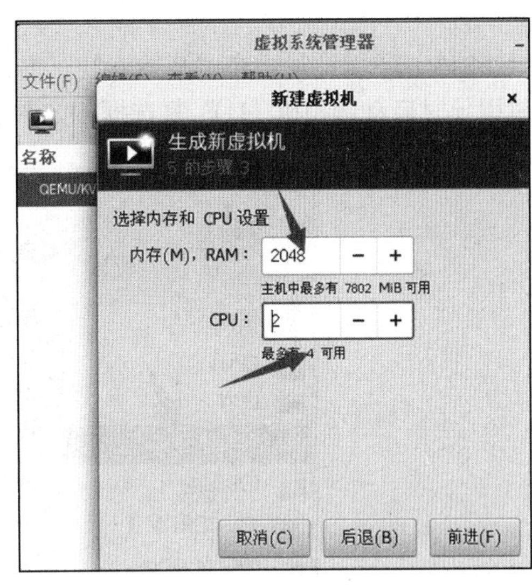

（b）

图 3－22 选择镜像和内存

（11）选择数据卷。在“ln”中，选择“/data_kvm/store/ln_kvm.qcow2”，如图 3－23 所示。

（12）选择网络。输入名称“generic”，勾选“在安装前自定义配置”复选框，在“选择网络”下拉列表框中选择“主机设备 ens33：macvtap”，源模式选择“桥接”，单击“完成”按钮，如图 3－24 所示。

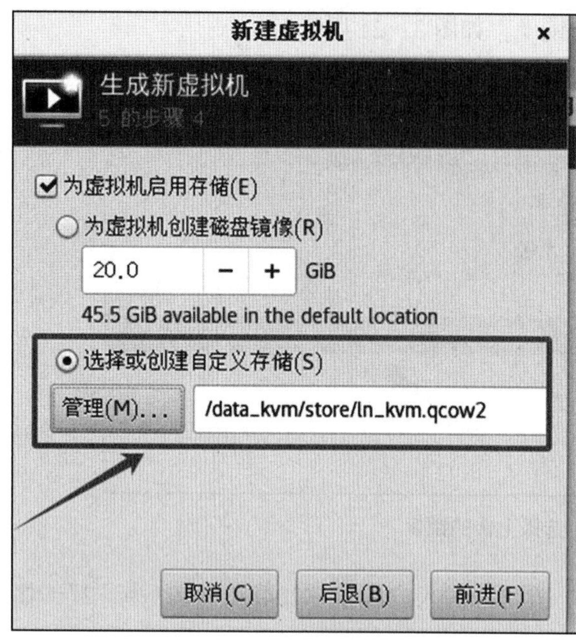

图 3-23 选择数据卷

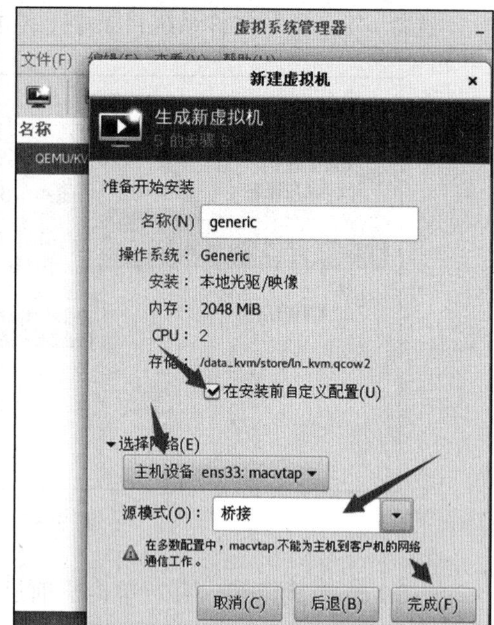

图 3-24 选择网络

（13）环境设置。在"开始安装"界面中，单击"引导选项"，"自动启动"勾选"主机引导时启动虚拟机（U）"复选框，如图 3-25 所示。

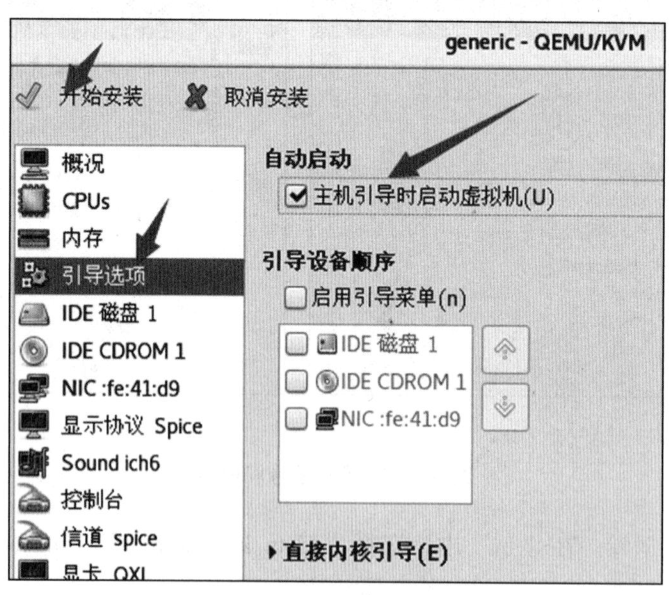

图 3-25 环境设置

（14）开始安装，初始化界面如图 3-26 所示。

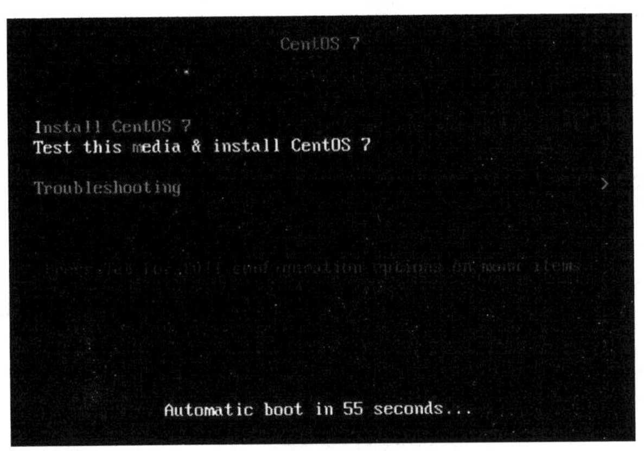

图 3－26　初始化界面

提示 安装过程跟 CentOS7.9 安装过程一样，详情见项目 1。

5. KVM 运维管理

在一般情况下，启动 virt-manager 时会默认通过 Libvirt API 试图连接本地的 Hypervisor，如果 Libvirtd 守护进程没有在运行，则会有连接失败的错误提示。在重启 Libvirtd 服务之后，需要在 virt-manager 中重新建立连接，否则连接处于未连接（Not Connected）状态。

（1）常用命令及格式。

- 查看所有虚拟机（root 用户下执行）：virsh list --all。
- 虚拟机随宿主机一起启动：virsh autostart 虚拟机名字。
- 关闭虚拟机：virsh shutdown 虚拟机名字。
- 强制关闭虚拟机电源：virsh destroy 虚拟机名字。
- 开启虚拟机：virsh start 虚拟机名字。
- 挂起虚拟机：virsh suspend 虚拟机名字。
- 挂起中恢复：virsh resume 虚拟机名字。
- 备份虚拟机：virsh dumpxml 虚拟机名字 > ./ 名字 .xml（./ 代表 /home 文件夹）。
- 删除虚拟机：virsh undefine 虚拟机名字（存储并不会被删除，去目录删除）。
- 克隆虚拟机：virt-clone -o CentOS7.9 -n CentOS7.91 -f /var/lib/libvirt/images/CentOS7.91.qcow2。

如果不写文件位置，可以用 virt-clone -o cent1 -n cent2 --auto-clone 命令。

- 创建快照：virsh snapshot-create 虚拟机名字。
- 查看快照：virsh snapshot-list 虚拟机名字。
- 恢复快照：virsh snapshot-revert 虚拟机名字 快照名字。
- 删除快照：virsh snapshot-delete generic 。

（2）查看命令帮助，如图 3－27 所示。

```
# virsh -h
```

```
[root@kvm ~]# virsh -h

virsh [options]... [<command_string>]
virsh [options]... <command> [args...]

  options:
    -c | --connect=URI          hypervisor connection URI
    -d | --debug=NUM            debug level [0-4]
    -e | --escape <char>        set escape sequence for console
    -h | --help                 this help
    -k | --keepalive-interval=NUM
                                keepalive interval in seconds, 0 for disable
    -K | --keepalive-count=NUM
                                number of possible missed keepalive messages
    -l | --log=FILE             output logging to file
    -q | --quiet                quiet mode
    -r | --readonly             connect readonly
    -t | --timing               print timing information
    -v                          short version
    -V                          long version
         --version[=TYPE]       version, TYPE is short or long (default short)
  commands (non interactive mode):
```

图 3-27　查看命令帮助

（3）查看 KVM 的配置文件存放目录，如图 3-28 所示。

```
# ls /etc/libvirt/qemu
```

```
[root@kvm ~]# ls /etc/libvirt/qemu
autostart  generic.xml  networks
[root@kvm ~]#
```

图 3-28　配置文件存放目录

（4）查看所有虚拟机状态，如图 3-29 所示。

```
# virsh list --all
```

```
[root@kvm ~]# virsh list --all
 Id    名称                         状态
----------------------------------------------------
 2     generic                        running

[root@kvm ~]#
```

图 3-29　查看所有虚拟机状态

（5）关闭虚拟机，如图 3-30 所示。

```
# virsh shutdown generic
```

```
[root@kvm ~]# virsh shutdown generic
域 generic 被关闭

[root@kvm ~]#
```

图 3-30　关闭虚拟机

（6）开启虚拟机，如图 3-31 所示。

```
# virsh start generic
```

```
[root@kvm ~]# virsh start generic
域 generic 已开始

[root@kvm ~]#
```

图 3-31 开启虚拟机

（7）强制关闭虚拟机的电源。

```
# virsh destroy generic
```

（8）通过配置文件启动虚拟机系统实例。

```
# virsh create /etc/libvirt/qemu/generic.xml
```

（9）挂起 generic 虚拟机。

```
# virsh suspend  generic
```

（10）查看虚拟机是否已被挂起。

```
# virsh list --all
```

（11）从挂起中恢复虚拟机。

```
# virsh resume generic
```

（12）虚拟机是运行的，恢复正常运行。

```
# virsh list --all
```

（13）虚拟机伴随宿主机自动启动。

```
# virsh autostart  generic
# virsh list --all
```

（14）关闭虚拟机。

```
# virsh shutdown  generic
```

（15）删除虚拟机（磁盘文件不会被删除）。

```
# virsh undefine  generic
# virsh list --all
```

6. KVM 网络模式

在使用 KVM 部署虚拟化解决方案时，网络配置是非常重要的环节。QEMU 也对虚拟机提供了丰富的网络支持，现在 QEMU-KVM 主要向客户机提供以下 4 种不同的网络模式。

- 基于网桥（bridge）的虚拟网络。
- 基于地址转换（NAT）的虚拟网络。
- QEMU 内置用户模式网络。
- 直接分配网络设备网络。

QEMU-KVM 提供对一系列主流和兼容性良好的网卡模拟，通过“-net nic，model=?”参数可以查询当前的 QEMU-KVM 工具支持的网卡模拟类型。

```
#/usr/libexec/qemu-kvm  -net nic, model=?
```

- RTL8139 是 QEMU-KVM 默认的模拟网卡类型。现代操作系统都对 RTL8139 网卡驱动提供支持。
- el000 提供 Intel el000 系列的网卡模拟，在纯 QEMU（非 QEMU-KVM）环境中，默认提供 Intel el000 系列的虚拟网卡。
- virtio 类型是 QEMU-KVM 对半虚拟化 IO virtio 驱动的支持。

QEMU-KVM 命令格式如下：

```
# /usr/libexec/qemu-kvm --help |grep nic
```

QEMU-KVM 命令行中基本的 -net 参数细节如下：

- -net nic 是必需的参数，用于网卡的配置。
- vlan=n，表示将网卡加入编号为 n 的 VLAN，默认为 0。
- macaddr=mac，设置网卡的 MAC 地址，默认会根据宿主机中网卡的地址来分配。若局域网中客户机太多，建议自己设置 MAC 地址，以防止 MAC 地址冲突。
- modc=type，设置模拟网卡的类型，在 QEMU-KVM 中默认为 RTL8139。
- name=str，为网卡设置一个易读的名称，该名称仅在 QEMU monitor 中可能用到。
- addr=str，设置网卡在客户机中的 PCI 设备地址为 str。
- vectors=v，设置该网卡设备的 MSI-X 向量的数量为 v，该选项仅对使用 virtio 驱动的网卡有效。设置 vectors=0 是关闭 virtio 网卡的 MSI-X 中断方式。如果需要向一个客户机提供多个网卡，可以多次使用 -net 参数。

（1）NAT 网络原理。

NAT 使内网的多台主机共用一个 IP 地址接入网络，有助于节约 IP 地址资源，这是 NAT 最主要的作用。通过 NAT 访问外部网络的内部主机，其内部 IP 地址对外是不可见的，隐藏了 NAT 内部网络拓扑结构和 IP 信息，避免内部主机受到外部网络的攻击。

在 KVM 中配置客户机 NAT 网络方式，需要在宿主机中运行 DHCP 服务器给宿主机分配 NAT 内网 IP 地址，这一操作可以使用 DNSMASQ 工具来实现。在 KVM 中，DHCP 服务器为客户机提供服务基本架构。

NAT 是 KVM 安装后默认的网络配置方式，支持主机与虚拟机互访，支持虚拟机访问互联网，不支持外界访问虚拟机。

检查当前的网络设置命令格式如下：

```
# virsh net-list --all
```

（2）网桥（bridge）模式。

在 QEMU-KVM 的网络使用中，网桥（bridge）模式让客户机和宿主机共享一个物理网络设备连接网络，客户机有自己的独立 IP 地址，直接连接与宿主机同样的网络，客户机可以访问外部网络，同时外部网络也可以直接访问客户机。

7. 快照

磁盘快照是虚拟机磁盘文件（VMDK）在某个点及时的副本。系统崩溃或系统异常时，可以通过使用恢复到快照来保持磁盘文件系统和系统存储。

当用户创建一个虚拟机快照时，实际上会生成一个特定的文件。为虚拟机创建每一个快照时，都会创建一个 delta 文件。当快照被删除或在快照管理里被恢复时，delta 文件将会被自动删除。

KVM 虚拟机默认使用 raw 格式的镜像格式，其性能最好，速度最快。它的缺点是不支持一些新功能，如镜像、zlib 磁盘压缩、AES 加密等。要使用镜像功能，磁盘格式必须为 qcow2。

（1）查看虚拟机运行。

```
#virsh list --all
```

（2）查看现有磁盘镜像格式与转换。

1）查看磁盘格式，如图 3－32 所示。

```
#ll /data_kvm/store
#qemu-img info /data_kvm/store/ln_kvm.qcow2
```

```
[root@kvm store]# qemu-img info /data_kvm/store/ln_kvm.qcow2
image: /data_kvm/store/ln_kvm.qcow2
file format: qcow2
virtual size: 15G (16106127360 bytes)
disk size: 5.1G
cluster_size: 65536
Format specific information:
    compat: 1.1
    lazy refcounts: true
[root@kvm store]#
```

图 3－32　查看磁盘格式

2）关闭虚拟机并转换磁盘。

安装电源服务。

```
# yum -y install acpid
# virsh shutdown generic
```

3）转换磁盘格式。

```
# qemu-img convert -f qcow2 -O raw /data_kvm/store/ln_kvm.qcow2 /data_kvm/store/ln_kvm.raw
```

- -f：源镜像的格式。
- -O：目标镜像的格式。

查看转换后的磁盘大小，如图 3-33 所示。

```
# du -sh /data_kvm/store/ln_kvm.raw
```

```
[root@kvm ~]# du -sh /data_kvm/store/ln_kvm.raw
4.9G    /data_kvm/store/ln_kvm.raw
[root@kvm ~]#
```

图 3-33　查看转换后的磁盘大小

（3）快照管理。

1）创建虚拟机快照。

```
# virsh snapshot-create-as generic generic_snapshot
```

2）查看快照版本。

```
# virsh snapshot-list generic
```

（4）恢复虚拟机快照。

需确保虚拟机处于关闭状态，以避免数据损坏或冲突。

```
# virsh shutdown generic
# virsh snapshot-revert generic generic_snapshot
# virsh list --all
```

（5）删除虚拟机快照。

```
# virsh snapshot-delete generic generic_snapshot
```

8. KVM 虚拟机迁移

KVM 虚拟机迁移分为两种：静态迁移和动态迁移。

- 静态迁移：虚拟机在关机状态下，复制虚拟机虚拟磁盘文件与配置文件到目标虚拟主机中，实现迁移。本书主要介绍 KVM 虚拟机的静态迁移。
- 动态迁移：KVM 虚拟机动态迁移无须复制虚拟磁盘文件，要求目标主机有相同的目录结构虚拟机磁盘文件。KVM 动态迁移有两种，一种是基于共享存储的动态迁移，另一种是基于数据块的动态迁移。

（1）静态迁移。

1）确保 KVM 虚拟机处于关闭状态。

使用以下命令列出所有虚拟机，然后判断虚拟机是否处于关闭状态。

```
# virsh list --all
```

2）迁移主机。

```
# virsh domblklist generic
```

3）导入虚拟机配置文件，如图 3－34 所示。

```
# virsh dumpxml generic > /opt/Centos.xml
```

```
[root@kvm ~]# virsh dumpxml generic > /opt/centos.xml
[root@kvm ~]# ll /opt/
总用量 12
-rw-r--r--. 1 root root 4380 12月  12 19:16 centos.xml
drwxr-xr-x. 2 root root 4096 10月  31 2018 rh
[root@kvm ~]#
```

图 3－34　导入虚拟机配置文件

4）将配置文件复制到目标虚拟主机上，并建立一台新的虚拟机。

```
# cd /opt
# scp  /opt/CentOS.xml 192.168.31.236: /etc/libvirt/qemu/
```

5）在第二台虚拟机中查看复制到目标虚拟主机的文件。

```
#ll /etc/libvirt/qemu/
```

6）复制虚拟磁盘文件，确保跟前期创建的存储路径一致（/data_kvm/store/）。

```
# scp  /data_kvm/store/ln_kvm.qcow2 192.168.31.236: /data_kvm/store/
```

（2）目标虚拟主机的配置。

将虚拟机磁盘文件与配置文件复制到目标虚拟主机上之后，开始配置与启动新的虚拟机。

1）查看目标虚拟主机环境。

```
# virsh list --all
```

2）查看虚拟机磁盘文件，目录结构与源虚拟主机一致。

```
# ll /data_kvm/store/
```

3）定义并注册虚拟主机。

```
# virsh define /etc/libvirt/qemu/CentOS.xml
```

4）启动虚拟主机，并确认状态。

```
# virsh list --all
# virsh start generic
```

项目总结

CentOS 作为一个稳定、可靠的开源操作系统，为企业级虚拟化平台的部署提供了强有力的支持。

在 CentOS 环境中，我们选择了成熟的虚拟化技术，如 KVM（Kernel-based Virtual Machine）等，构建了高效、稳定的企业级虚拟化平台。通过合理的资源配置和优化，我们实现了对物理资源的充分利用，提高了系统的整体性能。

在 CentOS 部署企业级虚拟化平台的过程中，我们深刻体会到了技术创新和团队协作的重要性。这不仅是一次技术实践的过程，更是一次素养教育的生动课堂。作为新时代的科技工作者，我们不仅要具备扎实的专业知识和技能，还要具备创新精神和团队协作精神，勇于面对挑战，不断追求卓越。

国人在计算机科学领域的杰出贡献与荣誉

同时，技术的发展离不开国家和社会的支持。在国家政策的引导下，我们积极参与开源社区的建设和发展，为推动虚拟化技术的普及和应用贡献自己的力量。这不仅是我们的职业责任，更是我们作为公民的社会责任。

CentOS 部署企业级虚拟化平台是一项具有挑战性和有意义的工作。通过本次实践，我们不仅提高了自身的技术水平和团队协作能力，还深刻体会到了技术创新和社会责任的重要性。

项目练习题

一、单选题

1. 最早实现虚拟化的公司是（　　）。

A. IBM　　B. 阿里　　C. 微软　　D. VMware

2. KVM 中，储存池被分隔为（　　），用来储存虚拟机镜像或作为额外存储。

A. 储存卡　　B. 储存卷　　C. C3p0　　D. 群集

3. KVM 为虚拟机提供的 3 种不同形式的系统设备，不包括（　　）。

A. 虚拟仿真设备　　B. 半虚拟化设备　　C. 全虚拟化设备　　D. 物理共享设备

二、多选题

1. 云计算体系架构包括（　　）。

A. ESXi　　B. IaaS　　C. PaaS　　D. saaS

2. 卸载软件的方法包括（　　）。

A. 安装目录卸载　　B. 控制面板卸载

C. 360 软件管家卸载　　D. 在应用设置中卸载

3. VMware vSphere 的物理结构包括（　　）。

A. x86 虚拟化服务器　　B. 存储网络和阵列

C. IaaS　　D. IP 网络

项目4 OpenStack云计算平台的部署与运维

OpenStack云计算平台的部署与运维是一个复杂且关键的过程，它涉及多个组件的集成、配置以及后续的维护和管理。在部署OpenStack之前，需要对云计算和OpenStack有深入的了解，包括其架构、组件、功能以及优势等。

OpenStack是一个开源的云计算管理平台，它允许用户通过一组可扩展的API来管理其云基础设施。OpenStack提供了对计算、网络、存储等资源的统一管理，支持用户按需创建、配置和管理虚拟机实例。

OpenStack的部署与运维需要专业的技能和经验，因此建议由经验丰富的IT人员或专业的云服务提供商来执行。同时，开发人员也需要不断学习和掌握新的技术和方法，以应对不断变化的云计算环境和业务需求。

OpenStack云计算平台的部署与运维是一个复杂且重要的任务，通过合理的规划和执行，可以为企业提供一个稳定、高效、灵活的云计算环境，从而推动业务的快速发展。

项目目标

知识目标 1

- 了解云计算的基本概念。
- 了解OpenStack的基本概念、核心服务。

技能目标 2

- 掌握OpenStack的部署。
- 掌握OpenStack的运维。

素养目标 3

- 了解国家计算机领域的励志事迹，培养对国家计算机事业的自豪感和荣誉感。
- 激发开发和研究计算机技术的热情，为国家的科技进步贡献力量。

项目情境

某学校现准备将原有的计算机服务器改造成云计算服务平台，要求机房管理老师了解云计算的基础概念、云计算平台搭建等相关知识，能够提出详细的改建方案和实施步骤。

在掌握了搭建云计算平台的知识后，接下来在原有基础上对学校云计算平台进行安装。

任务 4.1 OpenStack 概述

4.1.1 云计算

1. 云计算简介

1959 年，克里斯托弗·斯特雷奇发表了一篇论文，提出了“虚拟化”的概念。虚拟化是云计算基础架构的核心，是云计算发展的基础。

2006 年，谷歌首席执行官埃里克·施密特（Eric Schmidt）在搜索引擎大会提出“云计算”（Cloud Computing）的概念。与此同时，亚马逊推出了 IaaS 服务平台 AWS。

2008 年，国内阿里云开始筹办云计算。

2009 年，亚马逊初步形成涵盖 IaaS、PaaS 的产品体系，确立在 IaaS 和云服务领域的全球领导地位。

从 2010 年开始，有很多基于 OpenStack 帮助企业建立私有云的服务商，Rackspace 和 NASA（美国航空航天局）也公开了 OpenStack 的开源项目组。

2014 年，谷歌开源了 Kubernetes 项目。

2023 年，进入云化 AIGC 时代。AIGC 技术以集约式算力中心为基础，基于云计算商业与服务模式，是新型的 LLMaaS。

网络资源、存储资源、服务器资源等物理硬件资源是由云计算管理的。通过云计算，任何时间、任何地点，客户通过网络，获取按需分配、按量计费的资源或服务。

云计算并非全新的网络技术，而是一种全新的网络概念。现在，云计算不再被简单地视为分布式计算，而是融合了分布式计算、效用计算、负载均衡、并行计算、网络存储、热备份冗杂和虚拟化等多种计算机技术于一体的服务模式。

云计算的特点：

- 超大规模：谷歌云计算已拥有 100 多万台服务器，亚马逊、IBM、微软和雅虎等公司云拥有几十万台服务器。
- 虚拟化：用户在任意位置、使用各种终端获取云服务。只需一台终端设备，用户就能通过网络获取各种服务，无须了解运行的具体位置。

- 高可靠性：云使用了数据多副本容错、计算节点同构可互换等措施来保障服务的高可靠性。
- 通用性：云计算不限于特定应用，云可以同时支撑不同应用运行。
- 按需服务：云是庞大的资源池，用户按需购买服务，按需按量计费。
- 极其廉价：云特殊容错措施可以采用极其廉价的节点来构成，同时自动化管理使数据中心管理成本大幅降低。

2. 云计算关键技术

（1）虚拟化技术。

虚拟化技术通过软硬件解耦合，实现了资源的池化和弹性扩展。KVM、Xen、VMware 和 Hyper-V 等是当前主流的虚拟化技术。云服务提供商，如 AWS、阿里云、华为云和腾讯云，已经从 Xen 转向 KVM 作为其虚拟化解决方案。

此外，还有硬件辅助虚拟化，如 Intel-VT 和 ADM-V，为提升虚拟化性能与处理能力，引入新指令和运行模式，解决了软件无法实现完全虚拟化的问题。

（2）分布式技术。

将同一任务分布到多个互连物理的网络节点上并发执行，再汇总结果。分布式存储、分布式数据库、分布式缓存、分布式消息队列等是云上的主要应用。

（3）SDN 和 NFV。

SDN 是软件定义网络，核心是网络的控制面和转发面分离；控制面负责网络策略的制定和执行，而转发面则负责数据的实际传输。

NFV 是将由专用、昂贵的设备提供的网络功能进行虚拟化（如负载均衡与防火墙，用软件和普通 x86 服务器来实现）。

云计算网络功能与私有网络 VPC 相关联，VPC 逻辑隔离的虚拟网络用的是 GRE 与 VXLAN（网络隧道协议）。

- GRE 被封装在主机上，阿里云、腾讯云 VPC 使用 GRE 隧道封装（在 IP 数据包中增加 GRE 报头，实现多租户或不同虚拟网络之间的隔离）。
- VXLAN 被封装在交换机上，华为云 VPC 使用 VXLAN 隧道封装。

（4）云原生技术。

云原生技术是一个集合，它包括了容器、微服务和 DevOps 等多个重要组件。这些技术共同协作，使应用程序在云中更加可靠、高效和易于管理。

容器是一次封装、随时随地运行的轻量秒级部署的虚拟化技术，其中，Docker 是最受欢迎的容器引擎之一，Kubernetes 负责容器编排与群集管理。

微服务是将应用解耦合成轻量化的、通过 HTTP 方式访问的服务，对 SOA 升华。微服务使用虚拟机、容器或 Serverless 函数来部署。开源微服务有 Dubbo、Spring Cloud。

DevOps 通过持续集成与持续部署 CICD 等自动化工具与流程，融合应用开发、测试、发布、运维各个环节。

云原生技术通过容器、微服务和 DevOps 等组件的协作，为应用程序在云中的运行提供了更加可靠、高效和易于管理的解决方案。这些技术不仅提高了应用程序的性能和可靠性，还降低了开发运维成本，使企业能够更加快速地响应市场变化和客户需求。

（5）云安全技术。

云安全技术是保障云计算环境中数据和操作安全的关键。由于云环境的规模巨大、组件复杂、用户众多，它面临着主机安全、网络安全、应用安全、业务安全和数据安全等多方面的挑战。云安全技术的重点包括：

- 一个中心：安全管理中心。
- 三重防护：计算环境安全、通信网络安全、区域边界安全。

（6）云管理平台。

云计算是非常复杂的系统，云管理有四个层面：

- 租户端管理：让用户有效管理使用基本云服务。
- 运营管理：包括源管理、计量计费、消息通知等云服务运营策略。
- 运维管理：包括自动化运维、监控告警、运维排障等，保障云平台的可用性和可靠性。
- 多云纳管：随着混合云（融合了私有云与公有云）成为趋势，多云纳管成为云管理平台的重要功能。

OpenStack 是开源的云管理平台，它支持多种云计算技术，如边缘计算、IoT、区块链等。未来的信息时代将围绕着一系列技术展开，包括云计算、大数据、人工智能、物联网、量子计算以及量子通信等。

4.1.2 OpenStack

1. OpenStack 简介

OpenStack 是开源的云计算管理平台项目，由多个软件开源项目组合而成，由 NASA 和 Rackspace 合作研发并发起，Apache 许可证授权，在公有云、私有云和混合云的建设与管理中提供软件。OpenStack 支持 KVM、Xen、Docker 等虚拟软件或容器，默认使用 KVM，也支持 Hyper-V 和 Vmware ESXi（需安装驱动）。

OpenStack 用相互关联的服务提供 IaaS（基础设施即服务）解决方案。每个服务都提供了应用程序编程的 API（接口）来融合集成。

OpenStack 用 Python 语言开发，遵循 Apache 开源协议。

2. OpenStack 的架构

OpenStack 包括若干个称为 OpenStack 服务的独立组件。所有服务都通过公共身份服务进行身份验证。除了特权管理员命令，服务间通过公共 API 进行交互。

在 OpenStack 内部，服务由多个进程组成。服务进程间使用 AMQP 消息（RabbitMQ）代理通信，同时服务的状态被存储在数据库中。OpenStack 支持多种数据库解决方案，包括 RabbitMQ、MySQL、MariaDB 和 SQLite。在部署和配置 OpenStack 云环境时，可以根据具体需求选择合适的消息代理和数据库系统。

用户使用基于 Web 的 Horizon Dashboard 界面、命令行客户端、浏览器插件、curl 等工具，通过 API 请求访问 OpenStack。所有访问会向 OpenStack 服务发出 REST API 调用。

3. OpenStack 的优势

OpenStack 在控制性、兼容性、可扩展性和灵活性等方面有优势。

- 控制性：开源的平台，模块化的设计，提供 API 接口，为满足自身业务需求可与其他技术集成。
- 兼容性：OpenStack 兼容其他公有云，便于用户数据迁移。
- 可扩展性：OpenStack 用模块化设计，支持 Linux，通过横向扩展，增加节点、添加资源。
- 灵活性：用户根据需求建立基础设施，为群集增加规模。OpenStack 使用 Apache2 许可，第三方厂家可重新发布源代码。

4.1.3 OpenStack 的核心服务

OpenStack 的核心服务有：Nova、Keystone、Glance、Neutron、Swift、Cinder、Horizon 等服务。

- Nova 服务：帮助创建虚拟机实例。
- Keystone 服务：提供认证授权，使其进入 Horizon 或 Reset API 模式。
- Glance 服务：为虚拟机实例提供镜像服务。
- Neutron 服务：为新建虚拟机分配 IP 地址，并将它们纳入虚拟网络中。
- Swift 服务：为 Cinder 产生的卷（Volume）和 Glance 提供的镜像（Image）提供对象存储机制。
- Cinder 服务：为虚拟机创建卷，挂载存储块。
- Horizon 服务：提供 Web 管理界面。

1. Nova 计算服务

（1）Nova 组件。

Nova 是由多个服务器进程组成的，每个进程有不同的功能。

- DB：负责数据存储的 SQL 数据库。
- API：接收 HTTP 请求，转换命令，通过消息队列或 HTTP 与其他组件通信。
- Scheduler：决定哪个计算节点承载计算实例的 Nova 调度器。
- Network：管理网络相关功能，包括 IP 地址的分配、网络隔离、路由和网关等。
- Compute：管理虚拟机管理器与虚拟机之间的通信。
- Conductor：处理需要协调的请求，以及执行对象到对象的转换等任务。

1）API。

API 是客户访问 Nova 服务的 HTTP 接口。在运行中，客户端将请求发送到 EndPoint 指定的地址，然后向 Nova-API 发送请求操作，最终由 Nova-API 服务实现响应。Nova-API 服务接收和响应来自用户计算的 API 请求，因此对 Nova 的请求先由 Nova-API 处理，它是 OpenStack 对外服务的主要接口。Nova-API 提供能查询所有 API 的端点。

用户通常不直接修改 RESTful API 请求，而是通过 OpenStack 命令行、Dashboard 控制面板（Web 界面）或其他与 Nova 交互的组件来使用这些 API。

2）Scheduler。

Scheduler 是由 Nova-Scheduler 服务实现的调度器，它决定在哪个计算节点启动实例，有多种规则。Nova-Scheduler 服务会从队列中接收虚拟机实例请求，再读取数据库内容，从可用资源池中选择最合适的计算节点，创建新虚拟机实例。

Nova 调度器的类型：

- Chance Scheduler：随机调度器。从正常运行的 Nova-Compute 服务节点中随机选择。
- Filter Scheduler：过滤器调度器，Filter 又称筛选器，根据指定过滤条件及权重选择最佳计算节点。
- Caching Scheduler：缓存调度器，是随机调度器的特殊类型，在随机调度的基础上将主机资源信息缓存在本地内存中，再通过后台的定时任务，定时从数据库中获取最新主机资源信息。

当过滤调度器要执行调度操作时，会让过滤器对计算节点进行判断，返回 true 或 false，配置文件是 /etc/nova/nova.conf。

3）Compute。

OpenStack 通过 Nova-Compute 完成对实例的操作。Nova-Compute 运行在计算节点上，负责管理该节点上的虚拟机实例。一台主机运行一个 Nova-Compute 服务，调度算法决定实例部署在哪台主机。

Nova-Compute 有两类：

- 定向 OpenStack 报告计算节点的状态。
- 实现实例生命周期的管理。

OpenStack 使用 Nova-Compute 对虚拟机实例进行创建、关闭、重启、挂起、恢复、中止、调整大小、迁移、快照等操作。

4）Conductor。

Conductor（由 Nova-Conductor 模块实现）为数据库的访问提供安全保障。Nova-Conductor 是 Nova-Compute 服务与数据库间交互的中介，避免直接访问对接数据库（是由 Nova-Compute 服务创建的）。

Nova-Compute 经常更新数据库，为了安全性和伸缩性，Nova-Compute 不会直接访问数据库，将这个任务委托给 Nova-Conductor。Nova-Conductor 有助于提高数据库的访问性能，Nova-Compute 创建多个线程，再使用远程过程调用（RPC）访问 Nova-Conductor。

（2）虚拟机的实例过程。

用户能用多种方式访问虚拟机的控制台。

- Nova-novncoroxy 守护进程：提供一个用于访问正在运行的实例代理。通过 VNC 协议，它的访问是基于 Web 浏览器的。
- Nova-spicehtml5proxy 守护进程：基于 HTML5 浏览器的 SPIC 访问。
- Nova-xvpvncproxy 守护进程：基于 Java 客户端的 VNC 访问。

- Nova-consoleauth 守护进程：负责对访问虚拟机控制台提供用户令牌认证，必须与控制台代理程序共同使用。

2. Keystone 认证服务

（1）Keystone 概述。

Keystone（OpenStack Identity Service）是一个独立的模块，负责 OpenStack 用户的身份验证、令牌管理、提供访问资源的服务目录以及基于用户角色的访问控制。Keystone 可理解为服务总线，或是整个 OpenStack 框架的注册表，其他服务通过 Keystone 来注册自己服务的 EndPoint 服务访问的 URL。任何服务间的相互调用，都需 Keystone 身份验证，都需获得目标服务 EndPoint，再找到目标服务。

（2）Keystone 的功能。

- 身份认证：令牌发放和校验。
- 用户授权：授权用户，指定可执行动作的范围。
- 用户管理：管理用户的账户。
- 服务目录：提供可用服务的 API 端点位置。

（3）Keystone 的管理对象。

Keystone 服务贯穿身份认证服务的整个流程中。

- 用户：user，使用 OpenStack 架构的用户。
- 证书：credentials，确认用户身份的凭证，有用户名和密码，或用户名和 API 密钥，或身份管理服务提供的认证令牌。
- 认证：authentication，确认用户身份过程。
- 项目：project，服务所拥有的资源的集合。
- 角色：role，划分权限，使 user 获得指定的 role 对应操作权限。
- 服务：service，OpenStack 服务，如 Nova、Neutron、Glance 等。
- 令牌：token，由字符串表示，是访问资源的凭证，是用户的身份或权限证明文件；token 决定了用户的权限范围。
- 端点：endpoint，使用网络来访问与定位某个 OpenStack 服务资源的地址，在用户创建项目时，需要知道各个服务资源的位置。

（4）Keystone 的工作流程。

在 OpenStack 平台创建一个虚拟机：

1）使用命令行或 Horizon 控制面板登录 OpenStack，向 Keystone 提供身份认证信息（credentials）。

2）在 Keystone 中会对证书进行验证，如果验证通过，Keystone 将发放令牌（token）和服务的位置点（endpoint）列表。

3）得到 endpoint 后，携带令牌，向 Nova 发起创建虚拟机的请求。

4）Nova 会用 token 向 Keystone 认证，验证是否允许执行操作。

5）Keystone 认证通过后，返回给 Nova，Nova 开始创建虚拟机。由于创建虚拟机需要镜像资源，Nova 带着 token 和所需的镜像向 Glance 提出镜像资源请求。

6）Glance 会用 token 向 Keystone 进行认证，验证是否允许提供镜像服务。Keystone 认证成功后，返回给 Glance。Glance 向 Nova 提供镜像服务。

7）为了创建虚拟机的网络服务，Nova 携带 token 向 Neutron 发起网络服务请求。

8）Neutron 用 Nova 的 token 向 Keystone 认证，验证是否允许向其提供网络服务。Keystone 认证成功后，通知 Nuetron。Nuetron 给 Nova 提供网络规划服务。

9）Nova 获取镜像和网络后，创建虚拟机，通过 Hypervisior 调用底层硬件资源。创建完成后，将结果返回给用户。

3. Glance 镜像服务

Glance 是集镜像上传、检索、管理和存储等功能于一体的 OpenStack 核心服务。

（1）镜像概述。

镜像是指一系列文件或一个磁盘驱动的精确副本。它将特定的一系列文件按照格式作成独立文件，供用户下载和使用。它是一系列资源与服务的集合，也是作为模板创建多个同样的独立的副本。

（2）镜像服务的功能。

镜像服务（Image Management Service）提供简单方便的镜像自助管理功能。

- 查询、获取镜像的元数据和镜像本身。
- 注册、上传虚拟机镜像，包括镜像的创建、上传、下载和管理。
- 维护镜像信息，包括元数据和镜像本身的更新和管理。
- 支持多种方式存储镜像，如普通文件系统、Swift、Amazon S3 等。
- 执行创建快照命令，以便创建新镜像或备份虚拟机状态。

（3）镜像格式。

1）镜像文件磁盘格式。

- raw：无结构的二进制形式存储镜像的磁盘格式，访问速度非常快，不支持动态扩容，前期耗时多。
- qcow2：由 QEMU 仿真支持，可动态扩展，支持写时复制的磁盘格式。

2）镜像文件容器格式。

- bare：镜像中不包含容器或元数据封装，仅包含原始资源集合。当不确定选择哪种容器模式时，选择 bare 是最安全的。
- Docker：能隔离磁盘存储数据和元数据。在 Glance 中存储的容器文件系统的 Dockerd tar 档案。

（4）镜像的访问权限。

- public：公共的，被所有项目使用。
- private：私有的，只被镜像所有者所在的项目使用。
- shared：共享的，非共有的镜像，共享给其他项目，通过项目成员操作来实现。
- projected：受保护的，此镜像不能被删除。

（5）Glance 的架构。

Glance 的架构中，使用 Glance 服务的是客户端，是 OpenStack 命令行工具、Horizon

控制面板、Nova 服务。

Glance-API 是进入 Glance 的入口，是 Glance 服务后台运行的服务进程，对外提供负责接收外部客户端的服务请求 REST API（响应镜像查询、获取和存储调用）。

Glance-registry 是与镜像的元数据相关的、服务后台远程的镜像注册服务。它负责处理外部请求。Glance-API 接收与元数据相关的外部请求，将请求转发给解析请求的 Glance-registry，再与数据库交互，存储、处理、检索镜像的元数据（元数据所有信息存储在后端的数据库中）。

Glance 的 DB 模块是用来存储镜像的元数据，这些数据库可以是 MySQL、MariaDB、SQLite 等数据库。在数据库中通过 Glance-registry 存放镜像元数据。

4. Neutron 网络服务

OpenStack 的最重要资源之一是网络。OpenStack 网络服务主要功能是为虚拟机实例提供网络连接。

Neutron 是 OpenStack 网络服务项目。Neutron 为整个 OpenStack 提供软件定义的网络支持，其功能包括二层交换、三层路由、防火墙、VPN、负载均衡等。

（1）Linux 网络虚拟化与虚拟网桥。

1）Linux 网络虚拟化。

虚拟机由 Hypervisor（虚拟机管理器）实现，在 Linux 系统中，Hypervisor 采用 KVM 在对服务器进行虚拟化时，对网络进行虚拟化。

Hypervisor 为虚拟机创建一个或多个 vNIC（虚拟网卡，等同于虚拟机物理网卡）。物理交换机在虚拟网络中被虚拟为 vSwitch（虚拟交换机），虚拟机的虚拟网卡连接到虚拟交换机上，虚拟交换机通过物理主机的物理网卡连接到外部网络。

2）Linux 虚拟网桥。

虚拟机要与物理机和其他虚拟机通信，Linux KVM 提供虚拟网桥设备，在网桥上创建多个虚拟网络接口，每个网络接口与 KVM 虚拟机的网卡相连。

（2）Neutron 网络结构与拓扑类型。

1）Neutron 网络结构包括：外部网络、内部网络、路由器。

- 外部网络。

连接 OpenStack 项目外的网络环境，也称为公共网络。外部网络可以是企业局域网（Intranet），也可以是互联网（Internet），此网络不由 Neutron 直接管理。

- 内部网络。

由软件定义，也称为私有网络。它是虚拟机实例所在网络，能够直接连接到虚拟机。项目用户可以创建自己的内部网络，默认情况下，项目间内部网络是相互隔离的，不能共享。这些网络是由 Neutron 直接配置与管理的。

- 路由器。

路由器是连接内部网络与外部网络的关键设备。只有创建了路由器，并将其与内部网络和外部网络相连接，虚拟机实例才能访问外部网络。

2）网络拓扑类型。

● Local。

Local 网络是与其他网络和节点完全隔离的。在这样的网络设置中，虚拟机实例只能与同一物理节点上、同一 Local 网络内的其他虚拟机实例进行通信。这意味着，同一 Local 网络实例内部的虚拟机可以互相通信，但是不同 Local 网络实例之间的虚拟机则无法直接通信。此外，一个 Local 网络只能部署在同一个物理节点上，不支持跨节点部署。

● Flat。

Flat 是简单扁平网络拓扑，所有虚拟机实例都连接在同一网络中，能与位于同一网络的实例进行通信，能跨多个节点。Flat 网络不使用 VLAN，无法进行网络隔离。每个物理网络最多只能实现一个虚拟网络。

● VLAN。

支持 802.1q 协议的虚拟局域网，使用 VLAN 标签标记数据包，实现网络隔离。同一 VLAN 网络中的实例可以通信，不同 VLAN 网络中的实例只能通过路由器来通信。VLAN 网络可以跨节点。

● VXLAN。

VXLAN（虚拟可扩展局域网）是 VLAN 的扩展，使用 STP 防止环路。VXLAN 的数据包是封装到 UDP，通过三层传输和转发的，克服了 VLAN 和物理网络基础设施限制。

● GRE。

GRE（通用路由封装）是用网络层协议去封装另一种网络层协议的隧道技术。GRE 的隧道由两端的源 IP 地址和目的 IP 地址定义，允许用户使用 IP 封装 IP 等协议，支持全部的路由协议。在 OpenStack 环境中使用 GRE 意味着“IP over IP”，GRE 与 VXLAN 的主要区别在于它们使用的封装协议不同：GRE 使用 IP 包进行封装，而 VXLAN 则使用的是 UDP。

● GENEVE。

GENEVE（通用网络虚拟封装）仅定义封装数据格式，尽可能实现数据格式的弹性与扩展。它的设计宗旨是为了解决封装时添加的元数据信息问题，适应各种虚拟化场景。GENEVE 封装的包通过标准的网络设备传送，即通过单播式多播寻址，包从一个隧道端点传送到另一个或多个隧道端点。GENEVE 格式由一个封装在 IPV4 或 IPV6 的 UDP 里简化的隧道头部组成。

（3）OpenStack 网络架构。

Neutron 仅有一个进程（Neutron-server）运行在控制节点上，对外提供 API 作为访问 Neutron 入口，收到请求后，调用插件处理，再在计算节点和网络节点上完成请求。

（4）LBaaS 负载均衡服务。

LBaaS 是指 OpenStack Neutron 能在指定的实例之间分配传入请求。工作负载的负载平衡用于在指定实例之间平均分配传入的应用程序请求。此操作确保在定义的实例之间可预测地共享工作负载，并允许更有效地使用底层资源。

5. 存储服务

（1）OpenStack 云环境存储类型。

OpenStack 云环境提供了两种主要的存储类型：临时存储和持久存储。

1）临时存储：只部署 OpenStack 计算服务（Nova），默认用户无权访问持久存储。与 VM 关联的磁盘是临时的，会在虚拟机终止时消失。

2）持久存储：存储资源比其他资源的时间长，始终可用。

（2）OpenStack 持久存储类型。

OpenStack 提供了多种持久存储服务，包括对象存储、块存储和文件存储。

1）对象存储（Swift）。

对象存储服务实现 OpenStack 的对象存储，通过 REST API 用户访问二进制对象。OpenStack 将 VM（虚拟机）映像存储在对象存储系统中。该服务与 OpenStack Identity、OpenStack Dashboard 集成使用，支持异步一致性复制，支持跨多个数据中心的分布式部署。

2）块存储（Cinder）。

块存储服务实现 OpenStack 块存储。块存储服务以驱动程序支持多个后端，允许实例直接访问底层存储硬件的块设备，有助于增加整体读 / 写 I/O，支持 NFS、GlusterFS 等。在 NFS 或 GlusterFS 文件系统上，将创建的文件作为虚拟卷映射到实例中。

3）文件存储。

在多租户 OpenStack 云环境中，共享文件系统服务提供用于管理共享文件系统的服务。这些服务通过使用不同的文件系统协议（如 NFS、CIFS、GlusterFS 或 HDFS）来共享服务器。

共享文件系统服务提供的是持久化存储，可以安装在任意数量的客户端机器上，并提供远程、可挂载的文件系统共享。

用户通过文件级存储，用操作系统的文件系统接口访问存储的数据。Unix 常用文件系统协议是 NFS，而在 Windows 系统中，则是 CIFS（以前称为 SMB）。

OpenStack 云不向最终用户提供文件级存储。若支持实时迁移，必须具有共享文件系统。

6. Horizon 服务

Horizon 服务提供了一个 Web 管理界面，它允许用户与 OpenStack 的底层服务进行交互。用户登录后，可以进行各种操作，包括管理虚拟机、配置权限、分配 IP 地址、创建租户和用户等。

任务 4.2 OpenStack 的部署与运维

OpenStack 是一个开源的云平台管理项目，由多个主要组件组合而成，旨在为公有云和私有云的构建和管理提供软件支持。OpenStack 的主要任务是给用户提供 IaaS 服务。

OpenStack 覆盖了网络、虚拟化、操作系统、服务器等方面。OpenStack 服务 10 个核心项目，这些项目包括：

- Compute：计算服务（Nova）。控制器，为单个用户或使用群组管理虚拟机实例整个生命周期，根据需求提供虚拟服务，负责虚拟机创建、开机、关机、挂起、暂停、调整、迁移、重启、销毁等操作。

- Object Storage：对象存储服务（Swift）。在大规模的、可扩展的系统中通过内置冗余及高容错机制，实现对象存储系统，允许存储或检索文件，为 Glance 提供镜像存储，为 Cinder 提供卷备份服务。
- Image Service：镜像服务（Glance）。虚拟机镜像查找与检索系统，支持多种虚拟机镜像格式（AKI、AMI、ARI、ISO、QCOW2、Raw、VDI、VHD、VMDK），有创建上传镜像、删除镜像、编辑镜像等功能。
- Identity Service：身份服务（Keystone）。为 OpenStack 其他服务提供身份验证、服务规则和服务令牌功能，管理 domain、project、user、group、role。
- Network：网络和地址管理服务（Neutron）。提供云计算网络虚拟化技术，为 OpenStack 其他服务提供网络连接服务，为用户提供接口，定义 Network、Subnet、Router，配置 DHCP、DNS、负载均衡等，支持 GRE、VXLAN 等多种网络技术。插件架构支持主流网络厂家和技术，如 Open vSwitch。
- Block Storage：块存储服务（Cinder）。为运行实例提供稳定的数据块存储服务，通过插件驱动架构提供块设备创建和管理功能，如创建卷、删除卷、实例上挂载和卸载卷。
- Dashboard：UI 界面服务（Horizon）。OpenStack 中各服务 Web 管理门户，简化对服务的操作，如启动实例、分配 IP 地址、配置访问控制等。
- Metering：测量服务（Ceilometer）。它将 OpenStack 内部的所有事件收集起来，为计费和监控其他服务提供数据支撑。
- Orchestration：部署编排服务（Heat）。提供通过模板定义的协同部署方式，实现云基础设施软件运行环境（计算、存储和网络资源）的自动化部署。
- Database Service：数据库服务（Trove）。为用户在 OpenStack 环境提供可扩展、可靠性、非关系数据库引擎服务。

OpenStack、KVM 和 VMware ESXi 都是虚拟化技术，但定位和功能不同。

4.2.1 OpenStack 的部署

1. RDO 工具

RDO 是 Red Hat 的社区版，是其开源项目。

在最小化实验环境中，部署 OpenStack，使用 Red Hat 开发的部署工具（RDO，只支持 Red Hat/CentOS 系列操作系统）进行 All-in-One（一体化部署，将各个功能节点部署到一台物理服务器或虚拟化服务器上）。

RDO 项目原理是整合上游 OpenStack 版本，用 RDO 进行简单部署。

RDO 的快速安装过程包括四个步骤：

- yum update -y。
- yum install -y（https://www.rdoproject.org/repos/rdo-release.rpm）。
- yum install -y openstack-packstack。
- packstack --allinone。

在 RDO 存储库中用 Red Hat Enterprise Linux 7 和 8 及衍生版本提供的软件包安装

OpenStack。

OpenStack Wallaby 版本适合在 CentOS Stream 8 操作系统上运行；OpenStack Ussuri 和 Victoria 这两个版本适合在 CentOS 8 和 RHEL 8 上运行；OpenStack Train 及更早版本适合在 CentOS 7 和 RHEL 7 上运行。

2. 版本概述

从 OpenStack Ussuri 发行版开始，需要 CentOS 8 或 RHEL 8 操作系统。

截至 2021 年 10 月，OpenStack 已经推出了 24 个版本，其中 Victoria 版本引入了重要的功能和改进。

- 各组件升级：对 OpenStack 的各个组件进行了升级，包括 Nova、Neutron、Glance、Cinder 等。
- 更好的容器支持：加强了对容器支持，包括 Kubernetes 的集成。
- 更好的安全性：引入了新的安全功能，如更好的身份认证和访问控制机制，以及对安全漏洞的修复。

3. 环境配置

Packstack 是 OpenStack 一个部署工具，旨在使用 CentOS Stream 主机上的 RDO 发行版，以快速简便的方式概念验证（PoC）环境快速部署。它适用于 OpenStack Zed 或更早的 TripleO、Kolla 或 Openstack-Ansible 版本。

- 软件要求：CentOS Stream 8 是推荐的最低版本，或基于 RHEL 的 Linux 发行版之一（如 Red Hat Enterprise Linux、Scientific Linux 等）。
- 硬件要求：有至少 16GB RAM、硬件虚拟化扩展的处理器、至少一个网络适配器的计算机。
- 主机名要求：使用完全限定的域名来命名主机，避免使用短格式名称，以防止 Packstack 在 DNS 解析上出现问题。
- 网络要求：若通过外部网络访问服务器和实例，必须正确设置网络地址。建议网卡是静态 IP 地址。

OpenStack 部署 1

OpenStack 部署 2

表 4－1 列出了环境配置的建议，并非最低配置要求。在实际安装过程中，可以根据具体情况进行调整。

表 4－1 环境配置

工具	VMware Workstation
操作系统	CentOS 8 以上版本
内存	8GB
处理器	6C
磁盘	100GB

本实例在进行虚拟机设置时使用 CentOS-Stream-8-x86_62-Iatest-dvd1.iso 操作系统，如图 4－1 所示。

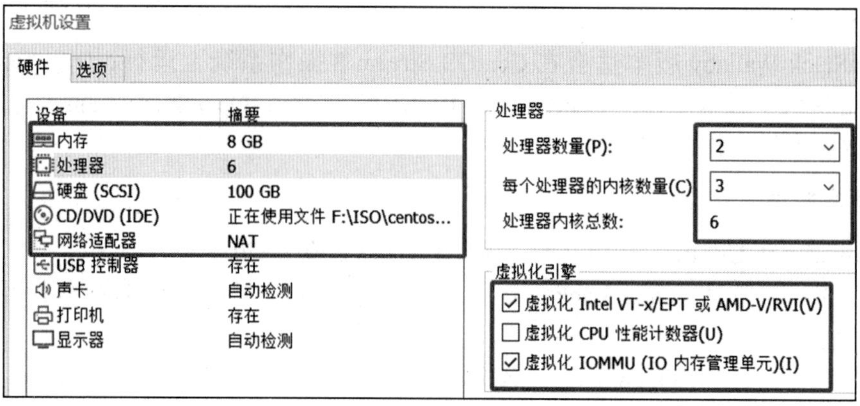

图 4-1　环境配置

注意：原生镜像 CentOS-8 默认使用官方的 yum 源，国内不可使用，建议修改为阿里维护的 yum 源。

修改方法如下：

进入 yum 的 repos 目录。

```
#cd/etc/yum.repos.d/
```

注释原 mirrorlist 行。

```
#sed -i 's/mirrorlist/#mirrorlist/g'/etc/yum.repos.d/CentOS-*
```

替换 yum 源 url 地址。

```
#sed -i 's/#baseurl=http://mirror.centos.org/baseurl=http://vault.centos.org/g'/etc/yum.repos.d/CentOS-*
```

重建 yum 缓存。

```
#yum makecache
```

（1）基础配置。

1）使用非英语区域设置，编辑 vi /etc/environment 文件，并添加内容。

```
# vi /etc/environment
```

添加内容如下：

```
LANG=en_US.utf-8
LC_ALL=en_US.utf-8
```

2）安装 en_US.utf-8 语言包。

```
# dnf install glibc-langpack-en -y
```

3）修改主机名。

```
# hostnamectl set-hostname openstack
```

```
# exec bash
```

4）配置 /etc/hosts 文件。

使用 echo 或 vi 命令，在 /etc/hosts 文件中添加本地解析。

```
# echo -e "192.168.8.202\topenstack" >> /etc/hosts
```

5）关闭防火墙，禁止开机自启。

```
# systemctl disable firewalld && systemctl stop firewalld
```

①关闭 selinux。

```
# setenforce 0
```

②修改配置文件 vi /etc/selinux/config。

```
# vi /etc/selinux/config
```

将 selinux=enforceing 改为 selinux=disabled。

③查看 selinux 状态。

```
# getenforce
```

（2）更换网络服务。

在部署 OpenStack 时，它的网络服务与 NetworkManager 服务会产生冲突，无法一起运行，要使用 Network。

1）安装 Network 服务，如图 4－2 所示。

```
# dnf install network-scripts -y
```

```
已安装:
  bc-1.07.1-5.el8.x86_64                          geolite2-city-20180605-1.el8.noarch
  geolite2-country-20180605-1.el8.noarch          ipcalc-0.2.4-4.el8.x86_64
  libmaxminddb-1.2.0-10.el8.x86_64                network-scripts-10.00.18-1.el8.x86_64
  network-scripts-team-1.31-4.el8.x86_64

完毕!
[root@openstack ~]#
```

图 4－2　安装 Network 服务

2）停用 NetworkManager，禁止开机自启。

```
# systemctl stop NetworkManager && systemctl disable NetworkManager
```

3）启用 Network，设置开机自启。

```
# systemctl start network && systemctl enable network
```

网络更换后，远程工具可能会断开，用 reboot 重启系统，重新连接远程工具。

4）设置静态 IP。

编辑网络配置文件。

```
# vi /etc/sysconfig/network-scripts/ifcfg-ens33
```

修改并添加以下内容：

```
# 设为静态
BOOTPROTO=static
# 设为开机自动连接
ONBOOT=yes
# 添加 IP、子网掩码、网关
IPADDR=192.168.8.202
NETMASK=255.255.255.0
GATEWAY=192.168.8.2
DNS1=114.114.114.114
```

5）重启 Network 网络服务。

```
# systemctl restart network
```

6）测试是否可访问外部网络。

```
# ping  www.baidu.com -c 5
```

提示 建议在此做个快照，快照名字叫“OpenStack 安装前”。

（3）OpenStack 安装。

1）启用 powertools 存储库，安装 Victoria 版本，如图 4－3 所示。

```
# dnf config-manager --enable powertools
```

安装 CentOS-release-openstack-victoria。

```
# dnf search release-openstack
```

安装最新的 yoga 版本。

```
# dnf install -y centos-release-openstack-yoga.noarch
```

安装完后进行换源操作。

```
Installed:
  centos-release-advanced-virtualization-1.0-4.el8.noarch
  centos-release-ceph-nautilus-1.3-2.el8.noarch
  centos-release-messaging-1-3.el8.noarch
  centos-release-nfv-common-1-3.el8.noarch
  centos-release-nfv-openvswitch-1-3.el8.noarch
  centos-release-openstack-victoria-1-3.el8.noarch
  centos-release-rabbitmq-38-1-3.el8.noarch
  centos-release-storage-common-2-2.el8.noarch
  centos-release-virt-common-1-2.el8.noarch

Complete!
[root@openstack ~]# |
```

图 4－3　安装 Victoria 版本

2）更新当前软件包。

```
# dnf update -y
```

3）安装 Paskstack 工具。

近年来，云计算发展迅速，OpenStack 云平台是企业搭建私有云环境的首选。Y 版在 OpenStack 各个版本中进行了很多改进并增加了新特性，本书使用 Packstack 工具（见图 4-4）搭建 OpenStack Y 版本的 alinone 环境。

```
# dnf install openstack-packstack -y
```

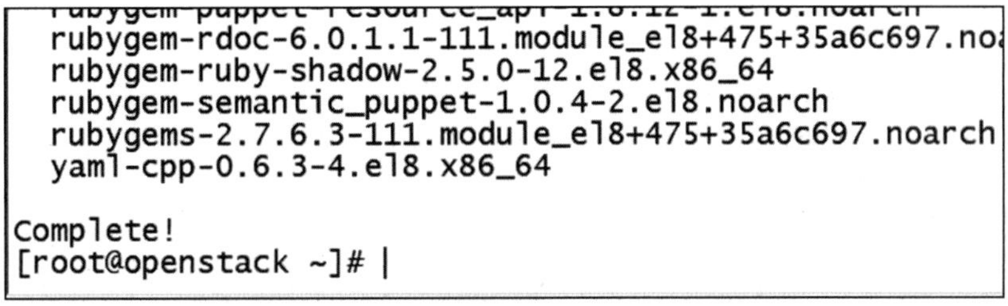

```
  rubygem-rdoc-6.0.1.1-111.module_el8+475+35a6c697.noa
  rubygem-ruby-shadow-2.5.0-12.el8.x86_64
  rubygem-semantic_puppet-1.0.4-2.el8.noarch
  rubygems-2.7.6.3-111.module_el8+475+35a6c697.noarch
  yaml-cpp-0.6.3-4.el8.x86_64

Complete!
[root@openstack ~]# |
```

图 4-4　Packsack 工具

4）用 Packstack 命令安装 OpenStack。

```
# packstack --allinone
```

安装进度由当前网络环境决定，安装耗时 1 小时左右，需耐心等待，如图 4-5 所示。

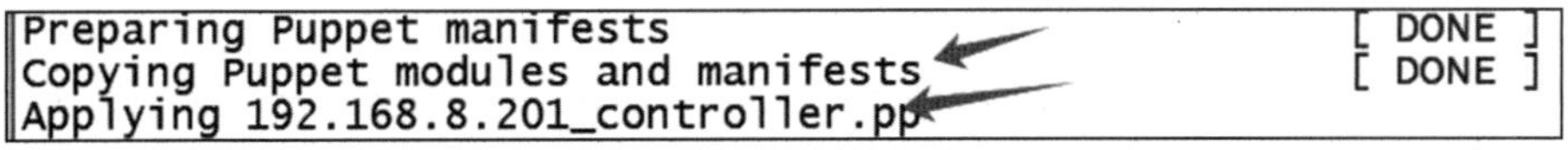

```
Preparing Puppet manifests                                [ DONE ]
Copying Puppet modules and manifests                      [ DONE ]
Applying 192.168.8.201_controller.pp
```

图 4-5　安装进度

安装成功会出现“Installation completed successfully”文本提示，如图 4-6 所示。

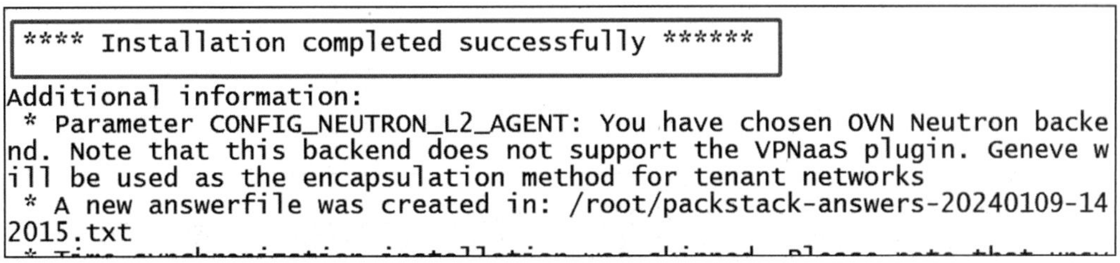

```
 **** Installation completed successfully ******

Additional information:
 * Parameter CONFIG_NEUTRON_L2_AGENT: You have chosen OVN Neutron backe
nd. Note that this backend does not support the VPNaaS plugin. Geneve w
ill be used as the encapsulation method for tenant networks
 * A new answerfile was created in: /root/packstack-answers-20240109-14
2015.txt
```

图 4-6　安装成功

提示

①在安装过程中报错。

ERROR：Error appeared during Puppet run：192.168.8.202_controller.pp。导致安装终

止，原因可能是在 /etc/hosts 文件中没有添加本地解析，也可能是网络问题，建议更换网络。

②在 yoga 版本中可能会出现错误，如图 4－7 所示。

```
ERROR : Error appeared during Puppet run: 192.168.8.202_controller.pp
Error: Could not set 'present' on ensure: Failed to open TCP connection to
github.com:443 (Connection refused - connect(2) for "github.com" port 443)
(file: /var/tmp/packstack/d4a690666f51472e812816e6ea0c879d/modules/packstac
k/manifests/provision/glance.pp, line: 8)
You will find full trace in log /var/tmp/packstack/20240110-110446-s1_k0b7f
```

图 4－7　出现错误

解决方案，如图 4－8 所示。

```
# git config --global --unset http.proxy
# git config --global --unset https.proxy
```

再运行 packstack --answer-file。

```
# packstack --answer-file=/root/packstack-answers-20240110-093702.txt
```

```
[root@openstack ~]# packstack --answer-file=/root/packstack-answers-2024011
0-110446.txt
Welcome to the Packstack setup utility

The installation log file is available at: /var/tmp/packstack/20240110-1202
45-2e9h2rjb/openstack-setup.log
```

图 4－8　解决方案

③ Packstack 开始自动设置 OpenStack，提供了一组选项，为每个安装指定服务和配置。

```
# packstack --answer-file=<path to the answers file>
```

若运行过 Packstack，主目录中会有个文件，为再用该文件做准备。若网络环境不稳定或有其他问题，会出现错误，若出错，排除错误，运行下述命令继续安装，如图 4－9 所示。

```
# packstack --answer-file=/root/packstack-answers-20240110-093702.txt
```

```
[root@openstack ~]# ls
anaconda-ks.cfg    keystonerc_demo
keystonerc_admin   packstack-answers-20240110-093702.txt
[root@openstack ~]#
```

图 4－9　排除错误继续安装

5）生成链接“http://192.168.8.201/dashboard”，如图 4－10 所示，通过这个链接访问 OpenStack 仪表板。

6）在 keystonerc_admin 文件中登录账号和密码，如图 4－11 所示。

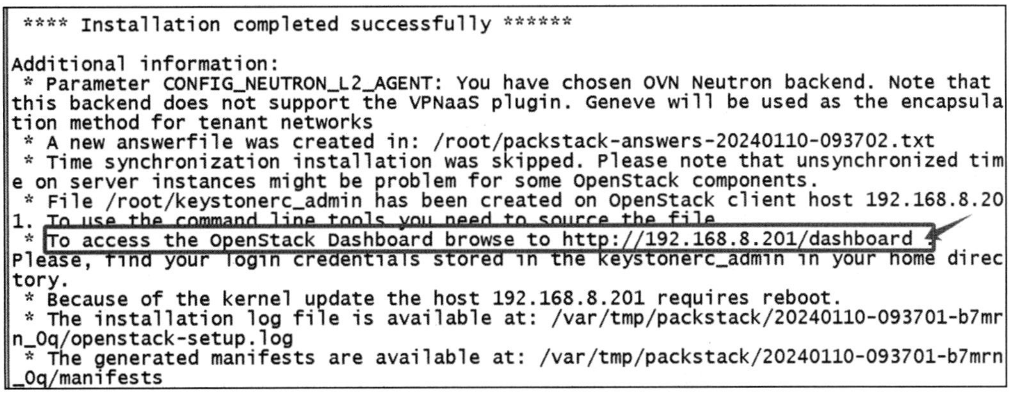

```
**** Installation completed successfully ******

Additional information:
 * Parameter CONFIG_NEUTRON_L2_AGENT: You have chosen OVN Neutron backend. Note that
this backend does not support the VPNaaS plugin. Geneve will be used as the encapsula
tion method for tenant networks
 * A new answerfile was created in: /root/packstack-answers-20240110-093702.txt
 * Time synchronization installation was skipped. Please note that unsynchronized tim
e on server instances might be problem for some OpenStack components.
 * File /root/keystonerc_admin has been created on OpenStack client host 192.168.8.20
1. To use the command line tools you need to source the file.
 * To access the OpenStack Dashboard browse to http://192.168.8.201/dashboard .
Please, find your login credentials stored in the keystonerc_admin in your home direc
tory.
 * Because of the kernel update the host 192.168.8.201 requires reboot.
 * The installation log file is available at: /var/tmp/packstack/20240110-093701-b7mr
n_0q/openstack-setup.log
 * The generated manifests are available at: /var/tmp/packstack/20240110-093701-b7mrn
_0q/manifests
```

图 4－10　生成链接

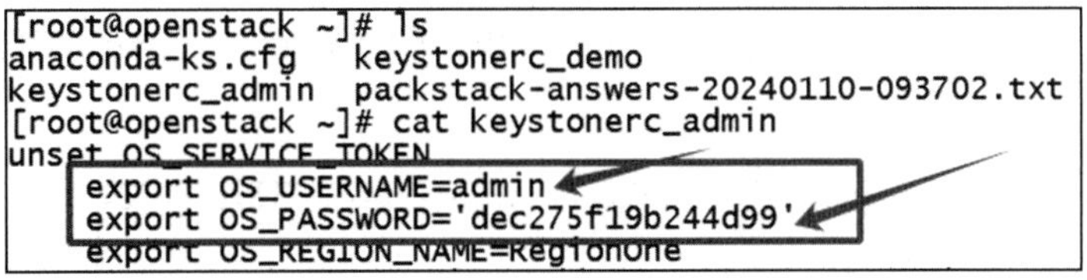

```
[root@openstack ~]# ls
anaconda-ks.cfg    keystonerc_demo
keystonerc_admin   packstack-answers-20240110-093702.txt
[root@openstack ~]# cat keystonerc_admin
unset OS_SERVICE_TOKEN
    export OS_USERNAME=admin
    export OS_PASSWORD='dec275f19b244d99'
    export OS_REGION_NAME=RegionOne
```

图 4－11　登录账号和密码

7）设置 br-ex。

这是云主机连接外部网络的关键。将 OpenStack 主机网卡添加到 br-ex 网桥上，ens33 是主机网卡，“br”开头的名称代表网桥，如图 4－12 所示。

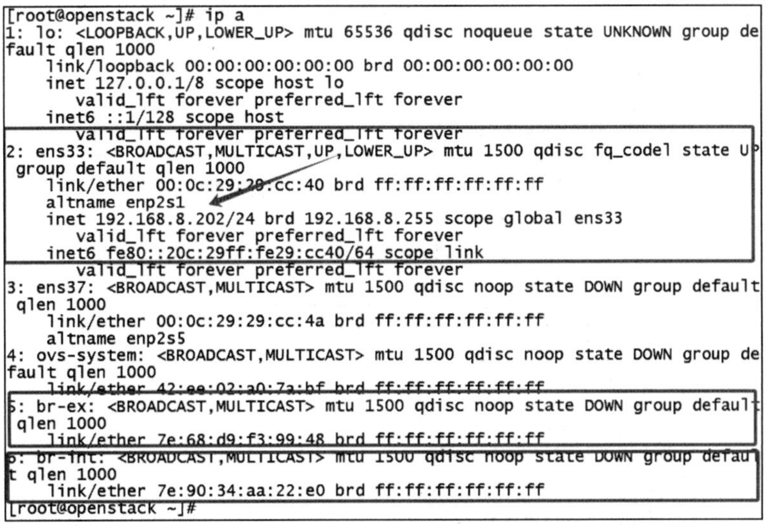

```
[root@openstack ~]# ip a
1: lo: <LOOPBACK,UP,LOWER_UP> mtu 65536 qdisc noqueue state UNKNOWN group de
fault qlen 1000
    link/loopback 00:00:00:00:00:00 brd 00:00:00:00:00:00
    inet 127.0.0.1/8 scope host lo
       valid_lft forever preferred_lft forever
    inet6 ::1/128 scope host
       valid_lft forever preferred_lft forever
2: ens33: <BROADCAST,MULTICAST,UP,LOWER_UP> mtu 1500 qdisc fq_codel state UP
 group default qlen 1000
    link/ether 00:0c:29:29:cc:40 brd ff:ff:ff:ff:ff:ff
    altname enp2s1
    inet 192.168.8.202/24 brd 192.168.8.255 scope global ens33
       valid_lft forever preferred_lft forever
    inet6 fe80::20c:29ff:fe29:cc40/64 scope link
       valid_lft forever preferred_lft forever
3: ens37: <BROADCAST,MULTICAST> mtu 1500 qdisc noop state DOWN group default
 qlen 1000
    link/ether 00:0c:29:29:cc:4a brd ff:ff:ff:ff:ff:ff
    altname enp2s5
4: ovs-system: <BROADCAST,MULTICAST> mtu 1500 qdisc noop state DOWN group de
fault qlen 1000
    link/ether 42:ee:02:a0:7a:bf brd ff:ff:ff:ff:ff:ff
5: br-ex: <BROADCAST,MULTICAST> mtu 1500 qdisc noop state DOWN group default
 qlen 1000
    link/ether 7e:68:d9:f3:99:48 brd ff:ff:ff:ff:ff:ff
6: br-int: <BROADCAST,MULTICAST> mtu 1500 qdisc noop state DOWN group defau
t qlen 1000
    link/ether 7e:90:34:aa:22:e0 brd ff:ff:ff:ff:ff:ff
[root@openstack ~]#
```

图 4－12　设置 br-ex

①查看 br。

```
# ovs-vsctl list-br
```

br-ex 是外部网桥，br-int 是集成网桥。

②查看网桥的端口。

```
# ovs-vsctl list-ports br-ex
```

输出中只显示了 br-int 的 Patch 端口，并且这些端口并未连接到 OpenStack 的外部接口，那么 OpenStack 云平台上的实例将无法与外部网络进行通信。需要通过网卡配置，将 OpenStack 主机上的网卡作为端口添加到 br-ex 网桥上。

③创建与 br-ex 相关的网络配置文件。

```
# cd /etc/sysconfig/network-scripts/
```

将 ifcfg-ens33 复制到 ifcfg-br-ex 中。

```
# cp ifcfg-ens33 ifcfg-br-ex
```

修改 ifcfg-br-ex 配置文件，修改 TYPE、DEVICETYPE、NAME、DEVICE 的值，如图 4－13 所示。

```
[root@openstack network-scripts]# vi ifcfg-br-ex
TYPE=OVSBridge
DEVICETYPE=ovs
PROXY_METHOD=none
BROWSER_ONLY=no
BOOTPROTO=static
DEFROUTE=yes
IPV4_FAILURE_FATAL=no
IPV6INIT=yes
IPV6_AUTOCONF=yes
IPV6_DEFROUTE=yes
IPV6_FAILURE_FATAL=no
IPV6_ADDR_GEN_MODE=eui64
NAME=br-ex
UUID=c55fe7ee-a8cb-428a-b08a-2e20906f4ff3
DEVICE=br-ex
ONBOOT=yes
IPADDR=192.168.8.202
PREFIX=24
GATEWAY=192.168.8.2
DNS1=114.114.114.114
```

图 4－13　修改 ifcfg-br-ex 配置文件

修改 ifcfg-ens33 配置文件，关键是修改 TYPE，添加最后两行定义，如图 4－14 所示。

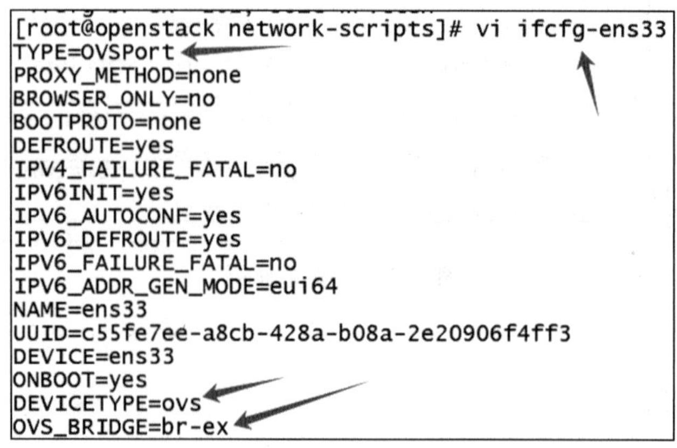

```
[root@openstack network-scripts]# vi ifcfg-ens33
TYPE=OVSPort
PROXY_METHOD=none
BROWSER_ONLY=no
BOOTPROTO=none
DEFROUTE=yes
IPV4_FAILURE_FATAL=no
IPV6INIT=yes
IPV6_AUTOCONF=yes
IPV6_DEFROUTE=yes
IPV6_FAILURE_FATAL=no
IPV6_ADDR_GEN_MODE=eui64
NAME=ens33
UUID=c55fe7ee-a8cb-428a-b08a-2e20906f4ff3
DEVICE=ens33
ONBOOT=yes
DEVICETYPE=ovs
OVS_BRIDGE=br-ex
```

图 4－14　修改 ifcfg-ens33 配置文件

④重启网络。

```
# systemctl restart network
```

使用 IP 命令验证配置是否已更改。

⑤查看 br-ex 网桥端口。

```
# ovs-vsctl list-ports br-ex
```

4.2.2 OpenStack 的运维

1. 登录 OpenStack

在命令行查看密码，用户名是 admin，在浏览器中输入地址“192.168.8.202/dashboard”。

Dashboard 是 OpenStack 中的 Web 前端控制台，是用 Python 编写的支持 WSGI 协议的网络应用，在 Apache 服务器上部署。

Dashboard 与 OpenStack 其他组件一样在 httpd 服务器中运行，主要的网站文件路径为“/usr/share/openstack-dashboard”，需要和 httpd 服务器建立关系。

Dashboard 的唯一依赖是 Keystone 登录界面，如图 4－15 所示。

图 4－15　登录界面

2. 网络运维

OpenStack 的网络服务为虚拟机实例提供网络连接，网络服务项目是 Neutron。

Neutron 为整个 OpenStack 环境提供软件定义网络支持，功能包括二层交换、三层路由、防火墙、VPN，以及负载均衡等。

OpenStack 网络负责创建和管理虚拟网络基础架构，包括网络、交换机、子网和路由器，它们由 OpenStack 计算服务 Nova 管理。此外，网络服务还提供防火墙和 VPN 等高级服务。

（1）Neutron 网络结构由外部网络、内部网络、路由器组成。

外部网络是连接 OpenStack 项目外的网络环境（公共网络）。它使外部物理网络能接入并访问 OpenStack 网络。

内部网络是由软件定义的私有网络，它直接连接虚拟机，是虚拟机实例运行所在的网络。内部网络是对二层（L2）网络的抽象，模拟了物理网络中的二层局域网特性，使虚拟机之间能够像在同一物理局域网中一样相互通信。

路由器在 OpenStack 网络架构中用于连接内部网络与外部网络。创建一个路由器后，虚拟机可以通过该路由器访问外部网络。路由器是对三层（L3）网络的抽象，模拟了物理路由器的功能，为用户提供路由、NAT（网络地址转换）等服务，确保虚拟机能够安全、有效地与外部网络通信。

（2）网络、子网与端口。

1）网络。

网络是隔离的二层广播域，类似交换机中的 VLAN。Neutron 支持如 Flat、VLAN、VXLAN 等多种类型的网络。

2）子网。

子网是 IPv4 或 IPv6 的地址段和相关配置。虚拟机实例的 IP 地址是从子网中分配的，每个子网要定义 IP 地址的范围和子网掩码。

OpenStack 运维

3）端口。

端口是连接设备的点，像虚拟交换机的网络端口。端口定义 MAC 地址和 IP 地址，当虚拟机的虚拟网卡绑定端口时，端口会将 MAC 地址和 IP 地址分配给该虚拟网卡。

（3）OpenStack 网络搭建。

1）创建内部网络。

在主页面选择“管理员”→“网络”→“网络”，单击右侧的“创建网络”按钮，如图 4-16 所示。

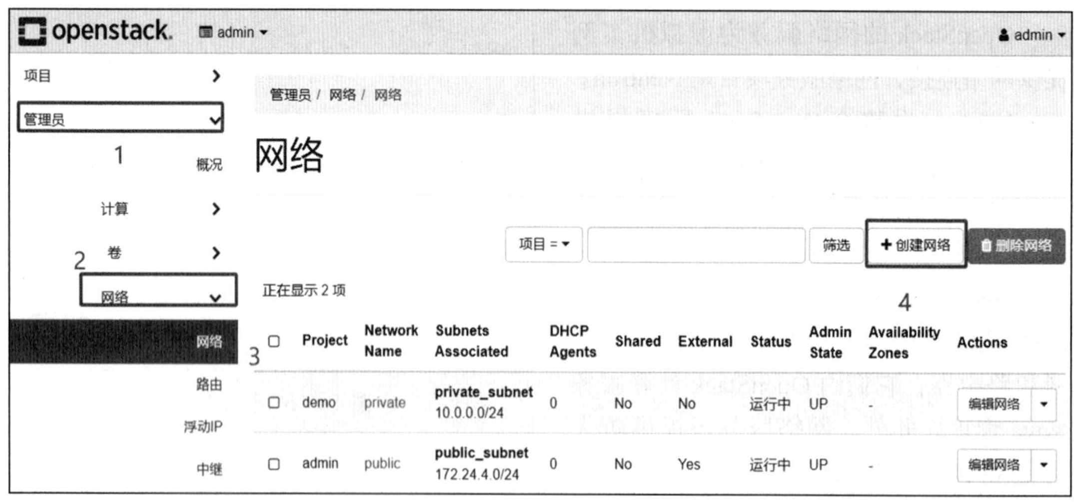

图 4-16 创建网络

输入内部网络名称“private”，选择“admin”项目，供应商网络类型选择“Geneve”，段 ID 输入“1”（注意：这个段 ID 不能重复），勾选复选框“启用管理员状态”“共享的”“创建子网”，如图 4-17 所示，单击“下一步”按钮。

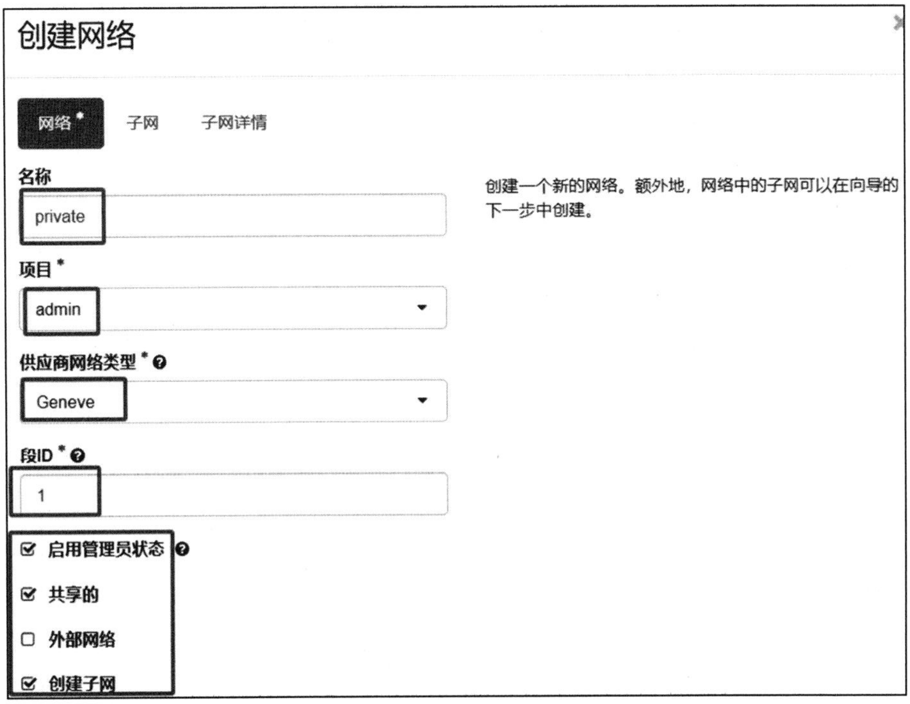

图 4－17　设置内部网络

输入内部网络子网名称“subnet”，网络地址“192.168.2.0/24”，网关 IP“192.168.2.1”，如图 4－18 所示。

图 4－18　设置子网

输入分配地址池“192.168.2.100，192.168.2.200”，注意各地址之间需用英文逗号隔开，完成后，单击“创建”按钮，如图 4－19 所示。

图 4－19　分配地址池

网络创建完成，如图 4－20 所示。

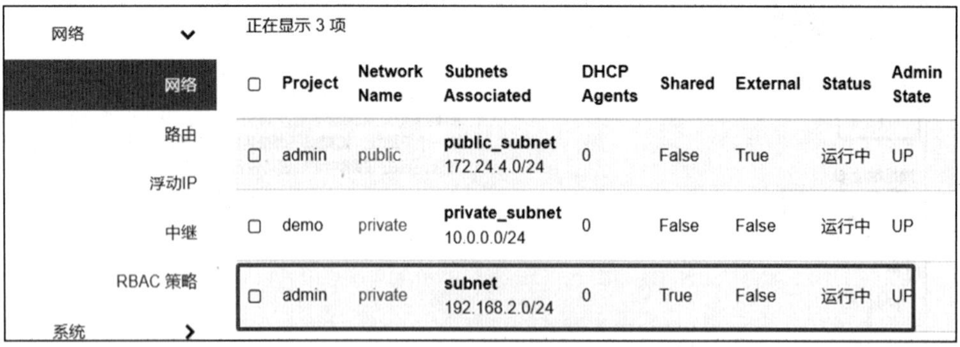

图 4－20　网络创建完成

2）创建外部网络。

在这里使用 Flat 网络类型，根据 Flat 的特性，它只能对应一个物理网卡，而且在 yoga 的配置完成后已经默认两个网络，一个是 public，它已经占用了 Flat 对应的物理网卡。

注意：在重新配置 public 的子网前，需要把系统自带的路由器删掉。展开左侧的“管理员”，单击“网络”下拉列表中的“路由”，单击“删除路由”按钮，如图 4－21 所示。

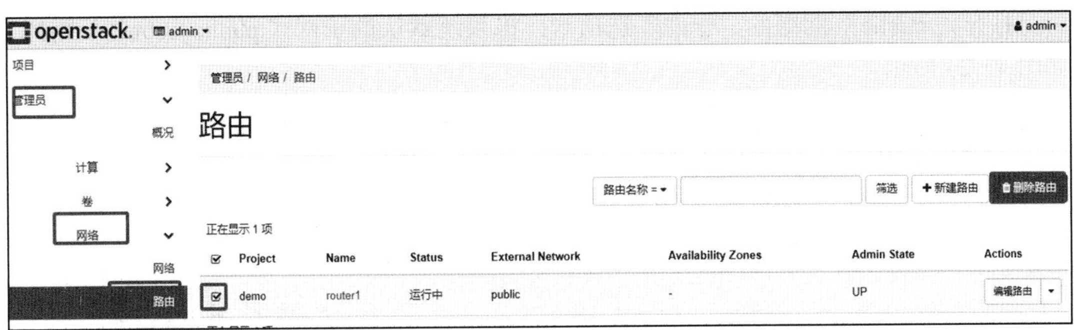

图 4－21　删除路由

删除后没有路由，如图 4－22 所示。

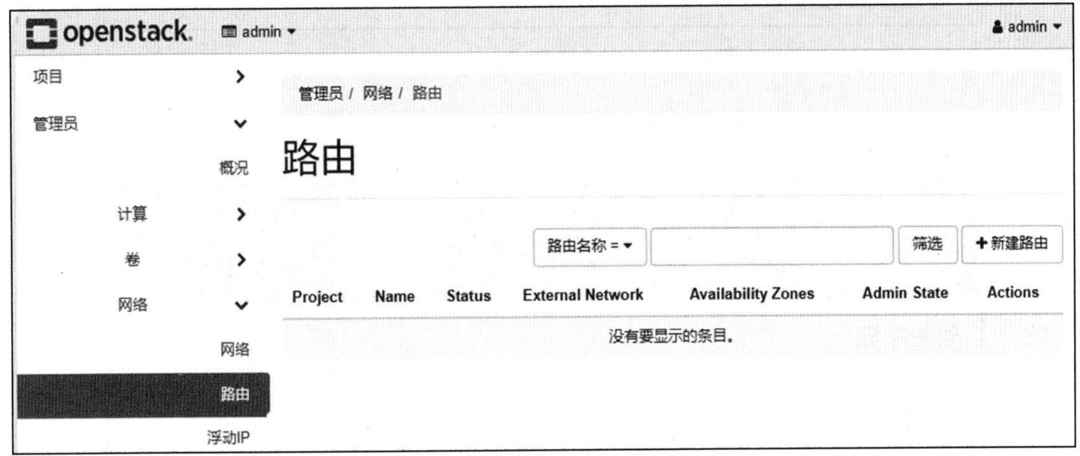

图 4－22　删除后没有路由

打开“网络”选项卡，找到默认的 public 网络，单击“public”，可以看到网络概况，如图 4－23 所示。

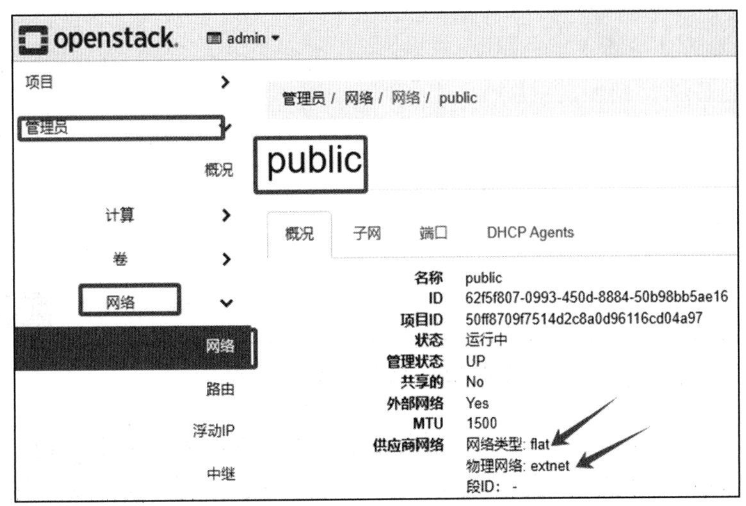

图 4－23　public 网络概况

打开“public”网络的“子网”选项卡，将系统默认的子网“public_subnet”删掉，如图4-24所示。

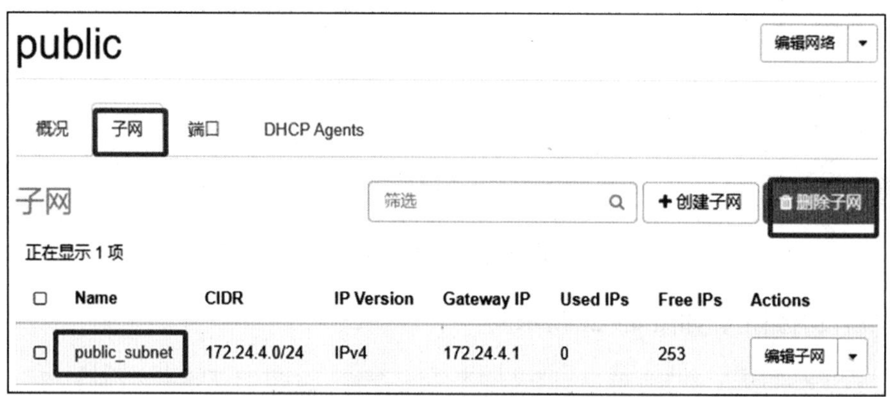

图4-24　删除子网“public_subnet”

接下来，进入“创建子网”界面，如图4-25所示。

创建子网

子网 *　子网详情

子网名称

网络地址 *

IP版本

IPv4

网关IP

禁用网关

创建关联到这个网络的子网。点击"子网详情"标签可进行高级配置。

取消　« 返回　下一步 »

图4-25　“创建子网”界面

输入子网名称“subnet-vmnet8”，网络地址“192.168.8.0/24”（自己虚拟机的IP地址），网关IP“192.168.8.2”（自己虚拟机的网关IP），这里的网段是OpenStack的vmnet8网段，如图4-26所示。完成后，单击“下一步”按钮。

图 4-26　填写子网信息

输入分配地址池“192.168.8.100，192.168.8.200”，注意各地址之间用英文逗号隔开，如图 4-27 所示。完成后，单击“创建”按钮。

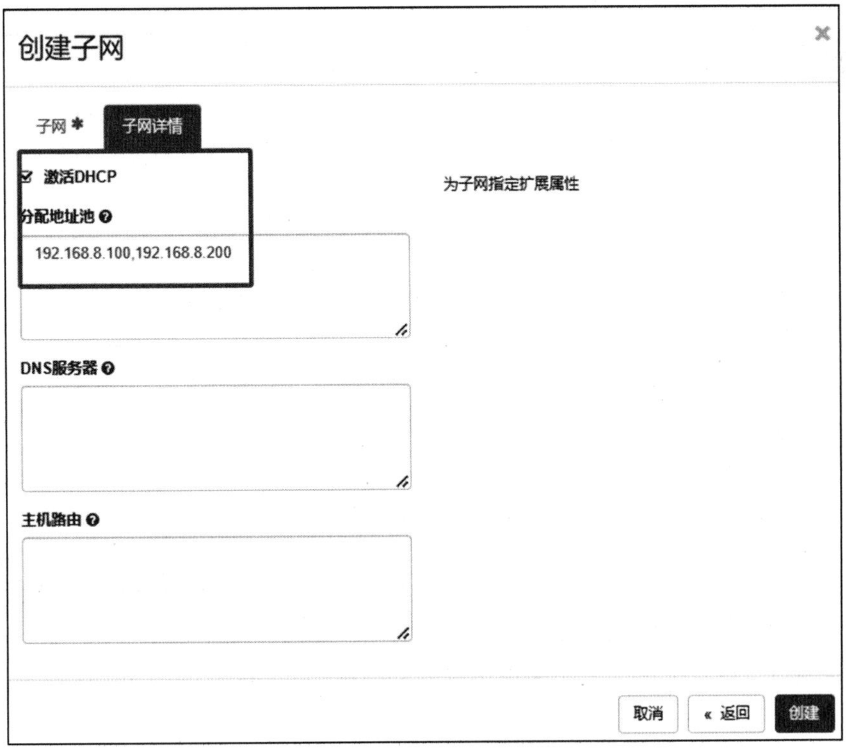

图 4-27　分配地址池

创建完成，如图 4-28 所示。

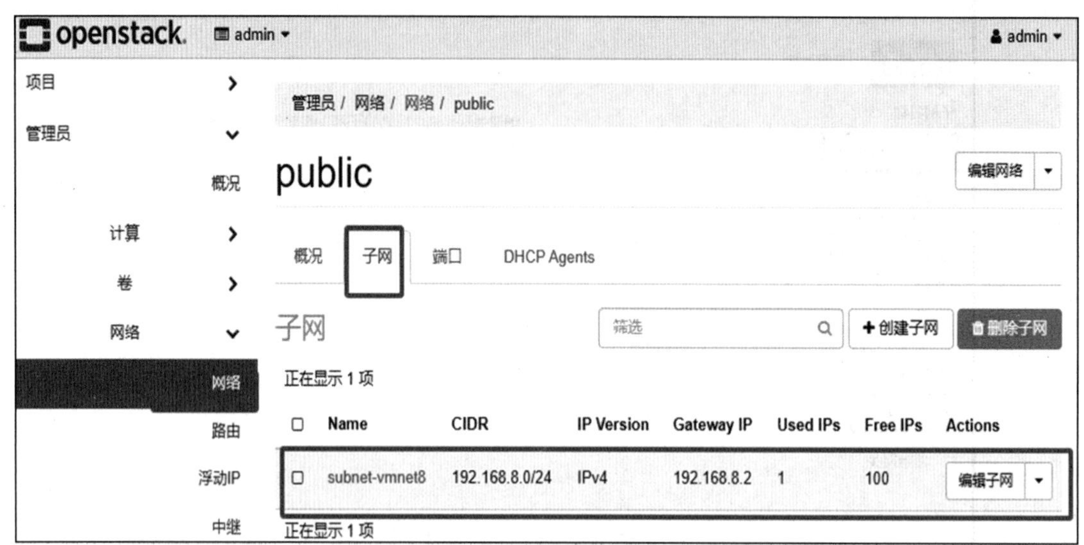

图 4-28　创建完成

3）创建路由。

选择左侧的“项目”→“网络”→“路由”，单击“新建路由”按钮，如图 4-29 所示。

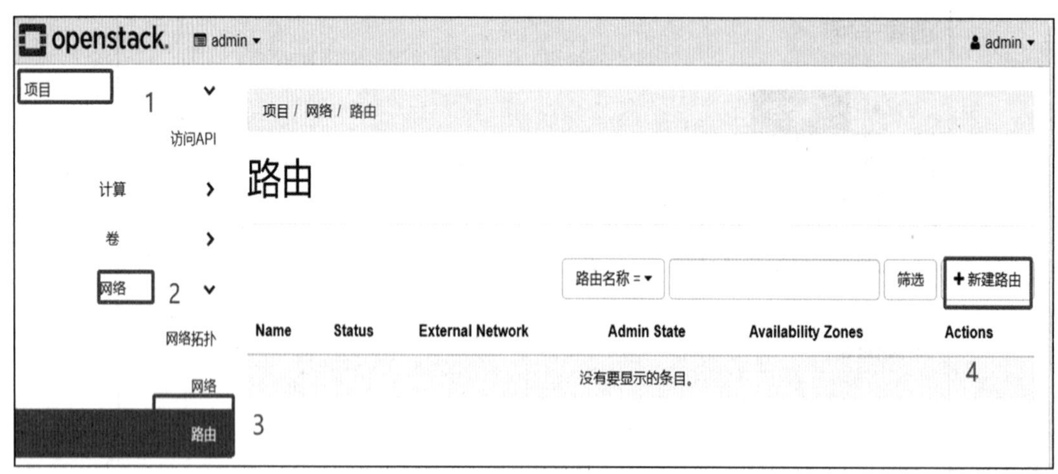

图 4-29　新建路由

输入新建路由名称“router1”，项目选择“admin”，外部网络选择“public”，其余设置保持默认，如图 4-30 所示。完成后，单击“新建路由”按钮。

此时路由已经设置完成，其中路由中的外部网络是 public，如图 4-31 所示。

新建路由

路由名称

router1

项目 *

admin

☑ 启用管理员状态

外部网络

public

☑ 启用SNAT

可用域提示

说明：

基于特殊参数创建一路由。

仅当设置了外部网络时，启用SNAT才会生效。

取消 新建路由

图 4－30 填写路由信息

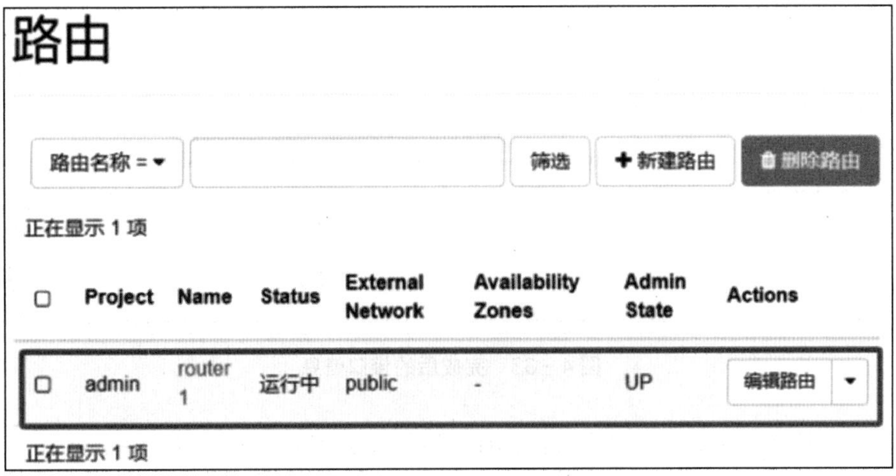

路由

路由名称 = 筛选 ✚ 新建路由 删除路由

正在显示 1 项

	Project	Name	Status	External Network	Availability Zones	Admin State	Actions
☐	admin	router 1	运行中	public	-	UP	编辑路由

正在显示 1 项

图 4－31 设置完成的路由

增加接口。单击图 4－31 中的路由名称“router1”，打开“接口”选项卡，单击“增加接口”按钮，选择内部子网 private，单击“提交”按钮，如图 4－32 所示。

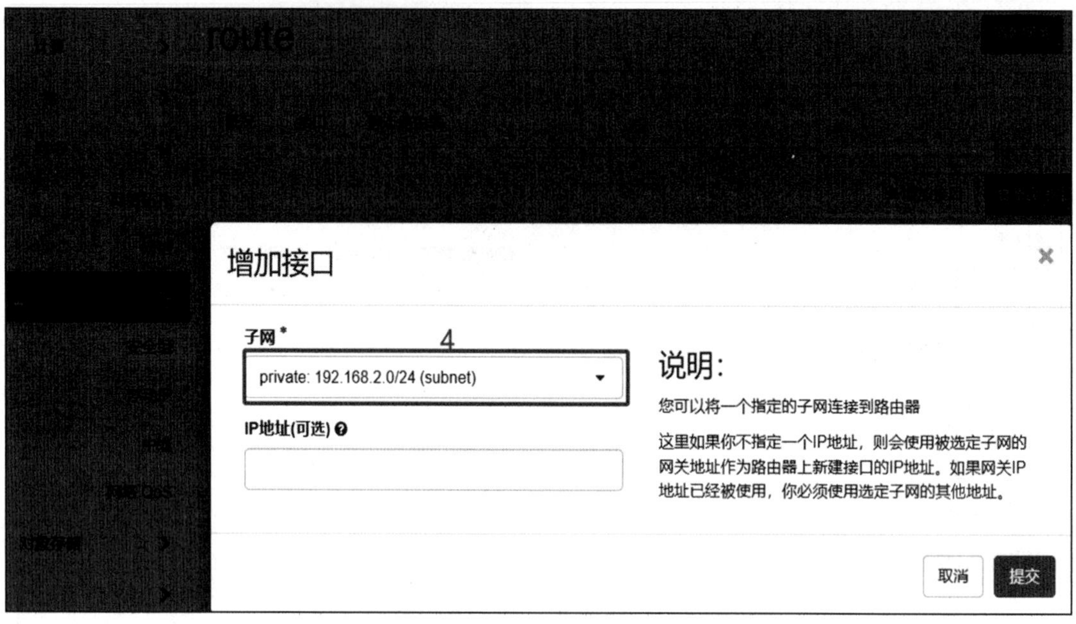

图 4－32 增加接口

完成后的接口信息，如图 4－33 所示。

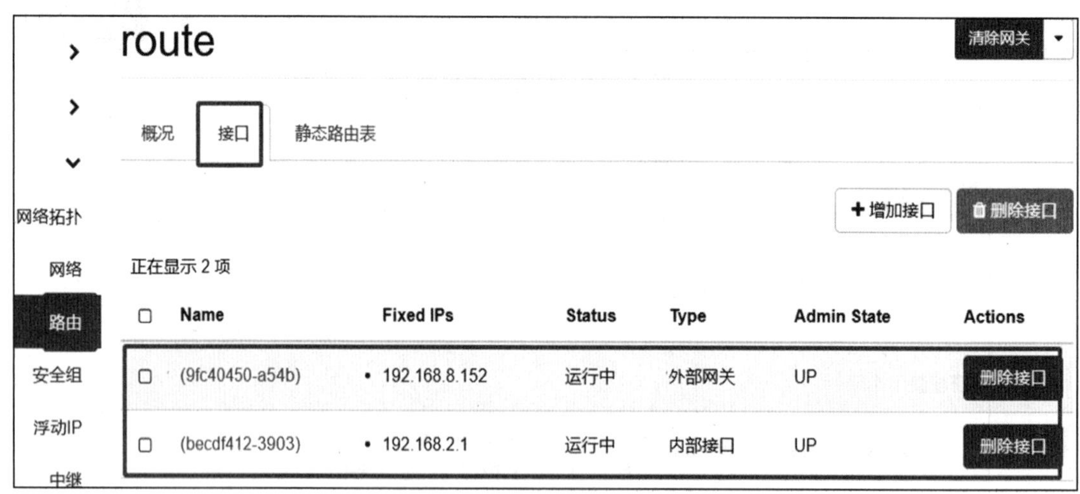

图 4－33 完成后的接口信息

查看此时的网络拓扑，可以看到路由的外部网络接口的 IP 地址“192.168.8.152”，内部接口的 IP 地址“192.168.2.1”，目前都是运行状态，如图 4－34 所示。

使用本地计算机上的命令提示符（cmd）来 ping 路由的外部 IP 地址“192.168.8.152”，命令为“ping 192.168.8.152”，如图 4－35 所示。

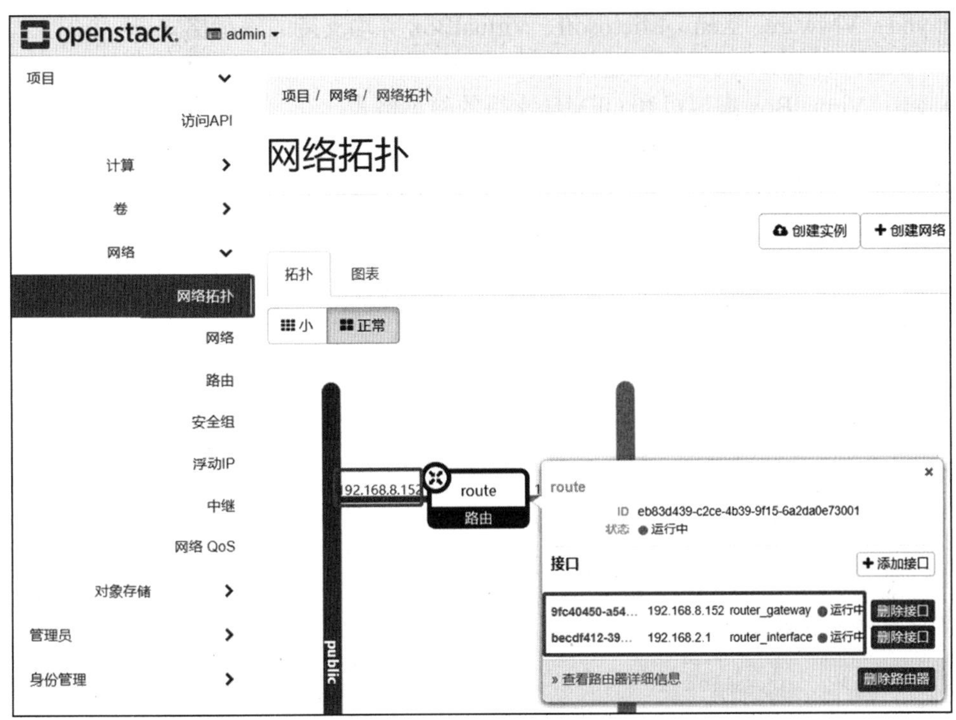

图 4－34　查看此时的网络拓扑

```
C:\Users\Cronin>ping 192.168.8.152

正在 Ping 192.168.8.152 具有 32 字节的数据:
来自 192.168.8.152 的回复: 字节=32 时间<1ms TTL=254
来自 192.168.8.152 的回复: 字节=32 时间<1ms TTL=254
来自 192.168.8.152 的回复: 字节=32 时间<1ms TTL=254
来自 192.168.8.152 的回复: 字节=32 时间<1ms TTL=254

192.168.8.152 的 Ping 统计信息:
    数据包: 已发送 = 4, 已接收 = 4, 丢失 = 0 (0% 丢失),
往返行程的估计时间(以毫秒为单位):
    最短 = 0ms, 最长 = 0ms, 平均 = 0ms
```

图 4－35　ping 路由的外部 IP 地址

3. 创建云主机

云主机类型是资源的模板，它定义了一台云主机能使用的资源，如内存大小、磁盘容量和 CPU 核心数量等。OpenStack 提供了默认的云主机类型，管理员可以自定义云主机类型。

创建云主机实例需要上传一个测试镜像（cirros）、创建一张外网卡和一个实例类型、修改安全组规则。

（1）创建镜像。

在 OpenStack 平台上，镜像是虚拟磁盘文件，磁盘文件中已经安装了可启动的操作系统，它形成了创建虚拟机实例最底层的块结构。Glance 服务提供镜像管理功能，用户可以自己制作镜像，也可以官方下载。

1）镜像磁盘格式。

- raw：非结构化磁盘镜像格式。

- vhd：VMware、Xen、Microsoft、VirtualBox 等均支持的磁盘格式。
- vmdk：VMware 的虚拟磁盘格式。
- vdi：VirtualBox 虚拟机和 QEMU 支持的磁盘格式。
- iso：光盘数据内容的归档格式。
- qcow2：QEMU 支持的磁盘格式。空间可自动扩展，并支持写时复制 copy-on-write。

2）qemu-img 命令。

- qemu-img：虚拟机的磁盘管理命令。
- create：创建一个磁盘。
- info：查看磁盘信息。
- resize：扩容磁盘空间。

3）创建 qcow2 格式的文件。

①创建新镜像磁盘文件格式。

```
# qemu-img create -f qcow2 disk.img 20G
```

②查看镜像磁盘文件信息。

```
# qemu-img info disk.img
```

③ -b 是使用后端的镜像模板文件。

```
# qemu-img create -b disk.img -f qcow2 disk1.img
```

在图形化界面中创建镜像。单击“项目”→“计算”→“镜像”，接着，单击“创建镜像”按钮。在该界面中，会看到一个名为“cirros”的默认镜像，如图 4－36 所示。

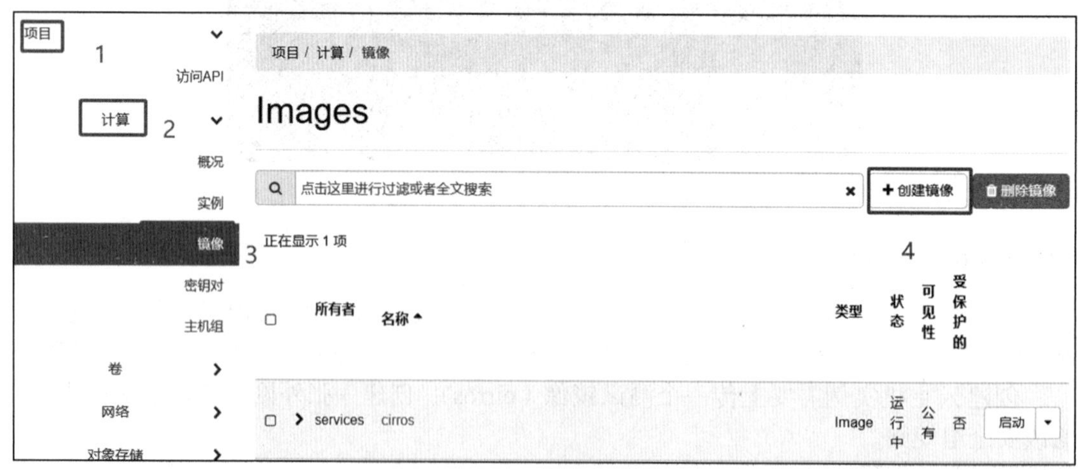

图 4－36　创建镜像

在“镜像详情”界面中，设置镜像名称“cirros-nova”，单击“浏览 ...”按钮上传 img 文件（如 cirros-0.4.0-x86_62-disk.img），设置镜像 qcow2 格式，其他配置可以自定义设置，如图 4－37 所示，单击“下一页”按钮。

图 4－37 镜像详情

完成后的镜像信息，如图 4－38 所示。

项目 / 计算 / 镜像

Images

点击这里进行过滤或者全文搜索　　+ 创建镜像　　删除镜像

正在显示 2 项

	所有者	名称	类型	状态	可见性	受保护的	
☐	services	cirros	Image	运行中	公有	否	启动
☐	admin	cirros-nova	Image	运行中	共享的	否	启动

图 4－38 完成后的镜像信息

（2）创建安全组。

单击“项目”→“网络”→“安全组”，找到默认的“default”安全组，单击“管理规则”按钮，如图 4－39 所示。

图 4－39　找到“default”安全组

可以添加规则，如图 4－40 所示。

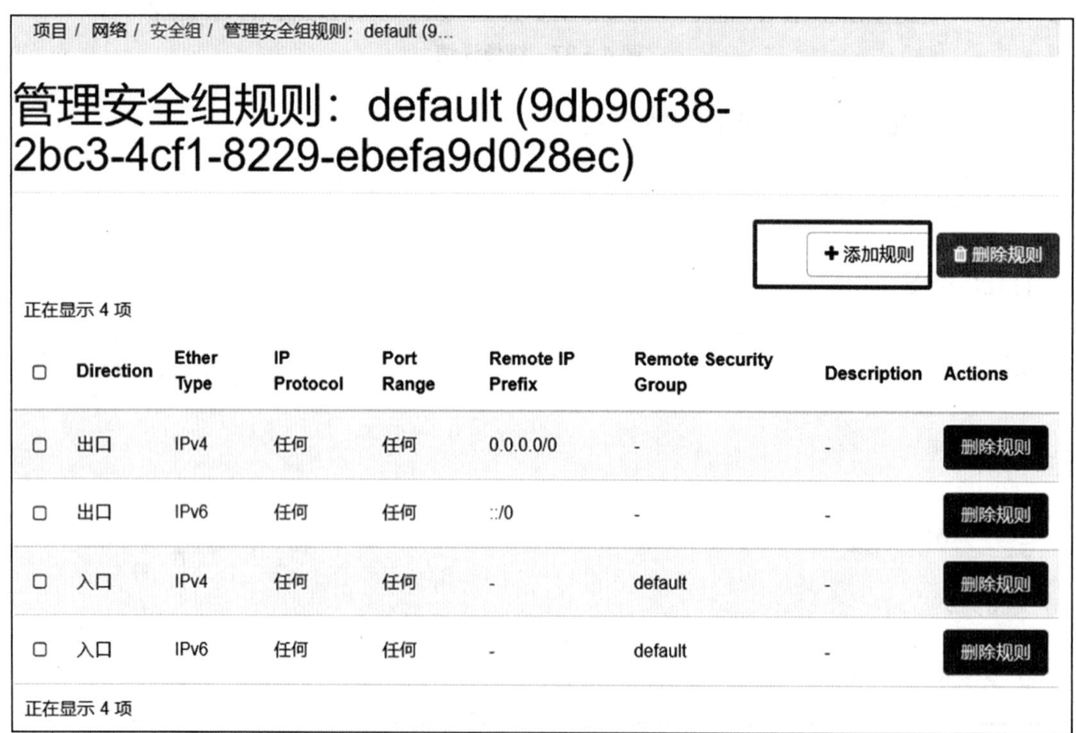

图 4－40　添加规则 1

添加 ssh、all icmp、all tcp、all udp、dns 等需要的规则，如图 4－41 所示。

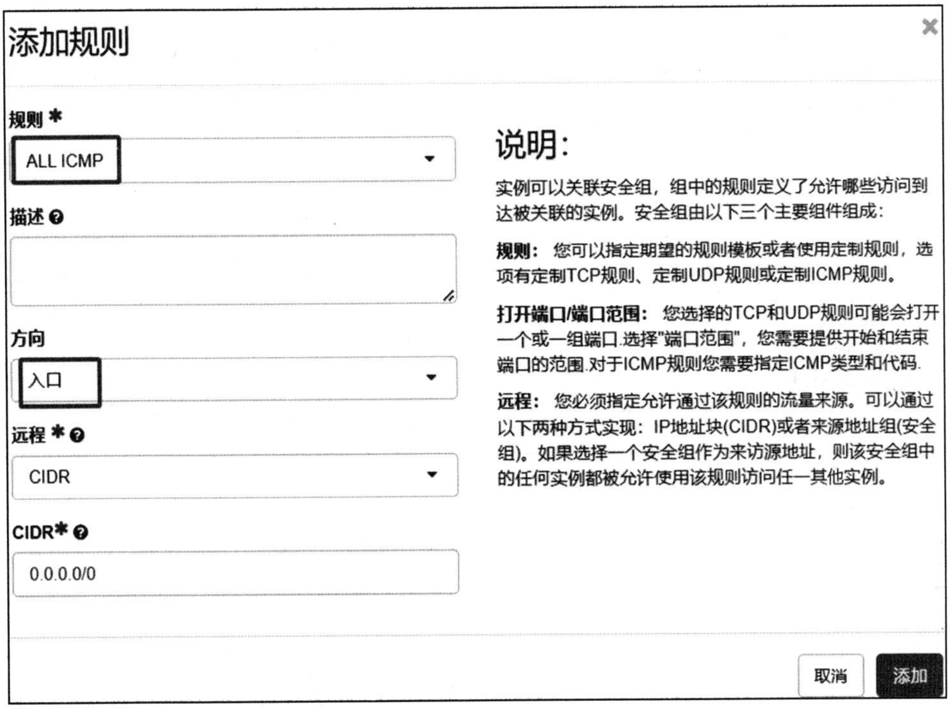

添加规则 ×

规则 *

ALL ICMP

描述

方向

入口

远程 *

CIDR

CIDR*

0.0.0.0/0

说明：

实例可以关联安全组，组中的规则定义了允许哪些访问到达被关联的实例。安全组由以下三个主要组件组成：

规则： 您可以指定期望的规则模板或者使用定制规则，选项有定制TCP规则、定制UDP规则或定制ICMP规则。

打开端口/端口范围： 您选择的TCP和UDP规则可能会打开一个或一组端口.选择"端口范围"，您需要提供开始和结束端口的范围.对于ICMP规则您需要指定ICMP类型和代码.

远程： 您必须指定允许通过该规则的流量来源。可以通过以下两种方式实现：IP地址块(CIDR)或者来源地址组(安全组)。如果选择一个安全组作为来访源地址，则该安全组中的任何实例都被允许使用该规则访问任一其他实例。

取消 添加

(a)

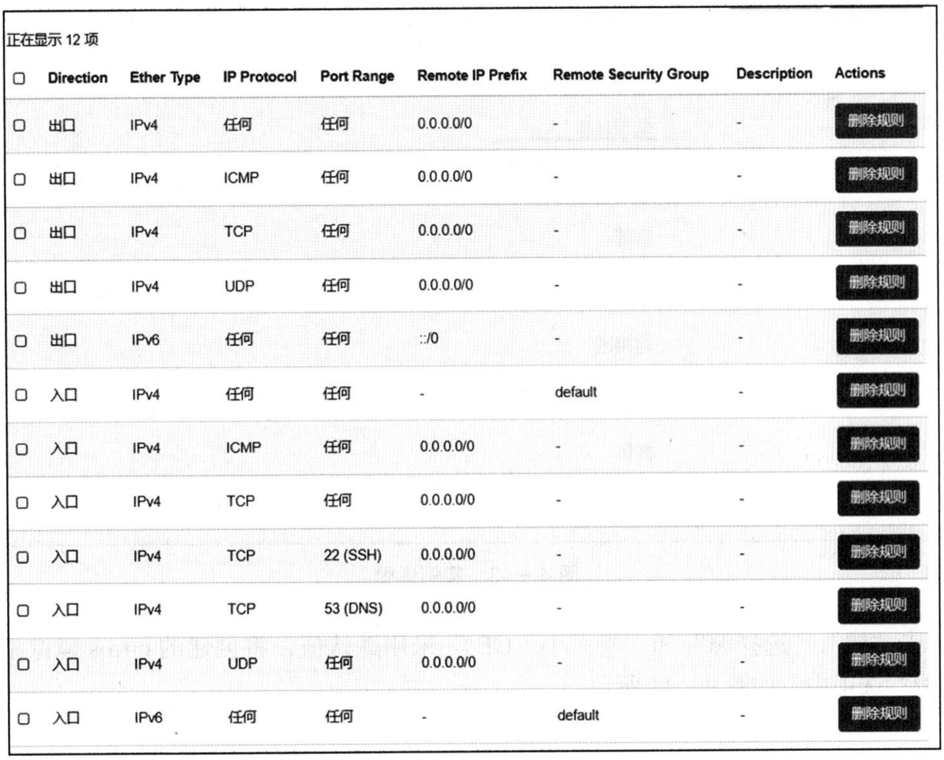

正在显示 12 项

☐	Direction	Ether Type	IP Protocol	Port Range	Remote IP Prefix	Remote Security Group	Description	Actions
☐	出口	IPv4	任何	任何	0.0.0.0/0	-	-	删除规则
☐	出口	IPv4	ICMP	任何	0.0.0.0/0	-	-	删除规则
☐	出口	IPv4	TCP	任何	0.0.0.0/0	-	-	删除规则
☐	出口	IPv4	UDP	任何	0.0.0.0/0	-	-	删除规则
☐	出口	IPv6	任何	任何	::/0	-	-	删除规则
☐	入口	IPv4	任何	任何	-	default	-	删除规则
☐	入口	IPv4	ICMP	任何	0.0.0.0/0	-	-	删除规则
☐	入口	IPv4	TCP	任何	0.0.0.0/0	-	-	删除规则
☐	入口	IPv4	TCP	22 (SSH)	0.0.0.0/0	-	-	删除规则
☐	入口	IPv4	TCP	53 (DNS)	0.0.0.0/0	-	-	删除规则
☐	入口	IPv4	UDP	任何	0.0.0.0/0	-	-	删除规则
☐	入口	IPv6	任何	任何	-	default	-	删除规则

(b)

图 4－41 添加规则 2

（3）建立云主机。

admin 管理员登录管理端，云主机类型是一组资源模板。选择“项目”→“计算”→“实例”，单击“创建实例”按钮，如图 4-42 所示。

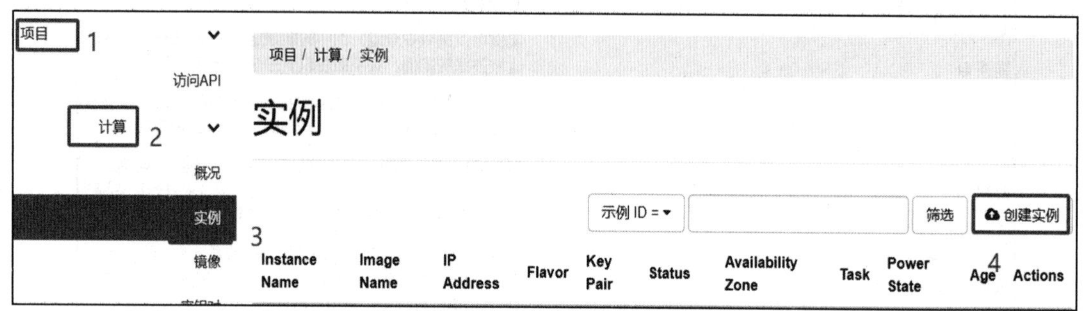

图 4-42　创建实例

在“详情”界面中，输入实例名称，可用域采用默认值，并添加数量，如图 4-43 所示。

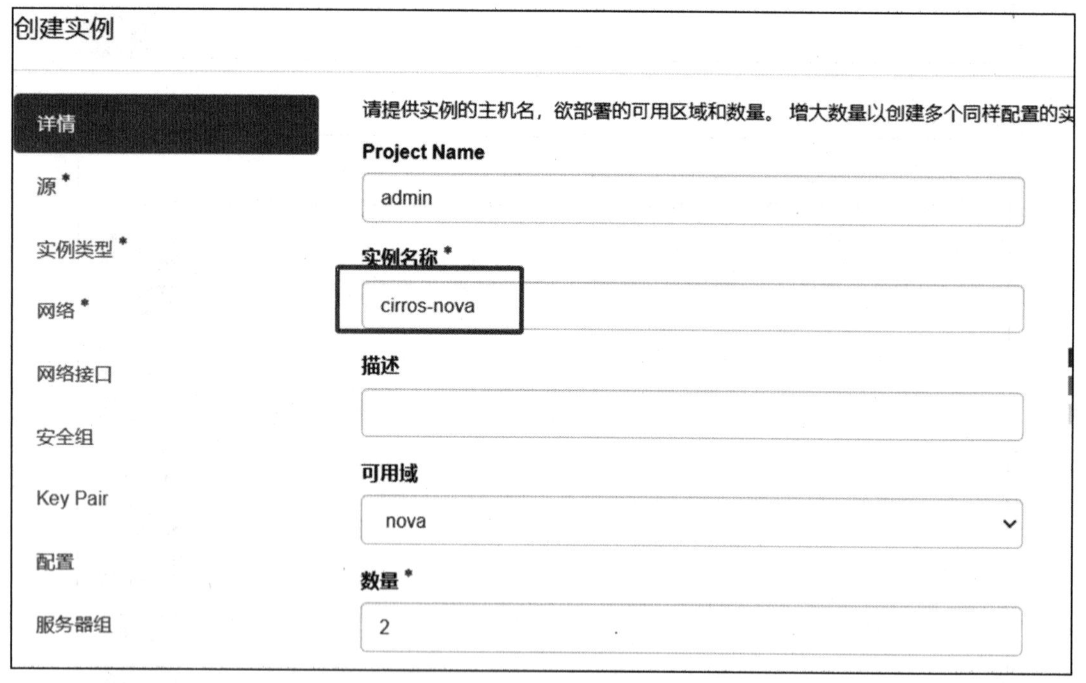

图 4-43　实例详情

单击“源”，“选择源”和“卷大小（GB）”采用默认值，将创建的 cirros 镜像添加到“已分配”选项中，如图 4-44 所示。

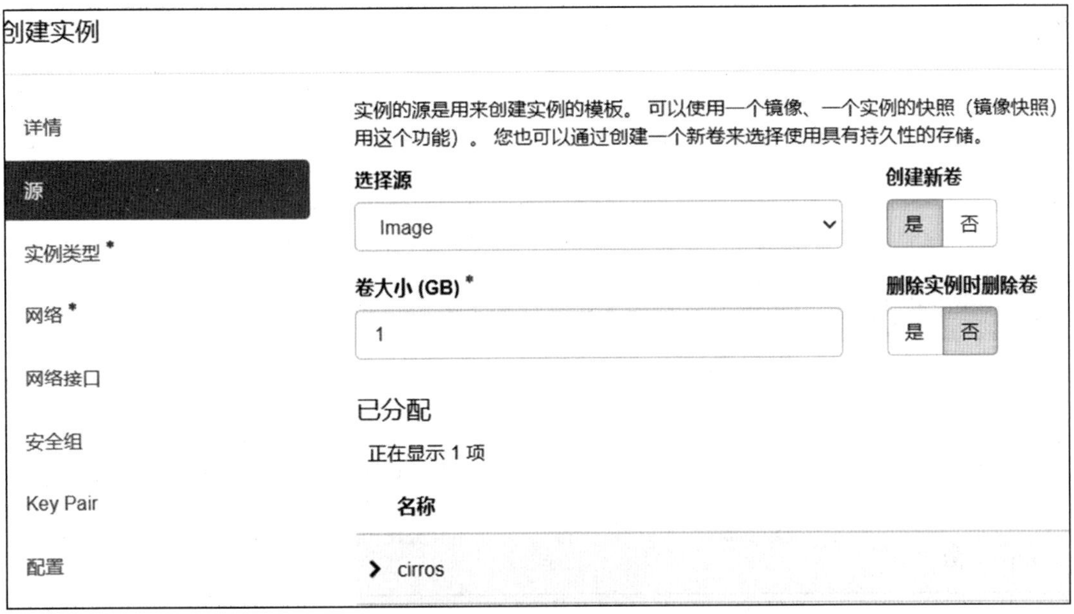

创建实例
详情
源
实例类型 *
网络 *
网络接口
安全组
Key Pair
配置
实例的源是用来创建实例的模板。可以使用一个镜像、一个实例的快照（镜像快照）用这个功能）。您也可以通过创建一个新卷来选择使用具有持久性的存储。
选择源
Image
创建新卷
是
否
卷大小 (GB) *
1
删除实例时删除卷
是
否
已分配
正在显示 1 项
名称
cirros

图 4－44　实例的源

单击“实例类型”，选择名称为“m1.tiny”的实例，如图 4－45 所示。

创建实例
详情
源
实例类型
网络 *
网络接口
安全组
Key Pair
配置
服务器组
scheduler hint
元数据
类型管理实例的计算、内存和存储容量的大小。
已分配
名称 虚拟内核 内存 磁盘总计 公有
m1.small 1 2 GB 20 GB 是
可用 4
选择一个
点击这里进行过滤或者全文搜索
名称 虚拟内核 内存 磁盘总计 公有
m1.tiny 1 512 MB 1 GB 是
m1.medium 2 4 GB 40 GB 是
m1.large 4 8 GB 80 GB 是
m1.xlarge 8 16 GB 160 GB 是

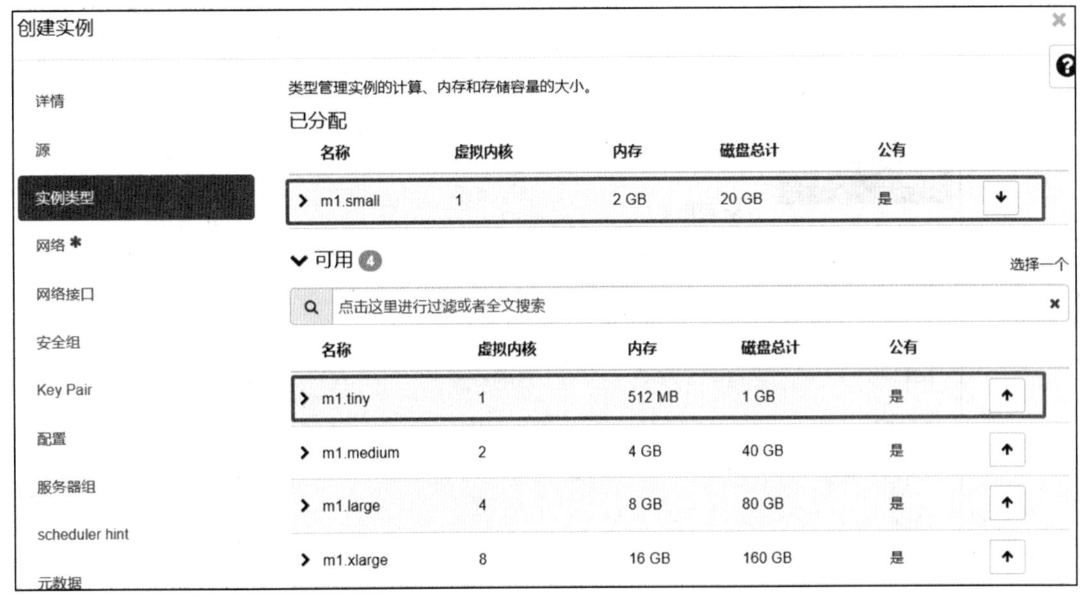

图 4－45　实例类型

单击“网络”，选择之前创建的内部网络 private，如图 4－46 所示。单击“创建实例”按钮，如图 4－47 所示。

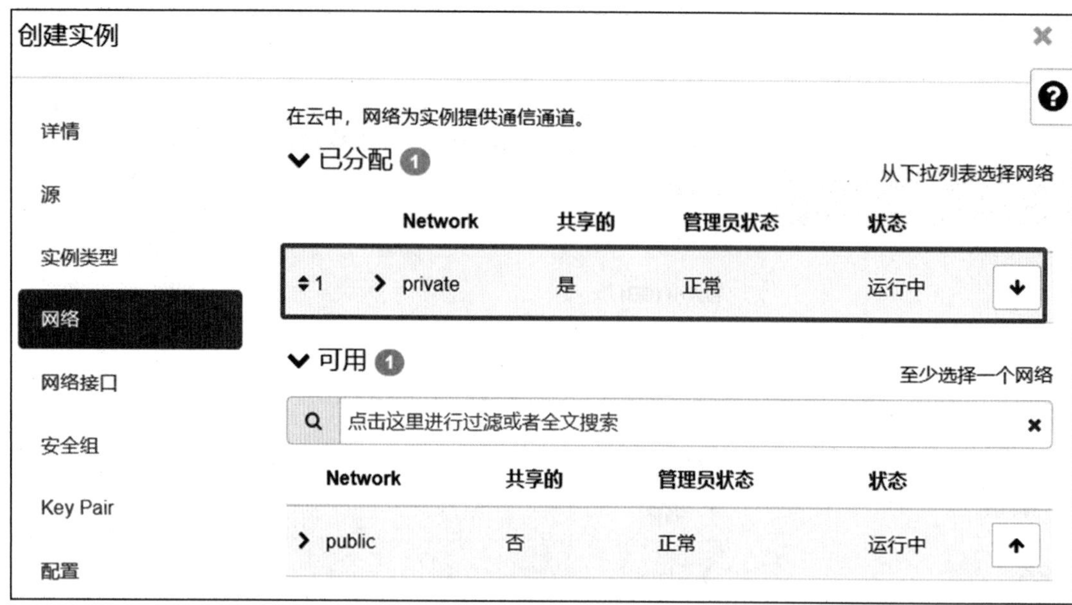

图 4－46　选择网络

图 4－47　创建实例

创建云主机完成后的效果，如图 4－48 所示。

绑定浮动 IP 地址，如图 4－49 所示。

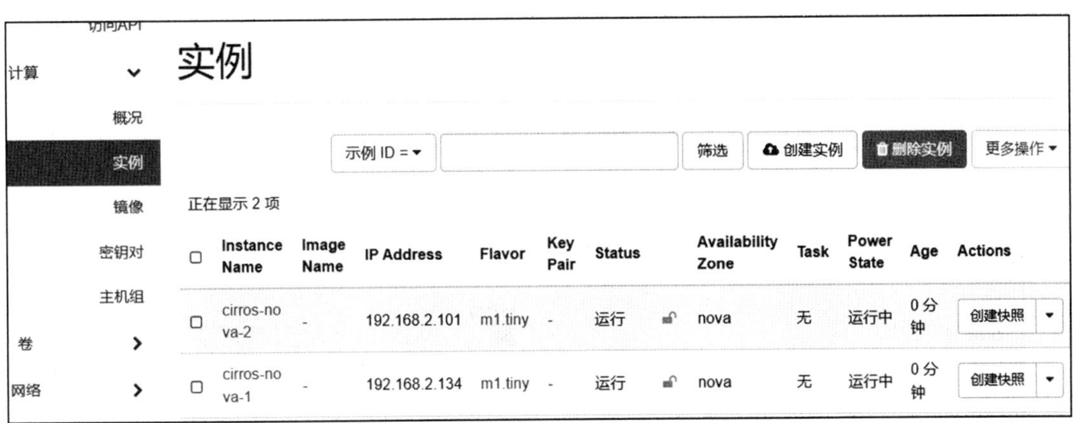

图 4－48　创建云主机完成后的效果

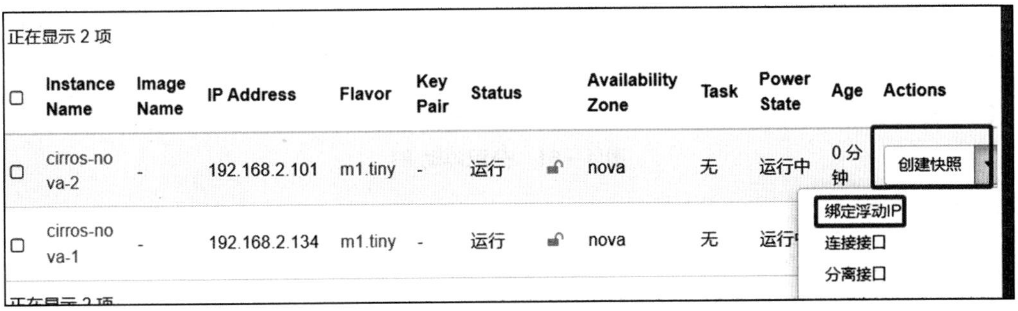

图 4－49　绑定浮动 IP 地址

管理浮动 IP 的关联，单击“+”按钮，如图 4－50 所示。

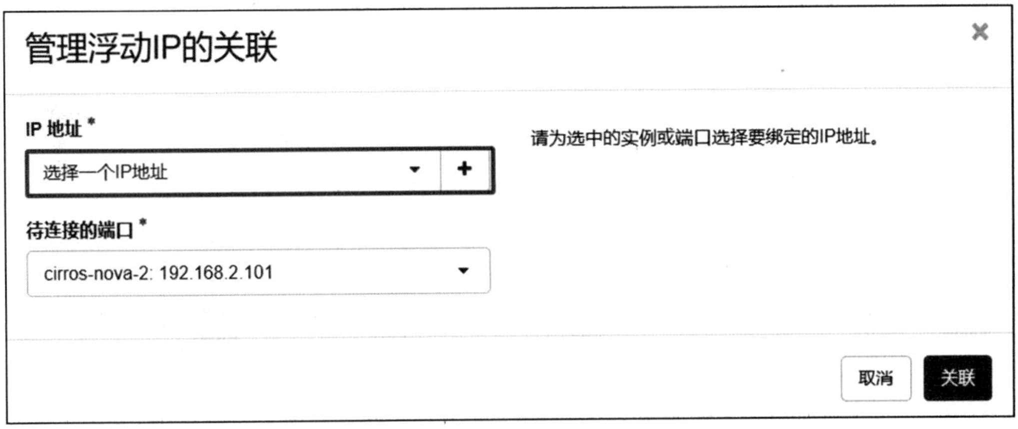

图 4－50　管理浮动 IP 的关联

在“资源池”的下拉列表中选择“public”，单击“分配 IP”按钮，如图 4－51 所示。

分配完 IP 地址后，单击“关联”按钮，如图 4－52 所示。

关联浮动 IP 地址后的效果，如图 4－53 所示。

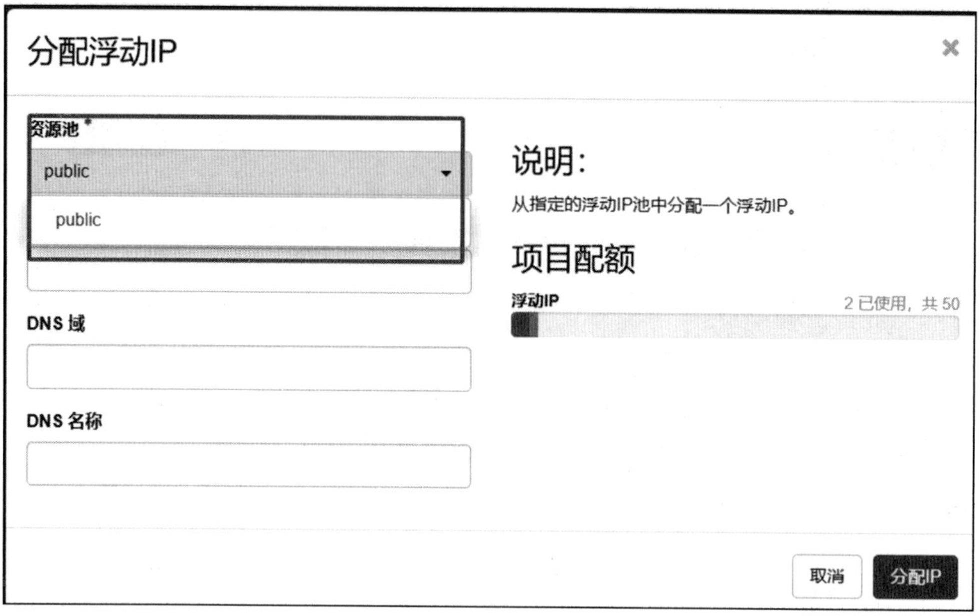

分配浮动IP

资源池 *

public

public

DNS 域

DNS 名称

说明：

从指定的浮动IP池中分配一个浮动IP。

项目配额

浮动IP　2 已使用，共 50

取消　分配IP

图 4－51　分配浮动 IP

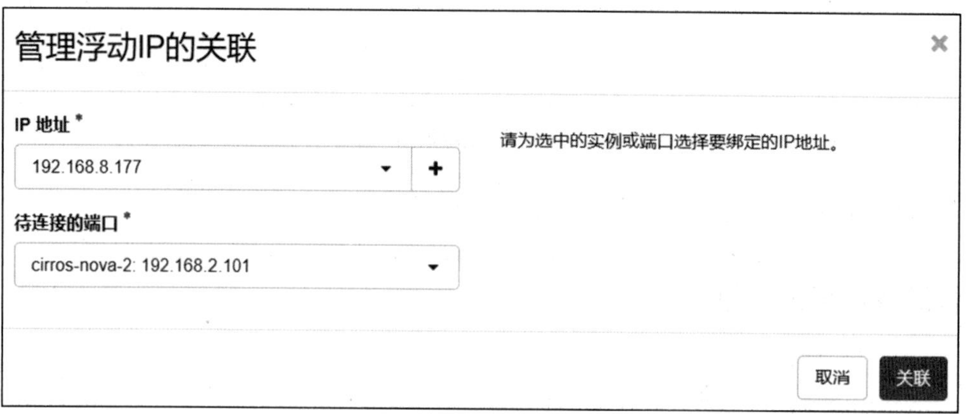

图 4－52　关联地址

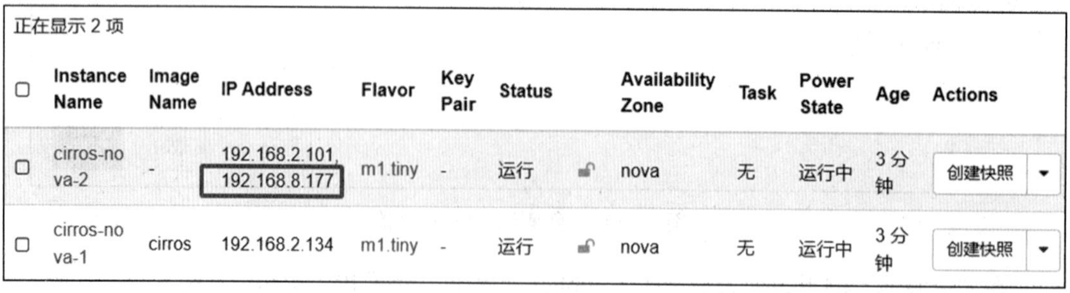

正在显示 2 项

	Instance Name	Image Name	IP Address	Flavor	Key Pair	Status		Availability Zone	Task	Power State	Age	Actions
☐	cirros-nova-2	-	192.168.2.101, 192.168.8.177	m1.tiny	-	运行		nova	无	运行中	3 分钟	创建快照
☐	cirros-nova-1	cirros	192.168.2.134	m1.tiny	-	运行		nova	无	运行中	3 分钟	创建快照

图 4－53　关联浮动 IP 地址后的效果

（4）云主机连接外网。

选择“项目”→“计算”→“实例”，选择云主机“cirros-nova-2”(见图 4－54)。单击云主机“cirros-nova-2”，进入控制台，如图 4－55 所示。

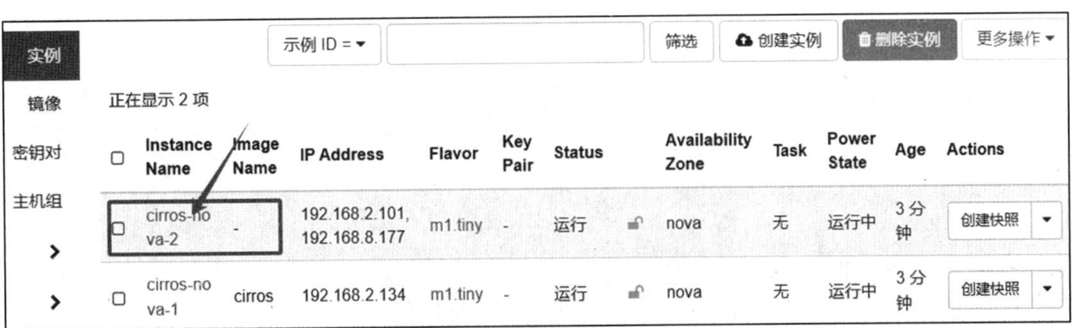

图 4－54　选择云主机“cirros-nova-2”

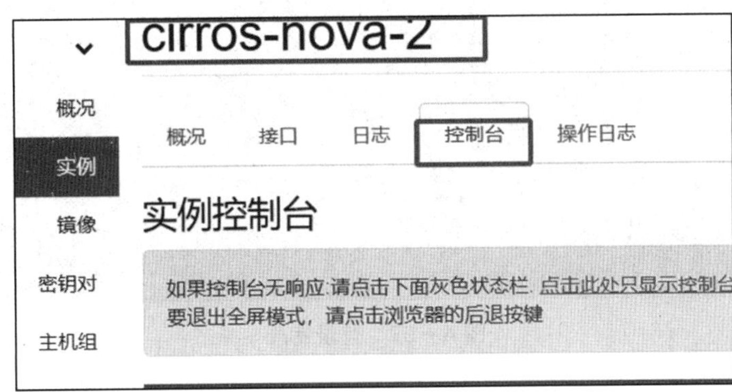

图 4－55　控制台

查看用户名“cirros”，密码“cubswin:)”，如图 4－56 所示。

```
 2.386258] EFI Variables Facility v0.08 2004-May-17
 2.388822] TCP cubic registered
 2.389982] NET: Registered protocol family 10
 2.404117] NET: Registered protocol family 17
 2.404683] Registering the dns_resolver key type
 2.441786] Refined TSC clocksource calibration: 1689.603 MHz.
 2.442135] Switching to clocksource tsc
 2.445447] registered taskstats version 1
 2.635695] usb 1-1: new full-speed USB device number 2 using uhci_hcd
 2.788263]   Magic number: 8:773:674
 2.788263] rtc_cmos 00:05: setting system clock to 2024-01-11 08:39:56 UTC
704962396)
 2.788263] powernow-k8: Processor cpuid 663 not supported
 2.788263] BIOS EDD facility v0.16 2004-Jun-25, 0 devices found
 2.788263] EDD information not available.
 2.813238] Freeing unused kernel memory: 928k freed
 2.868227] Write protecting the kernel read-only data: 12288k
 2.901542] Freeing unused kernel memory: 1596k freed
 2.933177] Freeing unused kernel memory: 1184k freed

urther output written to /dev/ttyS0

ogin as 'cirros' user. default password: 'cubswin:)'. use 'sudo' for root.
ost login:
```

图 4－56　查看用户名和密码

登录完成，如图 4－57 所示。

```
[    2.389982] NET: Registered protocol family 10
[    2.404117] NET: Registered protocol family 17
[    2.404683] Registering the dns_resolver key type
[    2.441786] Refined TSC clocksource calibration: 1689.603 MHz.
[    2.442135] Switching to clocksource tsc
[    2.445447] registered taskstats version 1
[    2.635695] usb 1-1: new full-speed USB device number 2 using uhci_hcd
[    2.788263]   Magic number: 8:773:674
[    2.788263] rtc_cmos 00:05: setting system clock to 2024-01-11 08:39:56 UTC (
1704962396)
[    2.788263] powernow-k8: Processor cpuid 663 not supported
[    2.788263] BIOS EDD facility v0.16 2004-Jun-25, 0 devices found
[    2.788263] EDD information not available.
[    2.813238] Freeing unused kernel memory: 928k freed
[    2.868227] Write protecting the kernel read-only data: 12288k
[    2.901542] Freeing unused kernel memory: 1596k freed
[    2.933177] Freeing unused kernel memory: 1184k freed

further output written to /dev/ttyS0


login as 'cirros' user. default password: 'cubswin:)'. use 'sudo' for root.
host login: cirros
Password:
$
```

图 4－57　登录完成

用命令 ping baidu.com 测试连接外网，如图 4－58 所示，也可使用 crt 远端工具来测试。

```
[    2.788263] powernow-k8: Processor cpuid 663 not supported
[    2.788263] BIOS EDD facility v0.16 2004-Jun-25, 0 devices found
[    2.788263] EDD information not available.
[    2.813238] Freeing unused kernel memory: 928k freed
[    2.868227] Write protecting the kernel read-only data: 12288k
[    2.901542] Freeing unused kernel memory: 1596k freed
[    2.933177] Freeing unused kernel memory: 1184k freed

further output written to /dev/ttyS0


login as 'cirros' user. default password: 'cubswin:)'. use 'sudo' for root.
host login: cirros
Password:
$ ping baidu.com
PING baidu.com (39.156.66.10): 56 data bytes
64 bytes from 39.156.66.10: seq=0 ttl=127 time=22.522 ms
64 bytes from 39.156.66.10: seq=1 ttl=127 time=20.873 ms
64 bytes from 39.156.66.10: seq=2 ttl=127 time=23.316 ms
64 bytes from 39.156.66.10: seq=3 ttl=127 time=22.374 ms

--- baidu.com ping statistics ---
4 packets transmitted, 4 packets received, 0% packet loss
round-trip min/avg/max = 20.873/22.271/23.316 ms
$
```

图 4－58　测试连接外网

项目总结

OpenStack 作为一个开源的云计算管理平台，近年来在云计算领域得到了广泛的应用。其灵活的架构和强大的功能，使用户可以轻松地构建和管理自己的云环境。

OpenStack 的部署涉及多个组件的协同工作，包括计算、存储、网络等。在部署过程中，需要根据实际需求选择合适的组件，并进行合理的配置。同时，还需要关注组件之间的依赖关系和交互方式，确保整个系统的稳定性和可靠性。

在运维方面，OpenStack 提供了丰富的管理工具和接口，可以方便地对云环境进行监控、管理和优化。还可以利用 OpenStack 的自动化特性，实现对资源的快速部署和动态调整，提高运维效率。

OpenStack 云计算平台的部署与运维体现了创新、协作和共享的精神。在云计算时代，技术的快速发展和创新是推动社会进步的重要动力。OpenStack 作为一个开源项目，推动了云计算技术的发展。

国家计算机领域的励志事迹

此外，OpenStack 的应用也推动了数字化转型和产业升级。通过构建高效的云环境，企业可以降低成本、提高效率并创新业务模式。这种变革不仅有助于企业的发展，也为国家的经济增长和社会进步做出了贡献。

项目练习题

一、单选题

1. 作为资源管理者，操作系统负责管理和控制计算机系统的（ ）。

   A. 软件资源　　B. 硬件和软件资源

   C. 用户有用资源　　D. 硬件资源

2. 在计算机系统中，操作系统是一种（ ）。

   A. 应用软件　　B. 系统软件

   C. 用户软件　　D. 支撑软件

3. 以下属于云操作系统的主要功能的是（ ）。

   A. 管理和驱动海量服务器、存储设备等基础硬件

   B. 为云应用软件提供统一、标准的接口

   C. 管理海量的计算任务以及调配资源

   D. 以上都是

4. 云操作系统 OpenStack 中提供数据块存储服务的组件是（ ）。

   A. Nova　　B. Swift　　C. Cinder　　D. Glance

5. Neutron 常用的联网模式是（ ）。

   A. Flat 模式　　B. FlatDHCP 模式　　C. VLAN 模式　　D. 以上都是

6. 下列关于 Keystone 的说法错误的是（　　）。
   A. 认证服务通过对用户身份的确认，来判断一个请求是否被允许
   B. OpenStack 中的一个项目可以有多个用户，一个用户只属于一个项目
   C. 全局角色适用于所有项目的资源权限，项目内角色只适用于自己项目内的权限
   D. 令牌是一串数字字符串，用于访问服务的 API 及资源
7. 下列关于 OpenStack 各组件功能的描述错误的是（　　）。
   A. Neutron 用于提供网络连接服务，具备二层 VLAN 隔离功能，同时具备三层路由功能
   B. Glance 为虚拟机镜像提供存储、查询和检索服务，为 Nova 虚拟机提供镜像服务
   C. Swift 提供块存储服务，让云主机可以根据需求随时扩展磁盘空间
   D. Keystone 为所有 OpenStack 组件提供身份认证和授权，跟踪用户访问权限
8. 下列不属于 Keystone 提供的服务的是（　　）。
   A. 令牌服务　　B. 目录服务　　C. 策略服务　　D. 调度服务
9. 下列关于 OpenStack 的描述错误的是（　　）。
   A. OpenStack 是一款开源软件平台
   B. OpenStack 是硬件之上提供的基础设施服务
   C. OpenStack 是 SaaS 组件，可建立和提供云运算服务
   D. OpenStack 具有功能丰富、可扩展等特性
10. 下列关于计算模块 Nova 的描述错误的是（　　）。
   A. Nova-API 服务负责接收和响应来自用户的计算 API 请求
   B. Nova-placement-API 用于接收来自虚拟机发送的元数据请求
   C. Nova-Compute 是持续工作守护进程，通过 API 来创建和销毁虚拟机实例
   D. Nova-Conductor 作用于 Nova-Compute 与数据库之间，避免对云数据库的直接访问

二、填空题

1. 计算机系统层次结构包括__________、操作系统、编译软件和应用软件。
2. 用户和操作系统之间的接口主要分为__________界面、__________接口和图形界面。
3. OpenStack 中负责身份验证服务规则和服务令牌功能管理的组件是__________。

项目5 企业级容器技术的部署与运维

容器技术作为一种轻量级、可移植的虚拟化技术，近年来在企业级应用中得到了广泛的关注和应用。它通过容器化技术将应用程序及其依赖环境打包，实现了应用程序的快速部署、扩展和维护。与企业级虚拟机相比，容器技术具有启动速度快、资源占用低、移植性好等优点，因此在云计算、微服务架构等领域得到了广泛的应用。

随着容器技术的不断发展，企业对于容器技术的部署与运维也提出了更高的要求。如何保证容器技术在企业级应用中的稳定性、安全性和可扩展性，成为容器技术在企业级应用中亟待解决的问题。

在企业级容器技术部署与运维的过程中，应当坚持以下原则：

诚信为本：在技术实践中，要坚持诚信原则，不篡改数据，不隐瞒问题，确保企业信息的真实性。

专业精神：作为容器技术的运维人员，要不断提升自身专业技能，保持对新技术的敏感度，以专业精神服务企业。

团队合作：在技术实践中，要注重团队协作，尊重他人意见，发挥集体智慧，共同解决技术难题。

客户至上：要始终以客户需求为导向，确保容器服务平台的高效稳定运行，为企业创造价值。

合规意识：在容器技术的部署与运维过程中，要遵守国家相关法律法规，确保企业容器技术的合规性。

本项目旨在帮助读者深入了解容器技术，掌握企业级容器技术的部署与运维方法，分别介绍了容器技术的基本概念、容器技术的部署与运维实践，以及容器技术在企业级应用中的最佳实践。

项目目标

知识目标 ● 了解 Docker。

技能目标

- 掌握 Docker 容器的部署和使用。
- 掌握 Docker 容器仓库的部署与运维。
- 掌握 Docker 容器的应用。
- 掌握简单的 Docker 启动方法。

2

素养目标

- 了解我国在计算机技术领域的贡献。
- 培养专业素养与合规素养。

3

项目情境

某学校了解到 Docker 技术可以提高硬件资源利用率且能有效实现云服务，决定采用 Docker 技术构建容器服务，安排机房管理老师研究 Docker 容器技术，实现对镜像的使用和管理、容器的运行和维护。接下来，在 CentOS7 操作系统中安装 Docker 容器，实现对镜像的使用和管理、容器的运行和维护。研究 Docker 容器技术，为了实现个性化镜像的使用，需要研究私有镜像，要实现个性化仓库的使用，实现对容器实例的使用和管理，实现容器的运行和维护，实现对 Docker Compose 的编排服务和对 Rancher 的部署，为后期搭建群集做准备，实现对镜像的 Docker Swarm 的运行和维护。

任务 5.1　Docker 容器概述

5.1.1　容器与 Docker

1. 容器

容器（Container）是轻量级虚拟化技术，不需要模拟硬件创建虚拟机。在 Linux 系统中，容器被用于隔离运行环境和资源限制。容器不等同于 Docker，容器也不是虚拟机。

容器包括应用程序和所有依赖，它们共享内核，但以独立用户空间进程的形式在主机操作系统上运行。

使用 Linux 部署容器程序是集装箱化的过程，在集装箱化的过程中不需要考虑每个集装箱运载的是水果还是汽车，这个过程实现了应用程序部署的流程规范化和标准化。

2. Docker

Docker 是开源的应用容器引擎，开发者将他们的应用与依赖封装到可移植的镜像中，再发布到安装了流行操作系统的机器上。容器将所需要的依赖全部包含在自身中，它将底层环境打破，用户可以将一个容器镜像运行在任何操作系统的宿主机上。

Docker 是基于 LXC 的高级容器引擎，是由 PaaS 提供商 dotCloud 提供的，源代码是基于 Go 语言的。Docker 属于 Linux 容器的一种封装，提供简单易用的容器使用接口。Docker 从 17.03 版本之后分为 CE（Community Edition，社区版）和 EE（Enterprise Edition，企业版）。用来学习或实验，建议使用社区版。

Docker 技术可以解决以下问题：实现软件运行与环境配置的无关性；利用虚拟机技术，把程序的环境打包成镜像；提供完全隔离的环境，把资源给外界共享。

Docker 引擎是包含服务器、命令行界面（CLI）工具的客户端服务器应用程序。其中，服务器是被称为守护进程、长时间运行的程序。REST API 是用于指定可以与守护进程通信的接口。

5.1.2 Docker 概述

Docker 有三个基本概念，即镜像（Image）、容器（Container）和仓库（Registry），是 Docker 的整个生命周期。

1. Docker 镜像（Image）

Docker 镜像（Image）是用于创建 Docker 容器（Container）的静态模板。一个 Docker 镜像能创建多个 Docker 容器。用户可以直接从其他资源下载已存在的镜像直接使用。

2. Docker 容器（Container）

Docker 容器（Container）是独立运行的一个或一组应用，是从 Docker 镜像创建的运行实例，它可以被启动、开始、停止、删除。

Docker 容器是互相隔离的，以保证安全的平台。可以将 Docker 容器比作一个简化的 Linux 环境，它包括 root 用户权限、进程空间、用户空间和网络空间等和运行在其中的应用程序。

提示 Docker 镜像是只读的，Docker 容器在启动时会创建一层可写层作为最上层。

3. Docker 仓库（Registry）

Docker 仓库（Registry）用来保存 Docker 镜像，是集中存放 Docker 镜像文件的场所。

Docker 仓库有公开仓库（Public）和私有仓库（Private）。最大的公开仓库是 Docker Hub，存放了数量庞大的镜像供用户下载。国内的公开仓库包括 Docker Pool 等，提供内地用户更稳定快速的访问。

私有仓库，是指用户能在本地网络内创建属于自己的仓库。创建自己的镜像后可以用 push 命令将它上传到公开或者私有仓库，可以使用 pull 命令从仓库中下载。

提示 Docker 仓库的概念跟 Git 类似，可理解为 GitHub 托管服务。

任务 5.2 Docker 容器的部署与运维

Docker CE 在 17.03 版本之前叫 Docker Engine。免费的 Docker Engine 改名为 Docker Community Edition（CE），并且采用基于时间的版本号方案。Docker CE/EE 每个季度发布一次季度版本。在基于时间的发布方案中，Docker 有两个版本可供选择：

- Community Edition（CE）：社区版 。
- Enterprise Edition（EE）：企业版。

在 Docker 技术出现之前，Linux 中已经存在一个名为 docker 的工具，但这个 docker 并不是我们所说的 Docker 容器技术。这个旧的 docker 是一个类似于 Mac 系统中 dock 窗口停靠栏程序。

提示 在 Ubuntu 中使用的是 docker.io，在 CentOS 中使用的是 docker-io。

使用 Docker，一定要用最新的软件包，也就是 docker-ce，docker-io、docker-engine、docker 这些都是旧版本，已经不适合使用了。

5.2.1 Docker 容器的部署

1. Docker 的架构

Docker 的架构采用 CS 的架构，Client 通过 RESTful API 发送 Docker 命令到 Docker Daemon 进程，Docker Daemon 进程负责执行镜像构建、容器启动、停止、分发等操作，并管理数据卷。一个 Client 可和多个 Docker Daemon 通信。

- Docker Daemon：Docker 后台进程，管理镜像、容器及数据卷。
- Docker Client：负责与 Docker Daemon 进行交互。
- Docker Registry：用于存储 Docker 镜像的仓库，类似于 GitHub。公共的 Registry 有 Docker Hub 和 Docker Cloud。

（1）Image：Image 是创建容器的只读模板，基于一个基础镜像，并在其上安装额外软件。用户可以从 Docker Hub 上拉取已存在的镜像，或者通过 Dockerfile 来自己编译一个镜像。

（2）Container：容器是镜像的实例，可以通过 Docker Client 或者 API 来创建、启动、停止或删除。默认情况下，容器与宿主机及其他容器是隔离的，可以控制容器的网络或存储隔离方式。

（3）Services：服务是 Docker Swarm 引入的概念，用于在多台宿主机之间伸缩容器数目，并支持服务路由功能的负载均衡。

2. 部署 Docker 服务

本书使用的硬件环境：

- 主机：VMWare 虚拟机一台。
- 内存：8GB。
- CPU：双核。
- 操作系统：CentOS 版本。
- 网络：NAT，IP 地址是 192.168.8.10。

提示 为了统一网络环境，需要进行虚拟网络设置，前边项目已经讲解过。

（1）查看内核版本。

Docker 安装要求 CentOS 系统的内核版本高于 3.1，通过 uname -r 命令查看当前的内核版本。

```
[root@ln ~]# uname -r
```

（2）更新 yum。

```
[root@ln ~]# yum update
```

使用 root 权限登录 CentOS，确保 yum 包更新到最新。出现需要输入的地方，都输入“y”。

（3）卸载旧版本。

```
[root@ln~]# yum remove docker docker-common docker-selinux docker-engine
```

- 已加载插件：fastestmirror，langpacks。
- 参数 docker 没有匹配。
- 参数 docker-common 没有匹配。
- 参数 docker-selinux 没有匹配。
- 参数 docker-engine 没有匹配。

不删除任何软件包。如果安装过旧版本，使用 yum remove 卸载旧版本。

（4）安装软件包。

```
[root@ln ~]# yum install -y yum-utils device-mapper-persistent-data lvm2
```

安装需要软件包，yum-utils 提供 yum-config-manager 功能，另外两个是 device-mapper 驱动依赖。

（5）设置 yum 源。

```
[root@ln ~]# yum-config-manager --add-repo https://download.docker.com/
linux/CentOS/docker-ce.repo
```

（6）查看 Docker 仓库。

```
[root@ln ~]# yum list docker-ce --showduplicates | sort -r
```

（7）安装 Docker。

```
[root@ln ~]# yum install docker-ce
```

Docker repo 默认只开启 stable 仓库，这里安装的是最新稳定版。

（8）启动 Docker。

```
[root@ln ~]# systemctl start docker
```

（9）查看 Docker 状态。

```
[root@ln ~]# systemctl status docker
```

（10）将 Docker 加入启动项。

```
[root@ln ~]# systemctl enable docker
```

（11）查看开机启动项，出现 docker.service 的 enabled，继续接下来的工作。

```
[root@ln ~]# systemctl list-unit-files | grep docker
```

提示 建议做好快照。

5.2.2 Docker 容器镜像的运维

Docker 镜像是轻量级、可执行的独立软件包，包含应用程序和配置依赖等形成的运行环境，这个环境包括代码、运行时需要的库、环境变量和配置文件等。

Docker 镜像实际是由一层层文件系统组成的，这种层级文件系统是 UnionFS。

UnionFS 是分层、轻量级且高性能的文件系统，是 Docker 镜像的基础，可以对文件系统进行修改，把修改后的结果作为一层层的叠加，也可以把不同目录挂载到同一个虚拟文件系统下。镜像是以基础镜像为基础通过分层继承的，它可部署为各种具体应用镜像。

提示 基础镜像没有父镜像。

Docker 镜像加载原理涉及两个主要层次：bootfs（引导文件系统）和 rootfs（根文件系统）。

bootfs（引导文件系统）包含 bootloader 和 kernel。bootloader 负责引导并加载 kernel，Linux 启动时，它会加载 bootfs。bootfs 包含 boot 加载器和内核。一旦 boot 加载成功，整

个内核就会被加载到内存中，此时内存的使用权由 bootfs 转交给内核，系统随后会卸载 bootfs。

rootfs（根文件系统）位于 bootfs 之上，包含 /dev、/proc、/bin、/etc 等标准目录和文件。rootfs 代表了各种操作系统发行版，如 Ubuntu、CentOS 等。

Docker 是精简的 OS，只包含基本的命令，只提供 rootfs。

1. 部署 Docker HelloWorld

（1）查看 Docker 服务状态。

使用 systemctl status docker 命令查看 Docker 服务状态。

```
[root@ln ~]# systemctl status docker
```

如果输出显示 Active: active（running），表示 Docker 服务为正在运行状态。

（2）停止 Docker 服务。

使用 systemctl stop docker 命令停止 Docker 服务。

```
[root@ln ~]# systemctl stop docker
```

此时 Docker 服务的状态为 Active: inactive（dead），即停止状态。

（3）启动 Docker 服务。

```
[root@ln ~]# systemctl start docker
```

服务的状态为 Active: active（running），即运行状态。

（4）重启 Docker 服务。

使用 systemctl restart docker 命令重启 Docker 服务。

```
[root@ln ~]# systemctl restart docker
```

（5）下载 Docker 镜像（Image）。

1）搜索 Docker 镜像（Image）。

使用 docker search 命令从 Docker 库中搜索 Docker 可用镜像。

语法格式如下：

```
docker search [OPTIONS] TERM
```

其中，OPTIONS 是一些用于过滤搜索结果的选项，TERM 是搜索的关键词。以下是一些常用的选项：

- --automated：只列出自动化构建（automated build）类型的镜像。
- --no-trunc：显示完整的镜像描述。
- -f < 过滤条件 >：列出收藏数不小于指定值的镜像。

示例：

```
[root@ln ~]# docker search hello-world
```

搜索结果如图 5－1 所示。

```
[root@ln ~]# docker search hello-world
NAME                                     DESCRIPTION                                      STARS   OFFICIAL   AUTOMATED
hello-world                              Hello World! (an example of minimal Dockeriz…   1899    [OK]
kitematic/hello-world-nginx              A light-weight nginx container that demonstr…   153
tutum/hello-world                        Image to test docker deployments. Has Apache…   90                 [OK]
dockercloud/hello-world                  Hello World!                                     19                 [OK]
crccheck/hello-world                     Hello World web server in under 2.5 MB           15                 [OK]
vad1mo/hello-world-rest                  A simple REST Service that echoes back all t…   5                  [OK]
rancher/hello-world                                                                       4
ppc64le/hello-world                      Hello World! (an example of minimal Dockeriz…   2
thomaspoignant/hello-world-rest-json     This project is a REST hello-world API to bu…   2
ansibleplaybookbundle/hello-world-db-apb An APB which deploys a sample Hello World! a…   2                  [OK]
ansibleplaybookbundle/hello-world-apb    An APB which deploys a sample Hello World! a…   1                  [OK]
strimzi/hello-world-producer                                                              0
armswdev/c-hello-world                   Simple hello-world C program on Alpine Linux…   0
strimzi/hello-world-consumer                                                              0
businessgeeks00/hello-world-nodejs                                                        0
koudaiii/hello-world                                                                      0
freddiedevops/hello-world-spring-boot                                                     0
strimzi/hello-world-streams                                                               0
garystafford/hello-world                 Simple hello-world Spring Boot service for t…   0                  [OK]
tacc/hello-world                                                                          0
tsepotesting123/hello-world                                                               0
kevindockercompany/hello-world                                                            0
dandando/hello-world-dotnet                                                               0
okteto/hello-world                                                                        0
rsperling/hello-world3                                                                    0
```

图 5－1　搜索结果

2）拉取 Docker 镜像（Image）。

用 docker pull 命令从注册表拉取一个镜像或镜像仓库获取指定的 Docker 镜像（Image）。语法格式如下：

```
docker pull [OPTIONS] NAME[:TAG|@DIGEST]
```

参数说明：

- TAG：镜像的标签（版本）。
- DIGEST：摘要。
- OPTIONS 是可选的命令选项，以下是常用选项：
  - ✓ -a：下载镜像仓库中所有的指定镜像。
  - ✓ -disable-content-trust：跳过镜像验证（默认值是 true）。
  - ✓ -platform：如果服务具有多平台功能，则设置平台。
  - ✓ -q：详细输出。

示例：

```
[root@ln ~]# docker pull docker.io/hello-world
Using default tag:latest
latest:Pulling from library/hello-world
Digest:sha256:faa03e786c97f07ef34423fccceeec2398ec8a5759259f94d99078f264
e9d7af
tstatus :Image is up to date for hello-world:latest
docker.io/library/hello-world:latest
```

（6）运行 Docker 镜像（Image）。

1）查看 Docker 镜像（Image）。

使用 docker image ls 命令查看本地 Dokcer 镜像（Image）。

```
[root@ln ~]#docker image ls
```

参数说明：

- REPOSITORY：镜像的仓库源。
- TAG：镜像的标签（版本）。
- IMAGE ID：镜像 ID。
- CREATED：镜像的创建时间。
- SIZE：镜像大小。

同一仓库源有多个 TAG，代表仓库源不同版本，使用 REPOSITORY:TAG 定义不同镜像。

2）启动 Docker 镜像（Image）。

使用 docker run 命令运行 Dokcer 镜像（Image）。

```
[root@ln ~]# docker run hello-world
```

2. 自定义镜像 Dockerfile

镜像是多层存储，容器也是多层存储，每层都是在前一层的基础上进行的修改。若安装完镜像，不在默认的环境配置下运行，需要修改其配置文件。通常是启动容器进入其内部，在内部执行 vi，再重启服务。在宿主机上对配置文件存储卷进行编辑，也能让它立即生效。另一种方法是自制镜像。

Dockerfile 用于构建自定义镜像文本文件，它由一行行指令语句组成，并支持以 # 开头的注释行。当命令较长时可用 \（反斜杠）符号来换行，或使用 && 符号连接命令。

创建镜像的方法主要有两种：

- commit 命令。commit 类似代码版本控制，对容器进行修改后，利用 commit 命令将修改提交为新的镜像。
- Dockerfile 方法。Dockerfile 是由一系列命令和参数构成的脚本，这些命令会被应用于基础镜像，最终创建出新的镜像。

（1）build 命令。

docker build 命令是根据 Dockerfile 文件创建镜像，并返回最终创建的镜像 ID。该命令从 Dockerfile 和“上下文”中构建 Docker 映像。

提示 上下文可以是一个指定的 PATH 或 URL。

1）PATH 构建。

- -tag，-t：为构建的镜像指定名称和可选的标签。
- --file，-f：指定 Dockerfile 的名称（默认为调用的“PATH”是上下文路径）。

2）URL 构建。

可以直接从 Git 仓库中构建镜像。

提示 需依赖 Git 工具，确保 Linux 安装好 Git 工具。

3）用确定的 tar 压缩包构建。

如果 URL 指向一个 tar 压缩包归档文件，Docker 引擎会自动下载这个包，构建上下文，并解压缩以进行构建。

4）读取 Dockerfile 进行构建。

```
docker build - < Dockerfile 或 cat Dockerfile | docker build -
```

如果标准输入是文本文件，Docker 会认为它是 Dockerfile，并开始构建。这种方式会直接从标准输入中读取 Dockerfile 的内容，忽略任何 -f 或 --file 选项。

提示 不可以像其他方法那样将本地文件复制到镜像。

标准输入是读取上下文压缩包进行构建。

```
# docker build - < context.tar.gz
```

（2）Dockerfile 创建私有镜像。

- 新建一个空目录作为上下文目录（如 /root/Dockerfile）。
- 在上下文目录中，新建名为 Dockerfile 的文件，并编写指令内容，一般默认把 Dockerfile 文件放到上下文目录中。

1）创建 Dockerfile。

```
[root@ln ~]# mkdir /root/Dockerfile
[root@ln ~]# cat /root/Dockerfile
# 基础镜像
FROM CentOS
# 创建数据卷
VOLUME ["volumedata"]
```

使用默认 Dockerfile 文件下的文件名为 Dockerfile，把它置于镜像构建上下文目录中，首字母要求大写。

2）docker build 命令用于构建 / 创建新镜像并将其放到本地镜像仓库。

```
[root@ln ~]# docker build -t ln:1.0 .
[root@ln ~]# docker images
```

其中，-t：最终生成镜像名称，“name：tag”格式的标签。

后面是放置“.”，表示将在当前目录的上下文中使用 Dockerfile 进行构建，也可使用 -f/root/Dockerfile 来指定。

3）创建新镜像并启动容器。

```
[root@ln ~]# docker run -it ln:1.0
[root@c16e7fe89776 /]# ls
```

5.2.3 Docker 容器命令的运维

在 Docker 中，容器（Container）是从镜像创建的运行实例，可以将容器看作应用程序和依赖环境封装成的集装箱。

容器实质上是一个进程，与直接在主机上执行不一样，容器进程运行在自己独立的命名空间内。这样的设计使容器封装应用程序比直接在主机上运行的应用程序更安全。

1. docker create 命令

docker create 命令用于创建一个新的 Docker 容器，它在功能上与 docker run -d 命令相似。然而，与 docker run -d 不同的是，docker create 创建了容器但并不会立即启动它。要启动容器，需要执行 docker start 命令，或者使用 docker run 命令来创建并启动容器。

（1）使用 docker create 命令创建 docker 容器。

语法格式：

```
docker create [OPTIONS] IMAGE [COMMAND] [ARG...]
[root@ln ~]# docker create -it --name ln ubuntu bash
87cdc6386c7d92e3bb2b71f1c50369652ec6809c26aa388de5ef8b29165ff781
```

（2）使用 docker ps 命令，查看正在运行的容器。

语法格式：

```
docker ps [OPTIONS]
```

参数说明：

- -a：显示所有容器，包括未运行的容器。
- -f：根据条件过滤显示内容。
- --format：指定返回值模板文件。
- -l：显示最近创建的容器。
- -n：列出最近创建的 *n* 个容器。
- --no-trunc：不截断输出，这样可以看到完整的容器 ID、名称等信息。
- -q：静默模式，只显示容器编号。
- -s：显示总文件大小。

常见用法：

```
# docker ps
```

在 PORTS 中，如果端口是连续的，它们会被合并显示。例如，如果一个容器开启了三个 TCP 端口：100、101 和 102，它们会被显示为 100－102/tcp。

PORTS 显示所有状态的容器，包括正在运行和未运行的容器。

```
#docker ps -a
```

显示最后被创建的 *n* 个容器。

```
# docker ps -n 3
```

显示最后被创建的容器。

```
#docker ps -l
```

相当于 docker ps -n 1。

显示完整输出。

```
#docker ps --no-trunc
```

提示 这里的输出方式不会截断输出。trunc 是 truncate 的缩写。

只显示容器 ID。

```
#docker ps -q
```

显示容器文件大小。

```
#docker ps -s
```

该命令显示容器真实增加的大小，或整个容器的虚拟大小。

（3）高级用法。

可通过 --filter 或 -f 选项，过滤需要显示的容器。

选项后跟的都是键值对 key=value（可不带引号），如果有多个过滤条件，就多次使用 filter 选项。

```
[root@ln ~]# docker ps --filter id=  --filter name=ln
[root@ln ~]#
```

2. docker exec 命令

docker exec 命令在运行的 Docker 容器中执行命令。docker exec 命令需要容器处于运行状态，PID 1 进程也必须在运行状态。该命令后面参数 CONTAINER 可以是容器 ID 或者容器名称。

语法格式：

```
docker exec [OPTIONS] CONTAINER COMMAND [ARG...]
```

参数说明：

- -d：分离模式，在后台运行。
- -i：即使没有附加也保持 STDIN 打开。
- -t：分配一个伪终端。

（1）使用 docker run 命令，在后台运行容器。

```
[root@ln ~]# docker run -it  --name ln -d ubuntu /bin/bash
5ee4fdbe4021bdb1983037f405ff6b0535399f8611c5542e52ae7ef9e12eb0c1
```

（2）使用 docker exec 命令，在运行的容器中执行命令 pwd，即查看当前目录。

```
[root@ln ~]# docker exec ln pwd
/
```

（3）使用 docker exec 命令，在运行的容器中执行命令 ls，查看目录文件。

```
[root@ln ~]# docker exec ln ls /tmp
```

（4）使用 docker exec 命令，查看容器的 /etc 目录中的文件是否有 ln 文件。

```
[root@ln ~]# docker exec ln ls /etc | grep ln
```

此时终端没有任何输出，即 Docker 容器的 /etc 目录下没有 ln 文件。

（5）使用 docker exec 命令，在 Docker 容器内部的 /etc 目录下创建一个 ln 文件。

```
[root@ln ~]# docker exec ln mkdir /etc/ln
```

使用 docker exec 命令，查看容器的 /etc 目录下的文件是否有 ln 文件。

（6）使用 docker exec -it containerName /bin/bash 命令，进入正在运行的 Docker 容器。

```
[root@ln ~]# docker exec -it ln /bin/bash
```

此时，终端提示符变成了容器 ID，进入 Docker 容器内部。使用 exit 命令或者按“Ctrl+D”组合键退出容器，可再用 docker ps 命令查看运行的容器。

3. docker start 命令

使用 docker start 命令启动一个或多个已经停止的 Docker 容器。该命令后面的参数可以是容器 ID，或者容器名称。

```
docker start -i #{containerName}/#{containerID}
```

其中，-i：启动并进入交互模式。

使用 docker start 命令，启动刚创建的容器。

```
[root@ln ~]# docker start -a -i ln
[root@4137232c2ac5 /]# ls
anaconda-post.log bin dev etc home lib lib64 media mnt opt proc
root run sbin srv sys tmp usr var
```

此时，命令行提示符变成了容器的 ID，进入了容器内部。使用 exit 命令，可退出容器。

4. docker stop 命令

使用 docker stop 命令停止运行中的 Docker 容器。该命令后面的参数可以是容器 ID，或者容器名称。

（1）使用容器 ID 停止运行中的容器。

```
[root@ln ~]# docker stop 7a01512bff44
```

```
7a01512bff44
```

（2）使用容器名称停止运行中的容器。

```
[root@ln ~]# docker stop ln
ln
```

5. docker restart 命令

使用 docker restart 命令重启一个或者多个 Docker 容器。该命令后面的参数可以是容器 ID，或者容器名称。

（1）使用容器 ID 重启容器。

```
[root@ln ~]# docker restart 8ca8cde74d8f
8ca8cde74d8f
```

（2）使用容器名称重启容器。

```
[root@ln ~]# docker restart ln
```

6. docker kill 命令

docker kill 命令用于杀掉一个或多个正在运行的容器。该命令后面的参数可以是容器 ID，或者容器名称。

使用容器 ID 杀掉一个正在运行的 Docker 容器。

```
[root@ln ~]# docker kill 59f80afcdd52
59f80afcdd52
```

7. docker rm 命令

docker rm 命令用于删除一个或多个已经停止的容器。该命令后面的参数可以是容器 ID，或者容器名称。

参数说明：

- -f：通过 SIGKILL 信号强制删除一个运行中的容器。
- -l：移除容器间的网络连接，而非容器本身。
- -v：删除与容器关联的卷。

（1）先关闭容器。

```
[root@ln ~]# docker kill 59f80afcdd52
```

（2）使用 docker rm 命令删除容器。

```
[root@ln ~]# docker rm 59f80afcdd52
```

（3）使用 docker rm -f 命令删除正在运行的容器。

```
[root@ln ~]# docker rm -f 容器名。
```

（4）使用 docker rm 命令批量删除正在运行的容器。

```
[root@ln ~]# docker kill $(docker ps -aq) && docker rm $(docker ps -aq)
```

8. docker inspect 命令

docker inspect 命令用于获取容器或元数据。该命令后面的参数可以是容器 ID，或者容器名称。

（1）获取镜像信息。

使用 docker inspect 命令，获取镜像相关信息。

```
docker inspect [OPTIONS] NAME|ID [NAME|ID...]
```

参数说明：

- -f：指定返回值的模板文件。
- -s：显示总的文件大小。
- --type：为指定类型时返回 JSON。

（2）获取容器信息。

```
[root@ln ~]# docker inspect ln
```

（3）获取容器名。

```
[root@ln ~]# docker inspect ln -f {{.Name}}
/ln
```

（4）获取容器网络设置信息。

```
[root@ln ~]# docker inspect -f {{.NetworkSettings}} ln
{{61bdad2e0543a357670efc9cbffda77e04279ddb01f6bd54b8117fbf190617e5
false 0 map[] /var/run/docker/netns/61bdad2e0543 [] []} {b58143d00df2e2188
4bfa94660bc46bc776028d41dda47b25d7090912703f5fd 172.17.0.1 0 172.17.0.2 16
02:42:ac:11:00:02} map[bridge:0xc000598000]}
```

运行后，终端输出了容器网络设置的相关信息。

（5）获取容器的 IP 信息。

```
[root@ln ~]# docker inspect -f {{.NetworkSettings.IPAddress}} ln
172.17.0.2
```

运行后，终端输出了容器的 IP 信息。

9. docker update 命令

docker update 命令可以用于更新一个或多个 Docker 容器的配置。该命令后面的参数可以是容器 ID，或者容器名称。

参数说明：

- –cpu-shares：更新 cpu-shares。
- –kernel-memory：更新内核内存限制。
- –memory：更新内存限制。
- –restart：更新重启策略。

（1）更新 cpu-shares。

使用 docker update 命令，更新容器 cpu-shares。

```
[root@ln ~]# docker update --cpu-shares 512 ln
```

（2）更新内存限制。

使用 docker update 命令，更新容器内存限制。

```
[root@ln ~]# docker update -m 512M ln
```

10. docker cp 命令

docker cp 命令用于在本地文件系统与 Docker 容器之间复制文件或者文件夹。该命令后面的参数可以是容器 ID，或者容器名称。

（1）docker cp 命令说明。

- docker cp 命令类似于 Linux 中的 cp -a 命令，它可以递归复制目录下所有子目录和文件。
- 在使用 docker cp 命令时，可以通过标准 I/O 设备流的方式读取或写入 tar 文件。
- 本地文件系统中的路径可以是绝对路径，也可以是相对路径，相对于当前命令执行的路径。
- 容器中的路径都是相对容器的根路径。
- 使用 docker cp 命令操作的容器可以是运行状态，也可以是停止状态。
- docker cp 命令不能复制 /proc、/sys、/dev、tmpfs 和容器中 mount 路径下的文件。

（2）从宿主机复制到容器。

使用 Linux 的 echo 命令，创建一个文件，并写入内容。

```
[root@ln ~]# echo "Hello ln" >> ln_CentOS.txt
```

（3）使用 docker run 命令，在后台运行容器。

（4）使用 docker cp 命令，将刚创建的文件复制到 Docker 容器内部。

```
[root@ln ~]# docker cp ./ln_CentOS.txt ln:/tmp
```

（5）使用 docker attach 命令，进入 Docker 容器内部。

```
[root@ln ~]#docker attach ln
[root@64d4d1c50879 /]#
```

（6）使用 ls 命令，查看容器内的 /tmp 目录，以确认刚复制的文件是否存在，并查看文件内容。在容器内的 /tmp 目录中，应该能够找到复制的文件。

（7）将容器中的文件复制到宿主机。在容器的 /tmp 目录中，使用 Linux 的 echo 命令，创建一个文件，并写入内容。

```
[root@e0fae314c543 /]# echo "Hello ln From docker" >> /tmp/ln_docker.txt
```

（8）在宿主机上，使用 docker cp 命令，将刚在容器内部创建的文件，复制到宿主机上。

```
[root@ln ~]#docker cp ln:/tmp/ln_docker.txt /tmp
```

（9）使用 ls 命令，查看宿主机的 /tmp 目录，查看刚复制的文件是否存在。

5.2.4 Docker 容器卷的运维

在生产环境中，为了实现数据的持久化保存或者多个容器间的数据共享，我们会使用容器数据卷。

Docker 中的数据可以存储在虚拟机磁盘中，这种存储方式在 Docker 中被称为数据卷（Data Volume）。数据卷用于存储 Docker 应用的数据，并且可以在多个 Docker 容器之间共享。

数据卷表示的形式是目录，可以在多容器间共享，修改卷也不会影响镜像。在 Docker 中，数据卷是通过在系统中挂载（Mount）一个文件系统来实现的。

Docker 数据卷默认存储在宿主机 /var/lib/docker/volumes/ 目录下，也可以指定挂载到任意位置。这种挂载仅存储在宿主机内存中，永远不会写入宿主机的文件系统。

1. 创建数据卷

通过“-v”标签添加数据卷，如果容器中指定的文件夹不存在，会自动生成文件夹。

（1）使用 nginx 镜像创建一个名为 nginx1 的容器，创建随机名称的数据卷，并挂载到容器 /data 目录中。

```
[root@ln ~]# docker run -dit --name nginx1 -v /data nginx /bin/bash
```

（2）Docker 在创建数据卷时，会在宿主机 /var/lib/docker/volumes/ 目录中创建 Volume ID 为名目录，并将数据卷中的内容存储在名为 _data 的目录中；也可创建指定名称的数据卷，挂载到容器的 /data 目录中。

```
[root@ln ~]# docker run -dit --name nginx2 -v volumetest:/data nginx /
bin/bash
```

（3）Docker 允许将宿主机目录挂载到容器中。

```
[root@ln~]#mkdir /container/
[root@ln~]#mkdir /container/dir
[root@ln~]# docker run -dit --name busybox2 -v /usr/dir:/container/dir
```

```
busybox
    [root@ln ~]# docker run -it --name volume -v /web/app CentOS
    [root@ln ~]# docker inspect volume
```

宿主机在 /var/lib/docker/volumes/ 目录中自动生成了挂载目录。

（4）手动指定宿主机挂载目录。

```
[root@ln ~]# docker run -it -d --name test -v /webapp:/app nginx
```

在后台运行被命名为 test 的容器，并为它挂载数据卷，如图 5－2 所示。

```
[root@ln ~]#docker inspect test
```

```
9177f7cd6d6c3221-json.log",
        "Name": "/test",
        "RestartCount": 0,
        "Driver": "devicemapper",
        "Platform": "linux",
        "MountLabel": "",
        "ProcessLabel": "",
        "AppArmorProfile": "",
        "ExecIDs": null,
        "HostConfig": {
            "Binds": [
                "/webapp:/app"
            ],
            "ContainerIDFile": "",
            "LogConfig": {
                "Type": "json-file",
                "Config": {}
            },
            "NetworkMode": "default",
            "PortBindings": {},
            "RestartPolicy": {
                "Name": "no",
```

（a）

```
        "Mounts": [
            {
                "Type": "bind",
                "Source": "/webapp",
                "Destination": "/app",
                "Mode": "",
                "RW": true,
                "Propagation": "rprivate"
            }
        ],
        "Config": {
            "Hostname": "fca19fd9a1bf",
            "Domainname": "",
            "User": "",
            "AttachStdin": false,
            "AttachStdout": false,
            "AttachStderr": false,
            "ExposedPorts": {
                "80/tcp": {}
            },
            "Tty": true,
```

（b）

图 5－2　后台运行容器 test，并挂载数据卷

（5）查看容器 test 的状态及挂载数据信息，如图 5－3 所示。

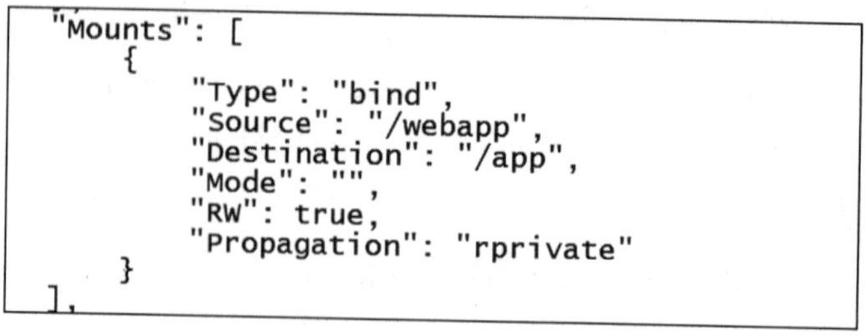

```
"Mounts": [
    {
        "Type": "bind",
        "Source": "/webapp",
        "Destination": "/app",
        "Mode": "",
        "RW": true,
        "Propagation": "rprivate"
    }
],
```

图 5－3　容器 test 的状态及挂载数据信息

Mounts 信息包含创建容器的详细挂载信息，Source 指定本机路径，Destination 指定容器内部路径。

2. 共享数据卷

Docker 数据卷能实现 Docker 容器与宿主机间的数据共享，将容器中产生的数据永久保存下来，随时在宿主机上查看与修改。

（1）数据卷共享机制，在宿主机与容器端之间多次切换，建议开启两个终端，分别查看宿主机与容器的根目录下的文件。

```
[root@ln ~]# docker container exec -it test /bin/bash
```

在容器内部，可以看到根目录下有一个 app 目录。

（2）在宿主机的根目录下创建一个名为 web 的新目录，并在该目录下创建两个文件 a.txt 和 b.txt。

```
[root@ln ~]# cd /webapp
[root@ln webapp]# ls
[root@ln webapp]# touch a.txt b.txt
```

在容器的终端执行以下命令，切换到 app 目录并查看文件列表。

```
[root@ln webapp]# docker container exec -it test /bin/bash
root@d37426aea10a:/# ls
root@d37426aea10a:/# cd app
root@d37426aea10a:/app# ls
```

在宿主机的挂载目录下创建的文件（a.txt 和 b.txt）也会在容器中出现。

（3）在容器中创建文件，并返回宿主机观察目录内容。

```
root@d37426aea10a:/app# touch c.txt
root@d37426aea10a:/app# ls
[root@ln webapp]# ls
```

3. 删除数据卷

数据卷是用于持久化数据的机制，其生命周期独立于容器，Docker 不会在容器被删除后自动删除数据卷，同时也不存在垃圾回收这样的机制来处理没有任何容器引用的数据卷。

删除数据卷有 3 种方法：

- docker volume rm <volume_name> 命令，删除数据卷。
- docker rm -v <container_name> 命令，删除容器。
- docker run –rm 命令，–rm 参数会在容器停止运行时删除容器及容器所挂载的数据卷。

如果要删除数据卷，必须在删除最后还挂载着它的容器时使用 docker rm -v 命令来指定同时删除关联的容器。

5.2.5　Docker 容器网络的运维

Docker 使用 Linux 桥接网卡，会在宿主机上虚拟出一个名为 docker0 的 Docker 容器网桥。Docker 启动容器时，会根据 Docker 网桥的网段分配给容器 IP 地址，称为 Container-IP，Docker 网桥作为默认网络网关。在同一宿主机上，容器接入同一个网桥后，容器之间就可以通过容器 Container-IP 直接通信。

Docker 网桥是宿主机虚拟出来的，外部网络无法寻址，因此外部网络无法通过 Container-IP 直接访问容器。

若外部想访问容器，可以通过将容器的端口映射到宿主机的端口来实现，这一操作可以通过在创建容器时使用 docker run 命令的 -p 或 -P 参数来完成；在访问容器时，可以通过宿主机的 IP 地址加上容器的端口号来访问容器中的服务。

Docker 安装后，自动创建 host、null 和 bridge 网络。可以使用 docker network ls 命令来查看 Docker 创建的所有网络。

1. 创建网络

（1）查看所有容器网络。

```
[root@ln ~]# docker network ls
```

（2）过滤网络。

容器网络有固定 ID，driver 是容器网络驱动程序，scope 是容器网络的作用域。

```
[root@ln~]#docker network ls -f ‘driver=host’
```

-f 参数添加了‘driver=host’过滤条件，成功过滤出了 host 网络。

（3）创建网络。

```
docker network create [OPTIONS] NETWORK
```

参数说明：

- -d，--driver string：网络模式（默认为 bridge）。
- --subnet strings：子网网段。
- --ip-range strings：容器的 IP 地址范围，格式同 subnet 参数。
- --gateway strings：子网的 IPv4 或 IPv6 网关。

创建容器网络，指定它的网络模式。

```
[root@ln~]# docker network create -d bridge test-bridge
[root@ln~]# docker network ls
```

（4）删除不需要的容器网络。

```
[root@ln~]# docker network rm test-bridge
```

（5）查看容器网络的详细信息。

```
[root@ln~]# docker network inspect none
```

（6）配置容器网络。

```
[root@ln~]# docker run -it -d --name ln --network=host CentOS /bin/bash
```

添加 --network 参数，指定容器的 host 网络模式。

（7）验证容器网络模式。

```
[root@ln~]# docker inspect id（容器 id）| grep NetworkMode
```

使用 docker inspect 命令添加 grep 参数，过滤出容器网络模式为 host 信息。

2. bridge 模式

bridge 模式是 Docker 的默认网络模式，使用这种模式的容器没有公有 IP 地址，它们只能被宿主机直接访问，对于外部主机来说是不可见的。但是容器可以通过宿主机的网络地址转换（NAT）功能来访问外部网络。

（1）bridge 桥接模式实现步骤。

1）Docker Daemon（守护进程）采用 veth pair 技术，在宿主机创建两个虚拟网络接口设备：veth0 和 veth1。veth pair 技术的特性保证无论哪个 veth 接收到网络报文，都将报文传送给另一方。

2）Docker Daemon 将 veth0 附加到由 Docker Daemon 创建的 docker0 网桥上，保证宿主机网络报文发往 veth0。

3）Docker Daemon 将 veth1 添加到 Docker Container 所属的 namespace 下，改名为 eth0。保证发往 veth0 接口的宿主机网络报文会被 eth0 接收，实现宿主机到 Docker Container 的网络连通性；保证 Docker Container 单独使用 eth0，实现容器网络环境的隔离性。

eth 设备是以成对的形式出现的，一端是容器内部的 eth0 接口，另一端是加入网桥的 veth 接口（通常命名为 veth）。这两端共同构成了数据传输的通道，veth 设备连接了两个网络设备，实现了数据通信。

默认情况下，守护进程会创建对等接口，其中一个接口设置为容器的 eth0 接口，另一个接口 veth 放置在宿主机命名空间中，将宿主机上所有容器都连接到这个内部网络上。守护进程从网桥私有地址空间中分配 IP 地址、子网给容器。容器通过 docker0 网桥、IP 表、NAT 配置与宿主机通信。

（2）建立 bridge 网络。

首先使用 brctl show 命令查看容器网桥信息。如果系统中尚未安装管理网桥的工具包，需要先进行安装。

```
[root@ln ~]# yum install -y bridge-utils
```

查看容器网桥信息。

```
[root@ln ~]# brctl show
```

运行一个网络模式为 bridge 的容器。

```
[root@ln ~]# docker run -it -d --name ln-nginx --network=bridge -p
```

```
8000:80 nginx
```

在后台运行一个名为 ln-nginx 的容器，指定网络模式为 bridge，将宿主机 8000 端口映射到容器的 80 端口。

1）将容器连接到用户自定义桥接网络。

使用 --network 选项指定连接到用户自定义桥接网络。

```
    [root@ln ~]#docker create --name my-nginx --network my-net --publish
8080:80 nginx:latest
```

使用 docker network connect 命令将运行容器连接到已经存在的用户自定义桥接网络。

```
[root@ln ~]#docker network connect my-net my-nginx
```

2）断开容器网络。

使用 docker network disconnect 命令断开运行容器自定义桥接网络。

```
[root@ln ~]#docker network disconnect my-net my-nginx
```

（3）用户自定义桥接网络。

将容器连接到自定义桥接网络。

1）创建自定义 ln-net 网络。

```
[root@ln ~]#docker network create --driver bridge ln-net
```

2）使用 docker network ls 命令列出 Docker 主机上的网络，查看自定义网络。

3. host 网络模式

在 host 网络模式下，容器与宿主机在同一个网络中，不会分配独立的 IP 地址。在这种模式下，容器不会拥有独立的 Network Namespace，而是与宿主机共用 Network Namespace。这意味着容器不会虚拟自己的网卡、配置独立的 IP，而是直接使用宿主机的 IP 地址和端口。尽管如此，容器的文件系统、进程列表等仍然与宿主机保持隔离。在 host 网络模式下，容器可以直接使用宿主机的 IP 地址与外界通信，容器内部的服务端口也可以使用宿主机的端口，无须进行 NAT 转换。

host 网络模式让容器共享宿主机网络栈，优势是外部主机可以直接与容器进行通信，缺点是容器的网络环境缺乏隔离性。

（1）host 网络模式的缺陷。

host 网络模式下，容器不再拥有隔离、独立的网络环境；容器内部不再拥有所有端口资源，因为部分端口可能被宿主机本身的服务占用，另一部分端口则可能用于桥接（bridge）网络模式下的容器端口映射。

（2）建立 host 网络模式。

启动 Docker 主机 80 端口的 nginx 容器。

1）使用分离模式创建 nginx 容器，使其在后台运行。

```
[root@ln~]# docker run --rm -d --network host --name ln_nginx nginx
```

2）测试 Nginx 服务的访问，如图 5－4 所示。

```
[root@ln~]# curl  http://localhost:80/
```

```
[root@ln ~]# curl http://localhost:80/
<!DOCTYPE html>
<html>
<head>
<title>Welcome to nginx!</title>
<style>
html { color-scheme: light dark; }
body { width: 35em; margin: 0 auto;
font-family: Tahoma, Verdana, Arial, sans-serif; }
</style>
</head>
<body>
<h1>Welcome to nginx!</h1>
<p>If you see this page, the nginx web server is successfully ins
talled and
working. Further configuration is required.</p>

<p>For online documentation and support please refer to
<a href="http://nginx.org/">nginx.org</a>.<br/>
Commercial support is available at
<a href="http://nginx.com/">nginx.com</a>.</p>

<p><em>Thank you for using nginx.</em></p>
</body>
</html>
[root@ln ~]#
```

图 5－4　测试 Nginx 服务的访问

3）检查网络栈。

检查 Docker 容器的网络栈并查看哪些服务绑定到了 80 端口。

```
[root@ln ~]# yum install -y net-tools
[root@ln ~]# netstat -tulpn | grep :80
```

4. container 网络模式

container 网络模式是 Docker 中特别的网络模式。在容器创建时使用 –network= container:vm1 指定（vm1 指定的是运行的容器名）网络模式。在这种模式下，Docker 容器会共享网络环境，两个容器间使用 localhost 实现高效快速通信。

（1）container 网络模式的缺陷。

container 网络模式并没有改善容器与宿主机以外的通信情况，它和桥接网络模式一样，不能连接宿主机以外的其他设备。

在这种模式下，新创建的容器不会拥有自己的网卡或配置 IP，而是与指定的已存在的容器共享网络命名空间、IP 地址和端口范围。除了网络方面，两个容器在文件系统、进程列表等方面是相互隔离的。它们之间的进程通过本地环回（loopback）网卡设备进行通信。

在 container 网络模式下，Docker 容器能够共享其他容器的网络环境。这种网络模式主要用于容器之间频繁交流的情况。

（2）建立 container 网络。

1）启动 redis 容器，绑定在 localhost 接口，如图 5－5 所示。

```
[root@ln ~]# docker run -d --name redis redis --bind 127.0.0.1
```

```
[root@ln ~]# docker run -d --name redis redis --bind 127.0.0.1
Unable to find image 'redis:latest' locally
latest: Pulling from library/redis
e9995326b091: Already exists
f2cd78d6f24c: Pull complete
8f3614d34c89: Pull complete
697fd51ec515: Pull complete
a554cf50a327: Pull complete
66f93c02e79c: Pull complete
Digest: sha256:aeed51f49a6331df0cb2c1039ae3d1d70d882be3f48bde75cd240452a2348e88
Status: Downloaded newer image for redis:latest
9705baf0fe3262af7f59e0ab01a2f31ad8775dcef52fdd245b7d3d3ea3d98878
[root@ln ~]#
```

图 5－5　启动 redis 容器

2）运行另一个容器，执行 redis-cli 命令，通过 localhost 接口连接 redis 服务器。

```
[root@ln ~]# docker run --rm -it --network container:redis pataquets/redis-cli -h 127.0.0.1
```

3）redis 容器通过网络栈来访问 localhost，可以查看 redis 容器的网络栈进行验证。

```
[root@ln ~]# docker inspect --format='{{json .NetworkSettings }}' redis
```

结果显示，第 2 个容器使用 container 网络模式，因此和第 1 个容器具有相同的 IP 地址。

5. none 模式

在 none 模式下，Docker 容器有自己的 Network Namespace，但不进行任何网络配置。容器没有网卡、IP 地址、路由等信息，需要为 Docker 容器添加网卡、配置 IP 地址等。

在这种网络模式下，容器只有 lo 回环网络，IP 地址为 127.0.0.1 的本机网，没有其他网卡。none 模式在容器创建时用 -- network=none 创建。这种网络无法连接到外部网络，封闭网络能保证容器的安全性。none 模式适用于那些不需要网络连接，只需要执行诸如写入磁盘卷等处理任务的场景。

（1）建立 none 网络。

1）创建容器。

```
[root@ln ~]#docker run --rm -dit --network none --name ln-no-alpine alpine:latest ash
```

2）查看容器的网络栈。

```
[root@ln ~]# docker exec ln-no-alpine ip link show
```

只有 lo 接口，没有创建 eth0。

```
[root@ln ~]# docker exec ln-no-alpine ip route
```

返回的结果为空。

（2）Docker 用 NAT（Network Address Translation，网络地址转换）方式，使容器内部服务监听端口与宿主机某端口映射，宿主机以外的网络可将网络报文发送至容器内部。在访问容器时，用户需要通过宿主机的 IP 地址和端口来进行。由于这一网络层的增加，可能会对网络传输的效率产生一定影响。

在同一服务器上运行多个业务时，如果这些业务都尝试使用默认端口，就可能发生端口冲突。为了避免这种情况，需要为每个容器映射到宿主机的不同端口上。

1）在宿主机上安装 Apache 服务。

```
[root@ln ~]# yum install -y httpd
```

2）安装完成后，启动 Apache 服务。

```
[root@ln ~]# systemctl start httpd
[root@ln ~]# systemctl enable httpd
```

3）查看端口，验证 Apache。

```
[root@ln ~]# ss -anptu | grep 80
```

查看宿主机 80 端口，看到 80 端口被 Apache 占用，服务正常运行。

4）创建 nginx 容器，配置端口映射。

```
[root@ln ~]# docker run -it -d --name test-nginx -p 8000:80 nginx
```

5）测试通过宿主机 8000 端口是否能访问容器中的 Nginx 服务，如图 5-6 所示。

```
[root@ln ~]# curl -I 192.168.8.10:8000
```

```
[root@ln ~]# curl -I 192.168.8.10:8000
HTTP/1.1 200 OK
Server: nginx/1.23.2
Date: Sat, 12 Nov 2022 09:42:12 GMT
Content-Type: text/html
Content-Length: 615
Last-Modified: Wed, 19 Oct 2022 07:56:21 GMT
Connection: keep-alive
ETag: "634fada5-267"
Accept-Ranges: bytes

[root@ln ~]#
```

图 5-6 测试通过宿主机 8000 端口是否能访问 Nginx 服务

通过宿主机 8000 端口正常访问 Nginx 容器。下面再访问宿主机的 Apache 服务。

```
[root@ln ~]# curl -I 192.168.8.10
```

宿主机 80 端口正常访问 Apache 服务。有端口映射，容器与容器、容器与宿主机业务不会冲突，保证业务被正常访问。

6. 自定义网络

在宿主机 1 上建立容器，为容器分配网段 172.172.0.0/24，利用 CentOS 镜像生成名为 ln1 的容器；在宿主机 2 上建立容器，利用 CentOS 镜像生成名为 ln2 的容器；实现 ln1 和 ln2 容器的互连。

（1）打开终端窗口，先执行 docker network ls 命令列出网络。

（2）启动两个运行 ash 的 CentOS 容器。

```
docker run -dit --name ln1 CentOS
docker run -dit --name ln2 CentOS
```

（3）检查两个容器是否已经启动。

（4）使用 docker network inspect bridge 命令查看 bridge 网络的详细信息，确认两个容器连接到该网络，如图 5－7 所示。

```
[root@ln ~]# docker run -dit --name ln1 centos
9a6c06f8aa996b96483a008b182fd959fc7e46bb6a37d548de3e80b0bc5ca1cd
[root@ln ~]# docker run -dit --name ln2 centos
de6572791024934b724507fc24c7beafdf4029377080780bb8d6c409d02e045f
[root@ln ~]# docker network inspect bridge
[
    {
        "Name": "bridge",
        "Id": "0440b69029e24094aee6f011f247910633acc3896f054077fc
2701797669603e",
        "Created": "2022-11-12T09:59:14.118076315+08:00",
        "Scope": "local",
        "Driver": "bridge",
        "EnableIPv6": false,
        "IPAM": {
            "Driver": "default",
            "Options": null,
            "Config": [
                {
                    "Subnet": "172.17.0.0/16",
                    "Gateway": "172.17.0.1"
                }
            ]
```

图 5－7　bridge 网络的详细信息

（5）由于容器在后台运行，使用 docker attach 命令连接到 ln1 容器。

```
[root@ln ~]# docker attach ln1
/ #
```

（6）在 ln1 容器中，通过 ping 网址来证明连接到外部网络。

```
/ # ping -c 2 www.163.com
PING www.163.com (222.134.66.184): 56 data bytes
64 bytes from 222.134.66.184: seq=0 ttl=56 time=7.788 ms
64 bytes from 222.134.66.184: seq=1 ttl=56 time=7.735 ms
```

（7）尝试 ping 第 2 个容器。首先 ping 它的 IP 地址。

```
/ # ping -c 2 172.17.0.4
PING 172.17.0.4 (172.17.0.4): 56 data bytes
64 bytes from 172.17.0.4: seq=0 ttl=64 time=0.314 ms
64 bytes from 172.17.0.4: seq=1 ttl=64 time=0.213 ms
```

尝试使用容器名称 ping 容器 ln2，会发现失败，因为不能通过名称直接访问另一个容器。

```
/ # ping -c 2 ln2
ping: bad address
```

（8）脱离 ln1 容器而不要停止它。

可以用“Ctrl+C”组合键进行脱离。

（9）停止并删除这两个容器。

```
[root@ln ~]# docker stop 容器名称或 ID
[root@ln ~]# docker rm 容器名称或 ID
```

网桥是在网段之间转发流量的链路层设备，它可以是硬件设备，也可以是在主机内核中运行的软件设备。Linux 网桥被广泛应用于 Docker 网络驱动。

Linux 网络名称空间是内核中被隔离的网络栈，拥有自己的网络接口、路由和防火墙规则。网络名称空间确保在同一主机上两个容器之间不能相互通信。

bridge 是 Docker 默认网络模式，Docker 容器拥有独立、隔离的网络栈。容器不具有公有的 IP 地址，主机的 IP 地址与 veth pair 的 IP 地址不在同一网段内。

Docker 采用 NAT 方式将容器内部服务监听端口与主机的某端口绑定，主机以外节点将包发送至容器内部。外界访问容器内服务时，要访问主机 IP 地址以及主机端口。

任务 5.3 Docker 应用服务的部署

5.3.1 Nginx 与 PHP

1. Nginx 与 PHP 概述

Nginx 和 PHP 是两种常用于构建 Web 服务器的技术。Nginx 是一个高性能的 HTTP 和反向代理服务器，而 PHP 是一种流行的服务器端脚本语言，用于创建动态 Web 内容。

当 Nginx 和 PHP 结合使用时，通常的配置是 Nginx 作为前端服务器处理静态文件请求，而将 PHP 脚本的执行任务委托给 PHP 处理器。

（1）Nginx。

Nginx 是一个 IMAP/POP3/SMTP 代理服务器，由俄罗斯工程师伊戈尔·赛索耶夫（Igor Sysoev）在 2004 年首次公开发布。Nginx 因其稳定性、丰富的功能集、低资源消耗和简单的配置而出名。

Nginx 的工作原理基于事件驱动架构，采用异步非阻塞的方式处理请求，使其能够支持高并发连接数。当接收到客户端的连接请求时，Nginx 的主进程会将其分发给工作进程处理。每个工作进程可以处理多个客户端连接，这种设计使 Nginx 在处理大量并发请求时具有出色的性能。

此外，Nginx 还具备反向代理功能，可以将客户端的请求转发给后端服务器。通过配置规则，Nginx 可以实现负载均衡和缓存等功能，提高系统的安全性和可扩展性。

（2）PHP。

PHP（Hypertext Preprocessor）是一种在服务器端执行的脚本语言，特别适用于 Web 开发。PHP 的语法借鉴了 C、Java 和 Perl 等多种语言，主要目标是允许 Web 开发人员快速编写动态网页。PHP 不仅应用于 Web 服务端开发，还可用于命令行和编写桌面应用程序。

PHP 在 Web 开发中的核心作用是处理动态内容。它可以接收客户端的请求，执行相应的逻辑处理，并将结果返回给客户端。PHP 提供了丰富的函数和特性，使开发人员能够轻松实现各种 Web 应用功能，如表单处理、数据库访问、文件操作等。

（3）Nginx 与 PHP 相结合。

在实际应用中，Nginx 和 PHP 经常一起使用，以提供高效且动态的 Web 服务。Nginx 作为前端服务器，负责处理静态文件请求和转发 PHP 脚本的执行任务给后端的 PHP 处理器（如 PHP-FPM）。PHP 处理器执行 PHP 脚本，并将结果返回给 Nginx，由 Nginx 将最终页面发送给客户端。

这种结合方式充分利用了 Nginx 的高性能和 PHP 的动态处理能力。Nginx 的高效性和稳定性保证了 Web 服务的可靠性，而 PHP 的灵活性则使开发人员能够快速构建出各种复杂的 Web 应用。

2. Nginx 与 PHP 的部署

（1）启动 PHP，如图 5－8 所示。

```
# docker run --name  ln-php -v ~/nginx/www:/www  -d php:7.1-fpm
```

```
[root@ln ~]# docker run --name  ln-php -v ~/nginx/www:/www  -d php
e1f961977de6f7f18622f907b98474bc6113f8a7d78b96a39de8dea61679dffb
[root@ln ~]#
```

```
[root@ln ~]# ls
anaconda-ks.cfg  Dockerfile  nginx
[root@ln ~]# cd nginx/
[root@ln nginx]# ls
www
[root@ln nginx]#
```

图 5－8　启动 PHP

命令说明：

- --name ln-php：容器命名。
- -v ~/nginx/www:/www：将主机中的项目目录 nginx/www 挂载到容器目录 /www 中。

（2）创建 nginx/conf/conf.d 目录。

```
#mkdir ~/nginx/conf/
#mkdir ~/nginx/conf/conf.d
```

（3）在 nginx/conf/conf.d 目录下添加文件。

```
#vi  nginx/conf/conf.d/ln-test-php.conf
server {
    listen       80;
    server_name  localhost;
    location / {
        root   /usr/share/nginx/html;
        index  index.html index.htm index.php;
    }
    error_page   500 502 503 504  /50x.html;
    location = /50x.html {
        root   /usr/share/nginx/html;
    }
    location ~ \.php$ {
        fastcgi_pass   php:9000;
        fastcgi_index  index.php;
        fastcgi_param  SCRIPT_FILENAME  /www/$fastcgi_script_name;
        include        fastcgi_params;
    }}
```

（4）配置文件。

- php:9000：PHP 服务 URL。
- /www/：ln-php 中 PHP 文件存储路径，映射到本地目录 nginx/www。

（5）启动 Nginx。

```
docker run --name ln-php-nginx -p 8081:80 -d -v ~/nginx/www:/usr/share/
nginx/html:ro -v ~/nginx/conf/conf.d:/etc/nginx/conf.d:ro --link ln-php:php nginx
```

- -p 8081:80：端口映射，将 Nginx 中的 80 端口映射到本地 8081 端口。
- nginx/www：本地 html 文件存储目录；/usr/share/nginx/html：容器内 html 文件存储目录。
- nginx/conf/conf.d：本地 Nginx 配置文件存储目录；/etc/nginx/conf.d：容器内 Nginx 配置文件存储目录。
- --link ln-php:php：将 ln-php 的网络并入 Nginx，修改 Nginx 的 /etc/hosts，域名 php 映射成 127.0.0.1，让 Nginx 通过 php:9000 访问 ln-php。

（6）在 nginx/www 目录下创建 index.php。

```
#vi  ~/nginx/www/index.php
<?php
echo phpinfo();?>
```

（7）用浏览器打开 http://192.168.8.10:8081/index.php，如图 5－9 所示。

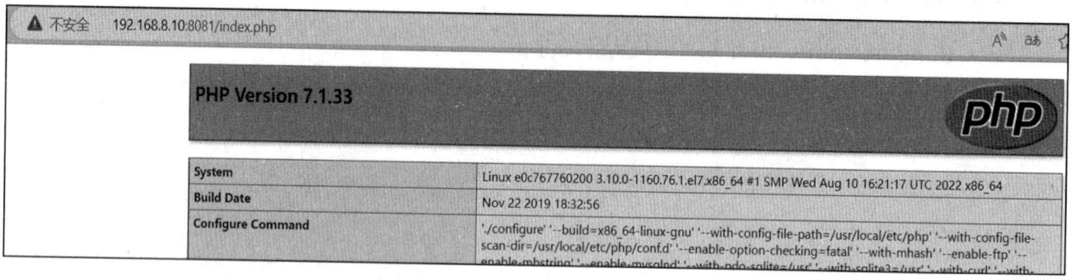

不安全 192.168.8.10:8081/index.php

PHP Version 7.1.33

System	Linux e0c767760200 3.10.0-1160.76.1.el7.x86_64 #1 SMP Wed Aug 10 16:21:17 UTC 2022 x86_64
Build Date	Nov 22 2019 18:32:56
Configure Command	'./configure' '--build=x86_64-linux-gnu' '--with-config-file-path=/usr/local/etc/php' '--with-config-file-scan-dir=/usr/local/etc/php/conf.d' '--enable-option-checking=fatal' '--with-mhash' '--enable-ftp' '--

图 5－9　PHP Version 7.1.33

5.3.2　Tomcat 的运维

Tomcat 是 Apache 软件基金会（Apache Software Foundation）的 Jakarta 项目中的一个核心项目，由 Apache、Sun 和其他一些公司及个人共同开发而成。

Tomcat 服务器是免费开放源代码的 Web 应用服务器，是轻量级应用服务器，在中小型系统及并发访问用户较少的情况下使用较普遍，是开发和调试 JSP 程序的首选工具。

Tomcat 部署 Web 项目时，把 war 包放到 Tomcat 的 webapp 目录下，启动 Tomcat 会自动加载 war 包。

1. 拉取 Tomcat 最新镜像

```
#docker pull tomcat
```

2. 查看安装后的镜像

```
#docker images
```

3. 运行 Tomcat 容器（见图 5－10）

```
#docker run --name ln-tomcat -p 8091:8080 -v ~/mytomcat/tomcat/webapps:/usr/local/tomcat/webapps/ -d tomcat
```

```
[root@k8s-master ~]# docker run --name ln-tomcat -p 8091:8080 -v ~/
mytomcat/tomcat/webapps:/usr/local/tomcat/webapps/ -d tomcat
cd9fb4644082ca99cab8238af6c81fb4795a9614c46e9f3c17f8abd2c77e6cb8
[root@k8s-master ~]#
```

图 5－10　运行 Tomcat 容器

- -v ~/mytomcat/tomcat/webapps:/usr/local/tomcat/webapps：将容器的 /usr/local/tomcat/webapps 目录挂载到本机目录 ~/mytomcat/tomcat/webapps/jenkins 中。
- -d：在后台运行。

4. 把端口号加入防火墙

```
#firewall-cmd --add-port=8091/tcp --permanent
#firewall-cmd --add-port=8091/udp --permanent
#firewall-cmd --reload
```

5. 用浏览器访问 http://192.168.8.30:8091/（见图 5－11）

图 5－11 访问浏览器

当 Tomcat 版本过高时，根据 IP 地址和端口号访问可能会出现 404 的问题。在这种情况下，webapps 文件夹可能为空，而其内容实际上位于 webapps.dist 目录中。解决方法：

（1）进入 Tomcat 容器。

```
#docker exec -it ln-tomcat /bin/bash
root@cd9fb4644082:/usr/local/tomcat#
```

（2）将 webapps.dist 中的内容全部移动到 webapps 中，如图 5－12 所示。

```
#cd webapps
# cp -r ../webapps.dist/* ./
```

```
root@cd9fb4644082:/usr/local/tomcat# cd webapps
root@cd9fb4644082:/usr/local/tomcat/webapps#  cp -r ../webapps.dist
/* ./
root@cd9fb4644082:/usr/local/tomcat/webapps# ls
ROOT  docs  examples  host-manager  manager
root@cd9fb4644082:/usr/local/tomcat/webapps#
```

图 5－12 移动到 webapps 中

（3）重启 Tomcat 容器。

```
#docker restart ln-tomcat
```

（4）在浏览器中打开 Tomcat，如图 5－13 所示。

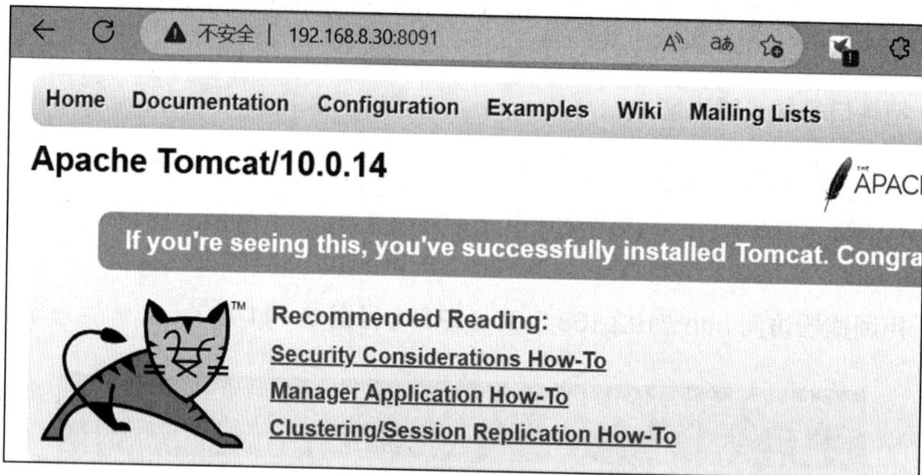

图 5－13　在浏览器中打开 Tomcat

6. 在 Tomcat 中部署项目

进入挂载 Tomcat 目录的子目录 webapps，把 war 文件放入该目录，如图 5－14 所示。

```
[root@k8s-master ~]# ls
adminuser.yaml    cri-dockerd                        mytomcat
anaconda-ks.cfg   cri-dockerd-0.2.6.amd64.tgz        name.tar.gz
calico.yaml       dashboard.yaml
[root@k8s-master ~]# cd mytomcat/
[root@k8s-master mytomcat]# ls
tomcat
[root@k8s-master mytomcat]# cd tomcat/
[root@k8s-master tomcat]# ls
webapps
[root@k8s-master tomcat]# cd webapps/
[root@k8s-master webapps]# ls
docs  examples  host-manager  manager  ROOT
[root@k8s-master webapps]#
```

图 5－14　把 war 文件放入 webapps 目录

5.3.3　Apache 服务器的运维

Apache HTTP Server（简称 Apache）是 Apache 软件基金会的一个开放源代码的网页服务器，在大多数计算机操作系统中运行，特点是跨平台和安全性，是最流行的 Web 服务器端软件之一。

使用 CentOS7 搭建虚拟环境并安装 Apache 服务，可以按照以下步骤进行：

1. 测试 Docker 功能

```
#docker run hello-world
```

Docker 自带 hello-world 环境，启动这个环境，测试 Docker 功能是否正常。

2. 拉取 Ubuntu 镜像

（1）搜索 Ubuntu，找到不同类型的镜像。

```
#docker search ubuntu
```

（2）拉取最新版本的 Ubuntu 镜像到本地。

```
#docker pull ubuntu
```

（3）查看下载的镜像。

```
#docker images
```

3. 创建虚拟化环境

创建 Ubuntu 虚拟化环境。

```
#docker run -it -p 8078:80 --name ln-ubuntu -d ubuntu
```

- -i：以交互模式运行容器，通常与 -t 同时使用。
- -t：为容器重新分配一个伪输入终端，通常与 -i 同时使用。
- -d：后台运行容器，并返回容器 ID。
- -p：随机端口映射，容器内部端口随机映射到主机的高端口。

提示 如果不使用 -d 参数，会直接进入容器。

Apache 服务默认为 80 端口，使用 -p 参数将 80 端口映射到 CentOS 的 8078 端口，访问 CentOS 的 8080 端口就相当于访问虚拟机的 80 端口。

4. 进入容器

（1）查看后台运行容器。

```
#docker ps
```

看到容器 ID 为 24d8cb561a0f，映射端口为 8078:80。

（2）使用容器 ID 进入容器。

```
#docker exec -it 24d8cb561a0f bash
root@24d8cb561a0f:/#
```

显示已进入容器，权限为 root，接下来在虚拟机中安装 Apache。

5. Apache2+PHP7 环境搭建

（1）更新软件列表。

```
#apt-get update
```

（2）安装 Apache2。

```
#apt-get install apache2
```

（3）安装 PHP。

```
#apt-get install php
```

（4）将 PHP 与 Apache 关联。

```
#apt-get install libapache2-mod-php
```

（5）启动 Apache2 服务。

```
#service apache2 start
```

（6）测试功能是否正常。

访问 CentOS 的 8078 端口，通过地址转换到 Ubuntu 的 80 端口，打开首页，可以看到 Apache 服务运行正常，如图 5－15 所示。

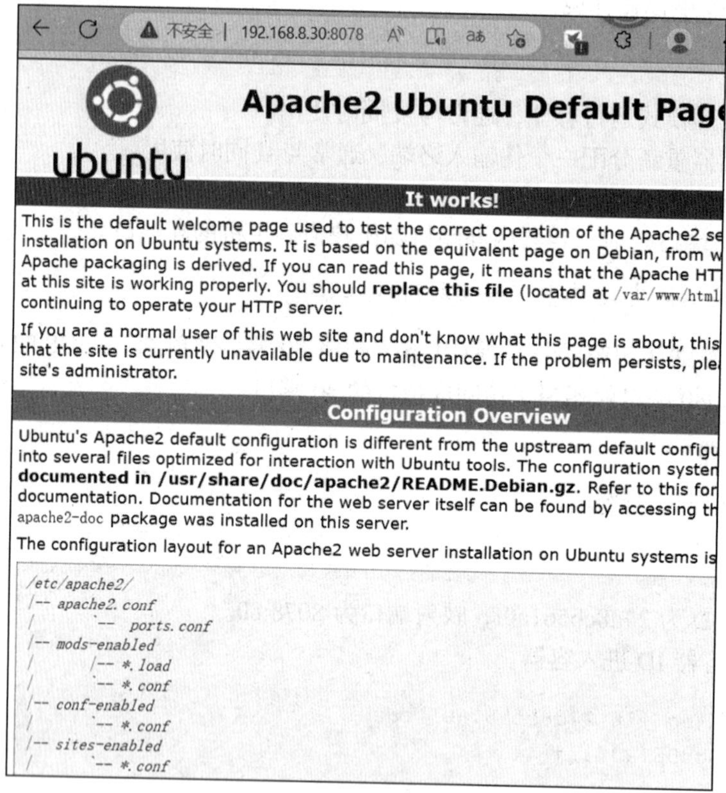

图 5－15　Apache 服务运行正常

（7）在 /var/www/html/ 目录中创建 test.php 文件，如图 5－16 所示。

```
#apt install vim
#cd /var/www/html/
#vim test.php
<?php
phpinfo();
?>
```

```
Processing triggers for libc-bin (2.31-0ubuntu9.2) ...
Processing triggers for mime-support (3.64ubuntu1) ...
root@24d8cb561a0f:/var/www/html# vim test.php
root@24d8cb561a0f:/var/www/html# vim test.php
root@24d8cb561a0f:/var/www/html#
```

图 5－16 创建 test.php 文件

（8）访问 test.php 文件，测试 PHP 功能正常，如图 5－17 所示。

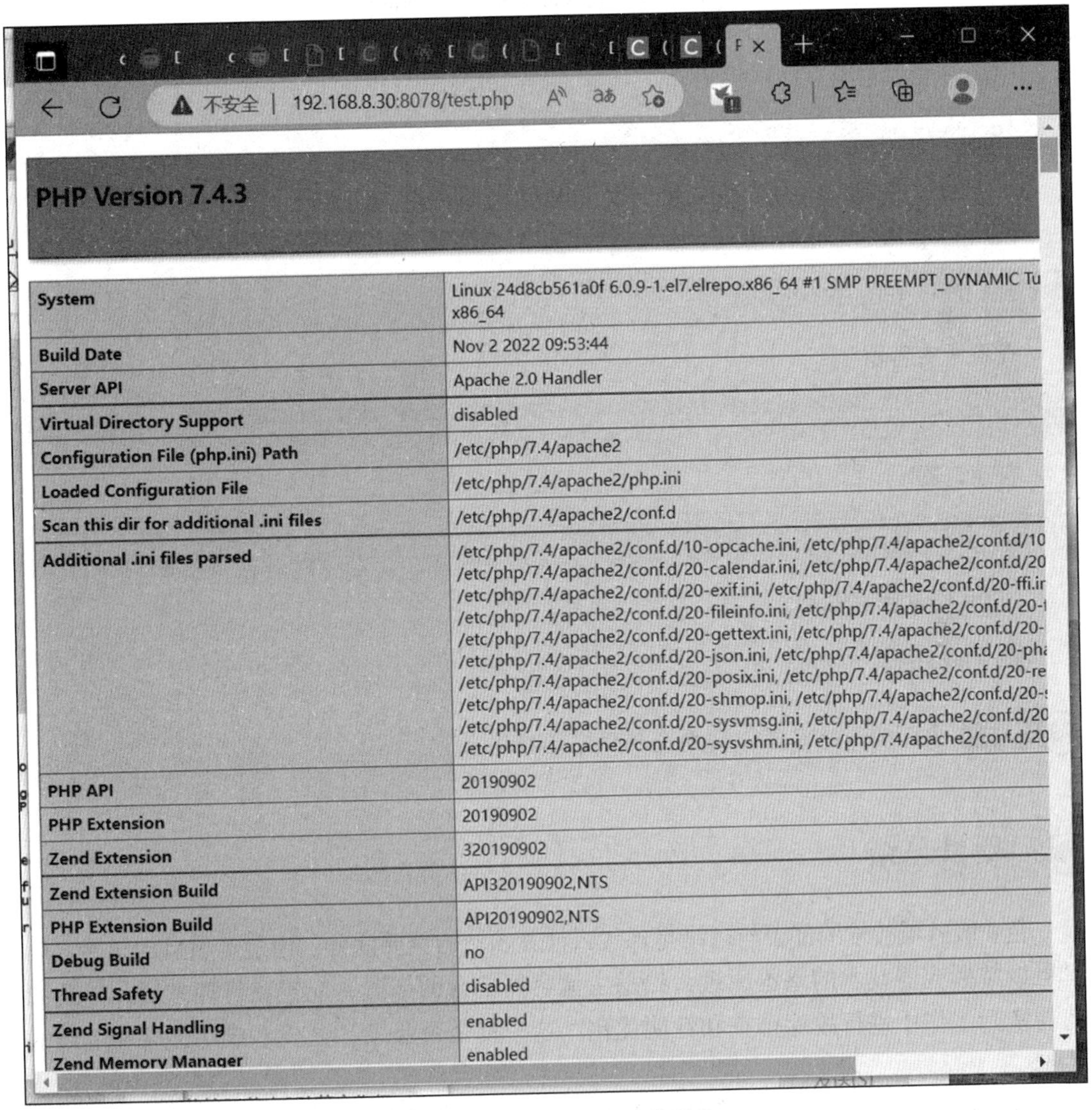

192.168.8.30:8078/test.php

PHP Version 7.4.3

System	Linux 24d8cb561a0f 6.0.9-1.el7.elrepo.x86_64 #1 SMP PREEMPT_DYNAMIC Tu x86_64
Build Date	Nov 2 2022 09:53:44
Server API	Apache 2.0 Handler
Virtual Directory Support	disabled
Configuration File (php.ini) Path	/etc/php/7.4/apache2
Loaded Configuration File	/etc/php/7.4/apache2/php.ini
Scan this dir for additional .ini files	/etc/php/7.4/apache2/conf.d
Additional .ini files parsed	/etc/php/7.4/apache2/conf.d/10-opcache.ini, /etc/php/7.4/apache2/conf.d/10 /etc/php/7.4/apache2/conf.d/20-calendar.ini, /etc/php/7.4/apache2/conf.d/20 /etc/php/7.4/apache2/conf.d/20-exif.ini, /etc/php/7.4/apache2/conf.d/20-ffi.ir /etc/php/7.4/apache2/conf.d/20-fileinfo.ini, /etc/php/7.4/apache2/conf.d/20-1 /etc/php/7.4/apache2/conf.d/20-gettext.ini, /etc/php/7.4/apache2/conf.d/20- /etc/php/7.4/apache2/conf.d/20-json.ini, /etc/php/7.4/apache2/conf.d/20-pha /etc/php/7.4/apache2/conf.d/20-posix.ini, /etc/php/7.4/apache2/conf.d/20-re /etc/php/7.4/apache2/conf.d/20-shmop.ini, /etc/php/7.4/apache2/conf.d/20-s /etc/php/7.4/apache2/conf.d/20-sysvmsg.ini, /etc/php/7.4/apache2/conf.d/20 /etc/php/7.4/apache2/conf.d/20-sysvshm.ini, /etc/php/7.4/apache2/conf.d/20
PHP API	20190902
PHP Extension	20190902
Zend Extension	320190902
Zend Extension Build	API320190902,NTS
PHP Extension Build	API20190902,NTS
Debug Build	no
Thread Safety	disabled
Zend Signal Handling	enabled
Zend Memory Manager	enabled

图 5－17 测试 PHP 功能正常

最终通过 Docker 搭建了一个简单的 Apache 环境。

6. 其他操作

（1）用 exit 命令返回 CentOS，虚拟机依然在后台运行，如图 5－18 所示。

```
root@24d8cb561a0f:~# exit
exit
您在 /var/spool/mail/root 中有新邮件
[root@k8s-master ~]# docker ps
CONTAINER ID   IMAGE                                                    COMMA
ND                CREATED          STATUS          PORTS
                  NAMES
24d8cb561a0f   ubuntu                                                   "bash
"                 28 minutes ago   Up 28 minutes   0.0.0.0:8078->80/tc
p, :::8078->80/tcp   ln-ubuntu
```

图 5-18　用 exit 命令返回 CentOS

（2）查看后台运行的虚拟机。

```
#docker ps
```

（3）通过前面的 exec 命令，可再次进入容器。

使用 stop 命令停止容器。

```
#docker stop ln-ubuntu
```

查看所有容器。

```
#docker ps -a
```

启动容器。

```
#docker start ln-ubuntu
```

用 rm 命令删除容器。

```
#docker rm ln-ubuntu
```

提示 要删除一个容器，需要先确保它已经停止。

项目总结

企业级容器技术的部署与运维是现代云计算领域的重要课题。通过本项目的学习，读者可以掌握容器技术的基本原理，熟悉主流容器平台的部署、配置和管理方法，以及如何在实际工作中进行故障排查和性能优化。这些都是企业级容器技术成功部署和运维的关键。

容器技术以其轻量级、可移植、高效率的优势，已经成为微服务架构和 DevOps 实践的重要基石。在容器技术的部署过程中，深入研究容器的核心概念、原理及在企业级应用中的优势。通过搭建容器群集、配置网络存储和部署应用等实际操作，可深刻体会到容器技术的灵活性和高效性。同时，也要关注到容器技术在安全性、稳定性和可维护性等方面所面临的挑战，并积极探索相应的解决方案。

容器技术的快速发展和应用，离不开国家的政策支持和引导，也离不开广大科技工作者的辛勤付出和创新精神。本项目旨在为企业级容器技术的部署与运维提供全面的指导和支持。希望读者通过本项目的学习，掌握容器技术的核心原理和实践方法，在实际工作中秉承正确的价值观，成为一名既有技术实力又有职业素养的 IT 专业人才。

中国计算机的贡献

项目练习题

单选题

1. 以下哪一项是对虚拟机的最佳描述？(　　)
   A. 通过软件实施的计算机，可以像物理机一样执行程序
   B. 执行虚拟化软件测试程序的物理机
   C. 一种旨在提供网络故障切换和故障恢复功能的计算机工具
   D. 一种软件计算机，其中封装了物理硬件
2. docker 常用命令中，(　　) 可以列出容器。
   A. docker ps　　B. docker images　　C. docker inspect　　D. docker rmi
3. docker 常用命令中，(　　) 可以删除一个或多个容器。
   A. docker rm　　B. docker images　　C. docker inspect　　D. docker rmi
4. docker 常用命令中，(　　) 可以在运行的容器中执行命令。
   A. docker exec　　B. docker images　　C. docker inspect　　D. docker rmi
5. docker 常用命令中，(　　) 可以创建一个新的容器并运行一个命令。
   A. docker run　　B. docker images　　C. docker inspect　　D. docker rmi
6. docker 常用命令中，(　　) 可以从一个 tar 包中加载一个镜像。
   A. docker load　　B. docker images　　C. docker inspect　　D. docker rmi
7. docker 常用命令中，(　　) 可以从镜像仓库中拉取或者更新指定镜像。
   A. docker pull　　B. docker images　　C. docker inspect　　D. docker rmi
8. docker 常用命令中，(　　) 可以将本地的镜像上传到镜像仓库。
   A. docker push　　B. docker images　　C. docker inspect　　D. docker rmi
9. docker 常用命令中，(　　) 可以删除本地一个或多个镜像。
   A. docker build　　B. docker images　　C. docker inspect　　D. docker rmi
10. docker 常用命令中，(　　) 可以列出本地镜像。
   A. docker build　　B. docker images　　C. docker inspect　　D. docker rmi
11. docker 常用命令中，(　　) 可以根据 Dockerfile 文件构建镜像。
   A. docker build　　B. docker images　　C. docker inspect　　D. docker rmi

参考文献

[1] 陈宝文. 虚拟化与云计算技术应用实践项目化教程 [M]. 北京：电子工业出版社，2023.

[2] 王金恒，刘卓华，王煜林，等. KVM+Docker+OpenStack 实战：虚拟化与云计算配置、管理与运维 [M]. 北京：清华大学出版社，2021.

[3] 伍玉秀，杨展鹏，廖学旺. 云计算项目化教程：以华为云为载体 [M]. 北京：中国铁道出版社，2023.

[4] 千锋教育. OpenStack 云计算平台技术及应用 [M]. 北京：中国铁道出版社，2023.

[5] 丁允超，李菊芳. 云计算与虚拟化平台实践 [M]. 北京：清华大学出版社，2024.